高等职业院校精品教材系列

高频电子技术

主　编　张海燕　陈宗梅

副主编　张林生

電子工業出版社

Publishing House of Electronics Industry

北京·BEIJING

内容简介

本书按照教育部新的教学改革要求，在编者多年从事通信、电子技术和高频电路教学实践经验的基础上编写完成。本书内容主要包括通信的基本概念与原理，高频小信号选频放大器，高频功率放大器，高频正弦波振荡器，振幅调制、解调和混频器，角度调制与解调，反馈控制电路等，并系统地介绍了无线模拟系统发送设备和接收设备中所包含的各种高频电路。

本书以应用为目的，力求重点突出、深入浅出、通俗易懂，例题丰富，并附有综合测试题。本书注重培养学生的工程应用能力和解决实际问题的能力，并提供与本书内容配套的实验教材——《高频电子技术实验及课程设计》，这两本教材分别从理论与实践两个方面进行系统的编写，方便教师与学生的教与学，有利于较好地掌握理论知识与岗位技能。

本书为高等职业本专科院校电子类、通信类、电气类和其他相近专业的教材，也可以作为开放大学、成人教育、自学考试、中职学校、培训班的教材，以及参加大赛的师生与工程技术人员的参考书。

本书配有免费的电子教学课件与习题答案等，详见前言。

图书在版编目（CIP）数据

高频电子技术 / 张海燕，陈宗梅主编. —北京：电子工业出版社，2021.1
高等职业院校精品教材系列
ISBN 978-7-121-39918-3

Ⅰ. ①高… Ⅱ. ①张… ②陈… Ⅲ. ①高频－电子电路－高等职业教育－教材 Ⅳ. ①TN710.2

中国版本图书馆 CIP 数据核字（2020）第 217757 号

策划编辑：陈健德（E-mail:chenjd@phei.com.cn）
责任编辑：陈健德　　特约编辑：田学清
印　　刷：三河市君旺印务有限公司
装　　订：三河市君旺印务有限公司
出版发行：电子工业出版社
　　　　　北京市海淀区万寿路 173 信箱　邮编 100036
开　　本：787×1 092　1/16　印张：10.5　字数：269 千字
版　　次：2021 年 1 月第 1 版
印　　次：2021 年 1 月第 1 次印刷
定　　价：39.00 元

凡所购买电子工业出版社图书有缺损问题，请向购买书店调换。若书店售缺，请与本社发行部联系，联系及邮购电话：（010）88254888，88258888。

质量投诉请发邮件至 zlts@phei.com.cn，盗版侵权举报请发邮件至 dbqq@phei.com.cn。

本书咨询联系方式：chenjd@phei.com.cn。

本书按照教育部新的教学改革要求，结合高等职业院校近年来取得的课程改革成果及电子类、通信类、电气类和其他相近专业的教学方案进行编写。本书紧密结合高职高专教育的特点，秉承“实践性、通俗性、应用性”的原则，注重理论与实践相结合，培养学生的工程应用能力和解决实际问题的能力。

本书以无线模拟通信系统的基本功能电路为主线，由 7 章内容和综合测试题组成。第 1 章为通信的基本概念与原理，简要介绍通信系统的基本组成，以无线电调幅广播为例，介绍发送设备和接收设备所涉及的各种高频电路，以及无线电波的传播特点等；第 2 章为高频小信号选频放大器，主要介绍高频小信号选频放大器的性能指标、LC 并联谐振回路的特性、小信号谐振放大器的工作原理和集中选频放大器的基本组成等；第 3 章为高频功率放大器，主要介绍丙类谐振功率放大器的电路组成、工作原理及其特性，简单介绍丁类高频功率放大器的基本电路结构和工作原理，以及戊类高频功率放大器；第 4 章为高频正弦波振荡器，主要介绍反馈型正弦波振荡器的工作原理、各种 LC 振荡器的电路结构和工作原理、石英晶体振荡器的电路结构和工作原理；第 5 章为振幅调制器、振幅解调器及混频器，主要介绍振幅调制器的工作原理及其典型电路、振幅解调器的工作原理及其实现电路、混频器的工作原理及混频干扰；第 6 章为角度调制与解调，主要介绍角度调制原理、调频电路的工作原理和鉴频器的工作原理；第 7 章为反馈控制电路，主要介绍自动增益控制电路、自动频率控制电路、锁相环路等的工作原理及典型电路。本书还提供了两套综合测试题，方便检查学生对基础知识掌握的情况。

在编写本书的过程中，编者根据多年从事通信、电子技术和高频电路教学实践的经验，并听取职教专家和一线教师的建议和意见，以应用为目的，力求重点突出、层次分明、深入浅出、通俗易懂，理论与实践相结合，充分调动学生的学习积极性和主动性。

高频电子技术是一门工程性、实践性很强的课程，本课程的学习必须高度重视实验等实践教学环节，坚持理论与实践相结合。为了强化实验等实践训练，便于教学安排及教师和学生的教与学，同时编写了与本书内容配套的《高频电子技术实验及课程设计》教材。

本书由重庆电子工程职业学院张海燕老师和陈宗梅老师任主编，并负责全书的组织、策划、修改、补充和定稿工作；张林生老师任副主编。具体编写分工为：张海燕老师编写第 4～6 章，陈宗梅老师编写第 3 章、第 7 章和综合测试题，张林生老师编写第 1 章和第 2 章。

由于编者水平有限，书中难免会有欠妥和疏漏之处，恳请广大读者和同行给予批评指正。

为了方便教师教学，本书还配有免费的电子教学课件与习题答案，请有需要的教师登录华信教育资源网（http://www.hxedu.com.cn）免费注册后再进行下载。有问题时请在网站留言板留言或与电子工业出版社联系（E-mail：hxedu@phei.com.cn）。

编　者

目　录

第1章 通信的基本概念与原理

1.1 通信的基本概念

通俗地讲，通信就是人们在日常生活中相互间传递信息的过程。通信是推动人类社会文明进步与发展的巨大动力，所以信息的传输在人类生活中是极为重要的。在古代，人们通过驿站、飞鸽传书、烽火报警、旗语等方式进行信息的传递。通信是指人与人或人与自然之间通过某种行为或媒介进行信息交流与传递的过程，在广义上是指传递信息的双方或多方采用某种方法和媒质，将信息从某一方准确安全地传送到另一方。人类社会是建立在信息交流的基础上的，通信是人与人、人与机器、机器与机器之间进行信息传递与交换的过程。

用电信号或光信号传输信息的系统称为通信系统，如广播、电视、雷达及导航系统等。当通信系统传输的基带信号是模拟信号时，其可称为模拟通信系统；当通信系统传输的基带信号是数字信号时，其可称为数字通信系统。根据传输媒介或信道形式的不同，通信系统可分为有线通信系统和无线通信系统。例如，广播系统、移动通信系统、卫星通信系统是典型的无线通信系统，光纤通信系统是有线通信系统。一个完整的通信系统应由信源、输入转换器、发送设备、信道、接收设备、输出转换器和信宿组成，通信系统的组成方框图如图 1.1 所示。

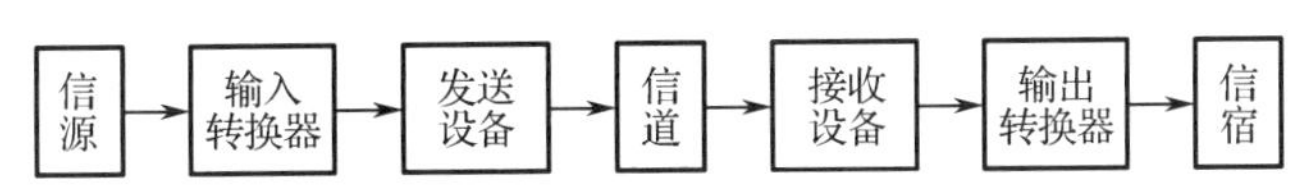

图 1.1 通信系统的组成方框图

信源就是我们要传输的信息，如声音、文字、图像等，一般是非电信号。

输入转换器，如话筒、摄像机等，可将声音、图像等非电信号的信源转换成电信号或光信号，即低频调制信号。当输入信息本身就是电信号（如计算机输出的二进制信号、传感器输出的电流信号或电压信号等）时，在能满足发送设备要求的条件下，可不用输入转换器。

发送设备用来对要传输的电信号进行一定的处理后，以足够大的功率将其送入信道中，从而实现信号的有效传输，其主要用于信号调制。

信道就是信号的传输通道，也称为传输媒介，可以分为无线信道和有线信道两种。无线信道主要包括宇宙空间、地球大气层、地球表面等；有线信道包括双绞线、同轴电缆、光缆等。

接收设备将由信道传送过来的已调信号取出并进行处理，以将其还原成与发送端对应的基带信号。

输出转换器将接收设备传送过来的低频调制信号转换成原始的信息，如声音信号、图像信号等。

信宿是信息传递的目的终端。

高频电子技术是围绕无线模拟通信系统的发送设备和接收设备所涉及的高频电路进行学习的。

1.2 无线电发送设备与接收设备

发送设备和接收设备是通信系统中的核心部分，对于不同的通信系统，其发送设备和接收设备的组成不尽相同，但基本结构相似。下面以我国的无线电广播通信系统为例来说明发送设备和接收设备的基本组成和工作原理。

发送设备的核心作用是调制。所谓调制，是指将待传输的低频调制信号变换成高频已调信号。高频已调信号必须满足两个特点：一是高频信号；二是携带调制信号的信息。

接收设备的核心作用是解调。所谓解调，是指调制的反作用，即将高频已调信号还原为原来的低频调制信号。

1.2.1 无线电广播发送设备

图 1.2 所示为无线电调幅广播通信系统的发送设备组成框图，图中还给出了各部分框图电路的输入、输出信号波形图。

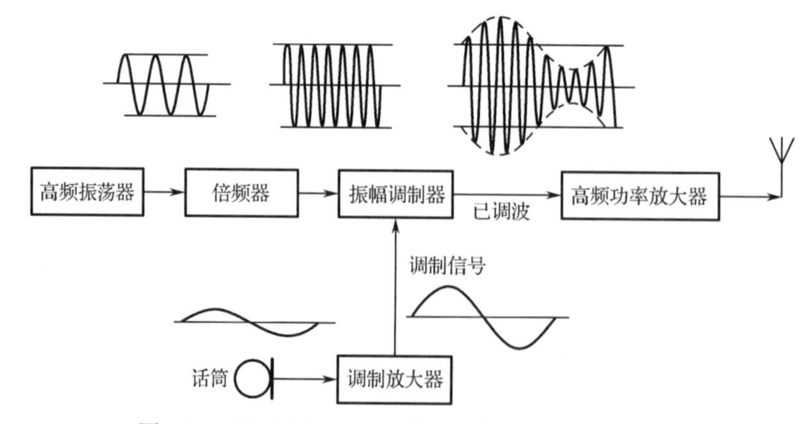

图 1.2 无线电调幅广播通信系统的发送设备组成框图

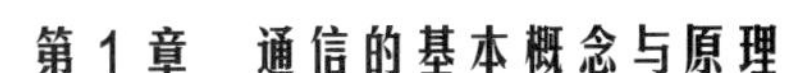

高频振荡器的作用是产生无线电波，发送所需的高频载波信号，输出的是等振幅的高频正弦波信号。高频振荡器产生的载波信号频率较高，有较高的频率稳定度和振幅稳定度。高频振荡器一般采用高频正弦波振荡器，我们将在第 4 章学习高频正弦波振荡器。

倍频器可以把高频信号的频率成倍提高到我们所需的射频上，输出满足要求的高频载波信号，以实现有效的调制。

振幅调制器将调制信号“装载”到高频载波信号的振幅上，使高频载波信号的振幅随调制信号的变化规律而变化，输出已调信号，即调幅信号。话筒就是输入转换器，把声音信号转换成低频电信号，并经低频放大器放大到适当的值，作为振幅调制所需的低频调制信号。如果振幅调制器既实现了振幅调制又实现了功率放大，则可以直接通过天线发送已调信号；如果振幅调制器仅实现了振幅调制，则在信号发送之前需要通过高频功率放大器对已调信号进行功率放大。

高频功率放大器对高频已调信号进行功率放大，增大发射设备的发射距离，使接收设备在覆盖范围内能有效地接收信号。天线的作用就是把高频已调信号辐射到自由空间（无线信道）进行远距离传输。我们将在第 3 章学习高频功率放大器。

1.2.2　无线电广播接收设备

1. 无线电调幅广播通信系统的接收设备组成框图

无线电调幅广播通信系统的接收设备组成框图如图 1.3 所示，图中画出了各部分的输入、输出信号的波形图。

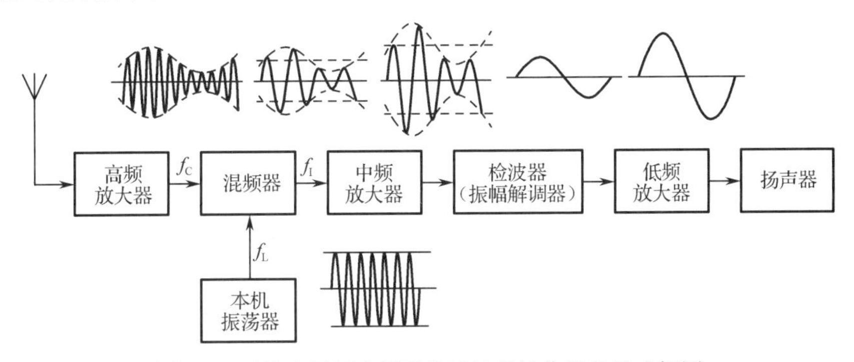

图 1.3　无线电调幅广播通信系统的接收设备组成框图

为了提高接收设备的功能，目前广泛采用具有混频器的超外差式接收设备。

高频放大器的作用是对天线所接收的已调信号进行初步的选择和放大，以便抑制其他频率的无用信号。高频放大器的选频功能应尽可能好，负载回路一般为 LC 并联谐振回路，这类放大器被称为高频小信号谐振放大器。我们将在第 2 章学习高频小信号选频放大器。

混频器的作用是将高频已调信号转换为频率固定的中频已调信号，中频已调信号的频率 f_I 取高频已调信号的载波频率 f_C 与信号的本振频率 f_L 的差频，即 $f_I = f_C - f_L$ 或 $f_I = f_L - f_C$。我国的无线电调幅广播通信系统的接收设备的中频频率为 465 kHz。混频器是超外差式接收设备的重要组成部分。

本机振荡器又称本振电路，它的功能是为混频器提供高频正弦波信号，以便与接收到

的已调信号混频。本振电路常采用互感耦合振荡器或三端式振荡器。

中频放大器的功能是对混频器输出的中频已调信号进行进一步的放大和选择，中频放大器通常由多级调谐放大器组成。高频放大器和中频放大器都属于高频小信号选频放大器，对信号具有线性放大和选频作用。

检波器的主要功能是将中频放大器输出的中频已调信号解调成音频信号，即调制信号。由此可见，接收设备中的检波器与发送设备中的振幅调制器功能刚好相反，即互为逆变换。我们将在第5章学习振幅调制器、振幅解调器、混频器。

低频放大器的功能是对振幅解调器输出的音频信号进行功率放大，使之具有足够的功率以驱动扬声器发声。

实际上，不管发送端用的是哪种调制方式，接收设备的组成基本不变，调制方式改变只会引起接收端的解调方式变化而已。

2. 调制基本原理

我们要传输的信息，如声音、文字、图像等转换成的电信号都属于低频信号，与高频信号有什么关系呢？实际上，在通信的过程中传输的往往是携带有用信息的高频已调信号。那么为什么不直接发送有用的低频信息，而要把有用的低频信息附在高频信号上呢？其原因有两个，一是根据天线理论，要将无线电信号有效地发送出去，天线的尺寸和电信号的波长必须满足 1∶10。依此理论，一般调制信号的频率很低，如音频信号的频率一般为 100 Hz～6 kHz。如果发送一个 100 Hz 的音频信号，则 $\lambda = c/f = 3\times10^8$ m/s/100 Hz = 3000 km，即声音的波长为3000 km，那么天线的尺寸应该为300 km，这么巨大的天线显然是不可能做出来的。二是若各发送设备所发送的信号均为同一频段的低频信号，那么信道中的信号会相互重叠、干扰，接收设备将无法接收信号。如果把有用的低频信号附在高频载波信号上（称为调制）进行传输，根据波长与频率的公式可知，可以有效地降低天线的尺寸。而不同电台采用不同的高频信号，可以避免信号相互重叠、干扰，实现信道的复用，提高频率利用率。因此，在无线模拟通信系统中，采用调制信号可以有效降低天线的尺寸，提高抗干扰能力，并且提高信道的利用率。

调制的目的就是把低频调制信号加载到高频载波信号上，用调制信号改编载波信号的参数（如振幅、频率、相位），从而将其变换成高频已调信号，高频已调信号携带低频调制信号的信息在信道中进行远距离传输。根据调制方式不同，调制可分为振幅调制、频率调制和相位调制，即调幅（AM）、调频（FM）和调相（PM）。

1.3 电波的传播方式

1.3.1 无线电波的基本概念

当高频电信号通过天线时，天线周围的电场和磁场会发生相互作用，形成波动，并以光速（3×10^8 m/s）向周围扩散，这种电波与磁波的结合体称为电磁波。无线通信是利用电磁波的传播进行通信的。电磁波按照波长可分为超长波、长波、中波、短波、超短波、米波、微波、毫米波、光波、X 射线、γ射线等。通常人们把波长为 30 km ～ 0.1 mm （对应频率为10 kHz～300 GHz）的电磁波称为无线电波，有时候也简称电波。无线电波的波段划分和频段划分如表 1.1 所示。

表 1.1　无线电波的波段划分和频段划分

名　称	波 长 范 围	频 率 范 围	主要传播方式	应 用 举 例
长波（低频 LF）	10～1 km	30～300 kHz	地波	导航
中波（中频 MF）	1000～100 m	0.3～3 MHz	地波、天波	调幅广播
短波（高频 HF）	100～10 m	3～30 MHz	天波、地波	调幅广播、短波通信
超短波（甚高频 VHF）	10～1 m	30～300 MHz	空间波传播	VHF 电视、FM 广播
分米波（特高频 UHF）	100～10 cm	0.3～3 GHz	空间波传播	UHF 电视、雷达、移动通信
厘米波（超高频 SHF）	10～1 cm	3～30 GHz	空间波传播	中继卫星通信、雷达
毫米波（极高频 EHF）	10～1 mm	30～300 GHz	空间波传播	天文、微波通信

1.3.2　无线电波的传播方式

借助天线，电波可以携带信息进行远距离快速传输，这种传输方式称为无线电波的传播。无线电波的传播方式主要有地波传播、空间波传播、天波传播等，如图 1.4 所示。

1. 地波传播

地波传播就是让电磁波沿着地球的表面传播。电磁波波长越长，遇到障碍物时的绕射能力就越强，所以对于长波、中长波而言，利用其波长长的优势，通常采用地波传播。地波传播时，大多数的电磁波能量都沿着地球的表面传输，不受大气的影响，传播信号比较稳定，传输距离也比较远。

2. 空间波传播

在人眼的可视距离内，发送端将信号直接发送到接收端的传播方式称为空间波传播，这种传播方式的传输距离有限。空间波传播通常适合超短波、分米波、厘米波和毫米波的传播。

3. 天波传播

天波传播是利用电离层的反射和折射来传递电磁波的。中波、短波都适合天波传播，但是超短波不适合。由于利用天波传播可以实现信号的远距离传输，所以中波、短波通信通常用于远距离无线电广播、电话通信及中距离小型移动电台等。

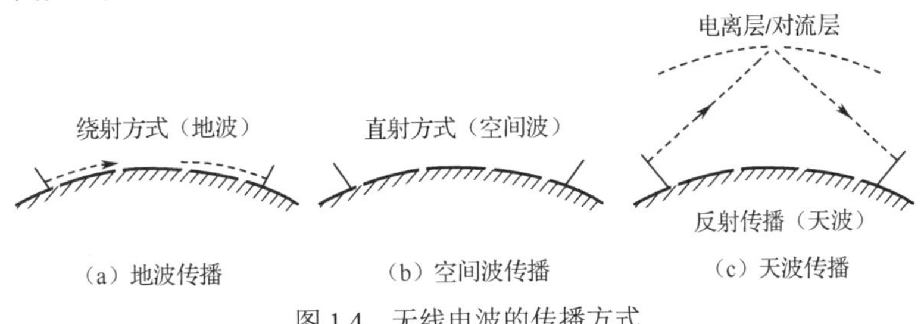

图 1.4　无线电波的传播方式

本章小结

1．利用电信号和光信号进行信息传输的系统称为通信系统，它主要由信源、输入转换器、发送设备、信道、接收设备、输出转换器和信宿组成。本书主要研究无线模拟通信系统中信号的处理与传输。

2．通过无线电波进行信息的传输称为无线通信，无线通信系统主要由无线发送系统和无线接收系统两部分组成。无线发送系统主要由高频振荡器、倍频器、振幅调制器、高频功率放大器、天线等组成。无线接收系统主要由天线、高频放大器、混频器、本机振荡器、中频放大器、振幅解调器、低频放大器、扬声器等组成。

3．在无线通信系统中，信号的传输的方式主要有三种：天波传播、地波传播、空间波传播。天波传播是利用电离层的反射和折射来传递电磁波的。一般来说，中波、短波都适合天波传播，但是超短波和微波不适合。地波传播就是让电磁波沿着地球的表面传播，对于长波、中长波而言，利用其波长长的优势，通常采用地波传播。发送端将信号直接发送到接收端的传播方式称为空间波传播，即直线传播，通常适合超短波、分米波、厘米波和毫米波的传播。

习题 1

一、填空题

1．通信系统主要由信源、输入变换器、________、________、________、________和信宿组成。

2．通信系统按照传输信号的形式不同可分为________通信系统和________通信系统。

3．通信系统按照传输信道的形式不同可分为________通信系统和________通信系统。

4．用待传输的基带信号改变高频载波信号的某一参数的过程，称为________；用基带信号改变载波信号的振幅，称为______；用基带信号改变载波信号的频率，称为______；用基带信号改变载波的相位，称为________。

5．波长比短波更短的无线电波称为________，不能以________和________方式传播，只能以________方式传播。

6．电磁波的主要传播方式为________、________、________。

二、单项选择题

1．为了改善系统性能，实现信号的远距离传输及信道多路复用，通信系统广泛采用（　　）。

A．无线通信　　B．光纤通信
C．调制技术　　D．高频功率放大

2．超外差式调幅接收设备的结构的主要特点是具有（　　）。

A．高频功率放大器　　B．混频器　　C．调制器　　D．振荡器

3．为了有效地发射电磁波，天线的尺寸必须与辐射信号的（　　）相比拟。

A．振幅　　B．相位　　C．频率　　D．波长

三、简答题

1．在无线通信系统中为什么采用高频载波调制技术？

2．画出无线电广播发送设备的原理图，并说明各部分的作用。

3．画出无线电广播接收设备的原理图，并说明各部分的作用。

第2章 高频小信号选频放大器

在无线通信中，发送与接收的信号应当适合于空间传输。所以，通过通信设备处理和传输的信号是经过调制处理的高频信号，这种信号具有窄带特性，而且通过长距离的通信传输，信号受到衰减和干扰，到达接收设备的信号是非常弱的高频窄带信号，在做进一步处理之前，应当经过放大和抑制干扰处理，这需要通过高频小信号选频放大器来完成。高频小信号选频放大器用来从众多的微弱小信号中选出有用频率信号，加以放大并对其他无用频率信号进行抑制。高频小信号选频放大器广泛用于通信系统的接收设备中，具有选频和放大作用，如超外差式接收系统中的高频放大器和中频放大器。高频小信号选频放大器由放大电路和选频电路两部分组成。选频电路通常有两大类：一类是 LC 并联谐振回路；另一类是集中选频滤波器，它包括石英晶体滤波器、陶瓷滤波器和声表面波滤波器。用 LC 并联谐振回路作为选频网络构成的选频放大器称为小信号谐振放大器，由于输入信号弱，放大器由分立元件组成，并且工作在甲类状态。目前通信设备广泛采用由集中选频滤波器和集成宽带放大器组成的集中选频放大器，它具有选择性好、性能稳定、调整方便等优点。

2.1 高频小信号选频放大器的性能指标

高频小信号选频放大器的性能好坏主要通过其性能指标进行评价和衡量。高频小信号选频放大器的主要性能指标包括电压增益、通频带、选择性、工作稳定性及噪声系数等。

2.1.1 电压增益

电压放大倍数为放大器的输出电压与输入电压的比值，用 A_u 表示。

电压放大倍数：$A_u = \dfrac{u_o}{u_i}$；

电压增益：$A_u(\text{dB}) = 20\lg|A_u|$。

实际上，我们所说的高频小信号选频放大器的电压增益指的是谐振电压增益，即高频小信号选频放大器在谐振频率 f_0 上的电压增益，其是用来衡量高频小信号选频放大器对有用信号的放大能力的。高频小信号选频放大器的谐振电压增益的影响因素有如下几个：一是所使用的三极管，三极管的β值不同，组成的放大器的电压增益不同；二是通频带宽度，一般通频带越宽，电压增益就越低；三是稳定性，一般放大器的电压增益越大，稳定性就越差。综合考虑以上因素后，单级小信号谐振放大器的电压增益一般为 20～30 dB。但是在实际应用时往往要求谐振电压增益为100 dB 以上，所以实用的高频小信号选频放大器通常采用多级级联的小信号谐振放大器或集中选频放大器。

2.1.2 通频带

通频带是指信号频率偏离高频小信号选频放大器的谐振频率 f_0 时，放大器的电压放大倍数 A_u 下降到谐振电压放大倍数 A_{u0} 的 $\dfrac{1}{\sqrt{2}}$（0.707）倍时所对应的频率范围，一般用 $BW_{0.7}$ 表示，如图 2.1 所示，$BW_{0.7} = f_H - f_L$。

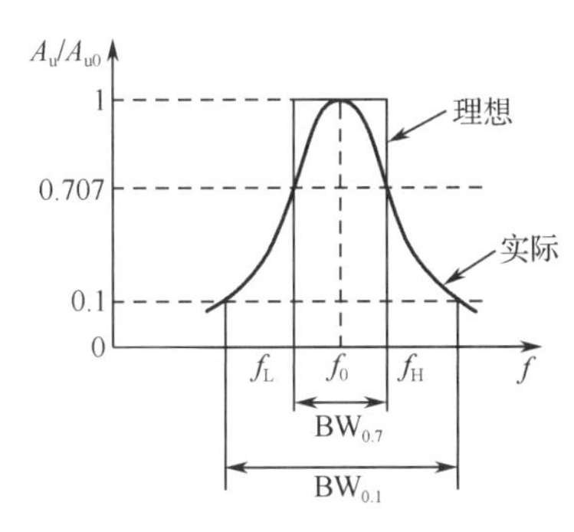

图 2.1　通频带

放大器的通频带通常与负载的形式和负载的品质因数 Q 有关。一般来说，品质因数越高，通频带就越窄。多级级联后通频带会变窄。放大器的用途不同，其对通频带的要求也不同。一般调幅广播接收机的中频放大器的通频带为8 kHz 左右，调频广播接收机的中频放大器的通频带为 200 kHz 左右，电视接收机的高频放大器和中频放大器的通频带一般为 6～8 MHz 。通频带越窄，高频小信号选频放大器的选择性越好；反之通频带越宽，高频小信号选频放大器的选择性越差。但是不能一味地追求选择性，要根据具体要求选择合适的通频带，以达到既能有效选择有用信号又能抑制干扰信号的目的。

2.1.3 选择性

选择性表示高频小信号选频放大器对通频带以外的各种干扰信号及其噪声的滤除能力，即从各种干扰信号中选出有用信号的能力。放大电路的选择性主要由高频小信号选频放大器的选频电路来决定。衡量选择性的具体指标是矩形系数 $K_{r0.1}$，其定义为

$$K_{r0.1}=\frac{BW_{0.1}}{BW_{0.7}} \tag{2-1}$$

式中，$BW_{0.1}$为相对电压放大倍数$\left|\frac{A_u}{A_{u0}}\right|$下降到 0.1 时所确定的频带宽度，如图 2.1 所示。理想情况下，放大器的矩形系数$K_{r0.1}=1$，而实际上高频小信号选频放大器的矩形系数大多是大于 1 的，矩形系数越接近 1，其选择性就越好。

2.1.4 工作稳定性

工作稳定性是指高频小信号选频放大器中的非线性放大元件的偏置、交流参数，以及其他电路元件参数发生变化时，对电路性能（如增益、通频带、矩形系数等）的稳定程度的影响。由于三极管内部存在寄生电容，并且调谐回路阻抗的大小和性质随频率的变化而变化，因此内反馈也随频率变化。高频小信号选频放大器还存在外部寄生反馈，这导致该放大器工作不稳定。在一般情况下，内反馈会使高频小信号选频放大器的频率特性变差，性能指标发生变化，严重时会产生自激。为了使高频小信号选频放大器稳定工作，必须采取稳定措施。

提高高频小信号选频放大器稳定性的措施如下：一是采用寄生电容小的三极管；二是从电路上消除内反馈的影响。具体方法有中合法和失配法。中合法是指在电路中接入中和电容，用以抵消三极管寄生电容的影响，但它只能在一个频率上起到较好的中和作用，故使用受限。失配法不追求获得最大的放大倍数，通过牺牲电压增益来换取放大电路的稳定性，共射-共基组合放大电路是失配法中常用的一种电路。

2.1.5 噪声系数

噪声系数表征信号经放大后信噪比变差的程度。噪声系数是指放大器的输入信噪比（输入端的信号功率与噪声功率之比）与输出信噪比的比值，即

$$N_F=\frac{P_{si}/P_{ni}\text{（输入信噪比）}}{P_{so}/P_{no}\text{（输出信噪比）}} \tag{2-2}$$

噪声系数通常是大于 1 的，越接近 1，放大器的输出噪声就越小。放大器本身产生的噪声是放大器产生噪声的原因之一，它会影响放大器对微弱信号的放大能力。放大器内部噪声是一种随机信号，其频谱很宽，很难消除，尤其是在高频小信号选频放大器中噪声的影响是不能忽视的，要求噪声系数越小越好。在多级级联的高频小信号谐振放大器中，前一、二级放大器的噪声对整个放大器的噪声起决定作用。为了降低放大器的内部噪声，在设计与制作高频小信号选频放大器时应当采用低噪声管，正确地选择工作点电流及合适的电路等。

2.2 LC 并联谐振回路

高频小信号选频放大器的性能在很大程度上取决于选频电路（负载），即 LC 并联谐振回路。在高频小信号选频放大器中，LC 并联谐振回路的主要作用是选频、阻抗变换。LC

并联谐振回路在正弦波振荡器、调制、鉴频、混频等电路中都有很重要的作用，所以我们有必要先介绍 LC 并联谐振回路的特性。

2.2.1　LC 并联谐振回路的阻抗频率特性

LC 并联谐振回路的等效电路图如图 2.2 所示，由电感、电容器和外加信号源组成。由于电容器的损耗很小，可以认为损耗主要集中在电感支路，用电阻 r 表示电感的损耗。我们在分析 LC 并联谐振回路时，采用电流源（理想电流源，外加信号源内阻很大），在未接负载的情况下比较方便，这种情况也被称为空载。在本节的分析中暂时不考虑电流源的内阻和负载，后面有一节内容专门分析电流源内阻和负载对 LC 并联谐振回路的影响。LC 并联谐振回路两端的阻抗为

$$Z=\frac{(r+\mathrm{j}\omega L)\dfrac{1}{\mathrm{j}\omega C}}{(r+\mathrm{j}\omega L)+\dfrac{1}{\mathrm{j}\omega C}}=\frac{(r+\mathrm{j}\omega L)\dfrac{1}{\mathrm{j}\omega C}}{r+\mathrm{j}\left(\omega L-\dfrac{1}{\omega C}\right)} \tag{2-3}$$

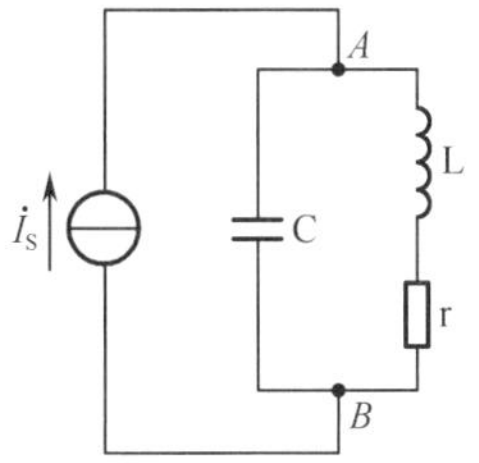

图 2.2　LC 并联谐振回路的等效电路图

在实际应用中，通常都满足 $\omega L \gg r$ 的条件，在后面的分析中，都考虑此条件，无须另加说明。所以，将 $r+\mathrm{j}\omega L\approx \mathrm{j}\omega L$ 代入式（2-3），则有

$$Z\approx\frac{\dfrac{L}{C}}{r+\mathrm{j}\omega L+\dfrac{1}{\mathrm{j}\omega C}}=\frac{\dfrac{L}{C}}{r+\mathrm{j}\left(\omega L-\dfrac{1}{\omega C}\right)} \tag{2-4}$$

当外加信号源的频率等于 LC 并联谐振回路的固有频率时，回路发生谐振。在发生并联谐振时，整个回路的电抗等于零，即 $\omega_0 L-\dfrac{1}{\omega_0 C}=0$（$\omega_0$ 为谐振时的角频率，简称谐振角频率）。由式（2-4）可知，此时 LC 并联谐振回路的阻抗达到最大值，且为纯阻性，称为谐振阻抗，也称为谐振电阻，通常用 R_p 表示，即

$$Z_P = R_P = \frac{L}{Cr} \tag{2-5}$$

由于发生谐振时，$\omega_0 L - \frac{1}{\omega_0 C} = 0$，则有

谐振角频率：

$$\omega_0 = \frac{1}{\sqrt{LC}} \tag{2-6}$$

谐振频率：

$$f_0 = \frac{1}{2\pi\sqrt{LC}} \tag{2-7}$$

从而有

$$\begin{aligned} Z &\approx \frac{\frac{L}{C}}{r + j\left(\omega L - \frac{1}{\omega C}\right)} \\ &= \frac{\frac{L}{Cr}}{1 + j\left(\frac{\omega L}{r} - \frac{1}{\omega Cr}\right)} \\ &= \frac{R_P}{1 + j\frac{\omega_0 L}{r}\left(\frac{\omega}{\omega_0} - \frac{\omega_0}{\omega}\right)} \end{aligned} \tag{2-8}$$

在 LC 并联谐振回路中，把谐振时的感抗值或容抗值与回路的等效损耗电阻 r 的比值称为 LC 并联谐振回路的品质因数，用 Q 来表示，即

$$Q = \frac{\frac{1}{\omega_0 C}}{r} = \frac{1}{\omega_0 Cr} \tag{2-9}$$

把式（2-6）代入式（2-9），可得

$$Q = \frac{1}{r}\sqrt{\frac{L}{C}} \tag{2-10}$$

由 $Z = R_P = \frac{L}{Cr}$ 可得

$$R_P = \frac{1}{r}\sqrt{\frac{L}{C}}\sqrt{\frac{L}{C}} = Q\sqrt{\frac{L}{C}} \tag{2-11}$$

引入品质因数 Q 是为了评价 LC 并联谐振回路损耗的大小，由式（2-10）可知，Q 值越大，回路的损耗就越小；反之，损耗就越大。把式（2-9）代入式（2-8），可得

$$Z = \frac{R_P}{1 + jQ\left(\frac{\omega}{\omega_0} - \frac{\omega_0}{\omega}\right)} \tag{2-12}$$

LC 并联谐振回路主要研究的是谐振角频率 ω_0 附近的频率特性，因为有用信号的频谱在 ω_0 附近。由于实际角频率 ω 十分接近 ω_0，所以可以近似认为 $\omega + \omega_0 \approx 2\omega_0$，$\omega\omega_0 \approx \omega_0^2$。同

时令 $\omega-\omega_0=\Delta\omega$，则式（2-12）可以写成如下形式：

$$Z=\frac{R_{\mathrm{P}}}{1+\mathrm{j}Q\left(\frac{\omega^2}{\omega_0\omega}-\frac{\omega_0^2}{\omega\omega_0}\right)}$$

$$=\frac{R_{\mathrm{P}}}{1+\mathrm{j}Q\left(\frac{\omega^2-\omega_0^2}{\omega\omega_0}\right)}$$

$$=\frac{R_{\mathrm{P}}}{1+\mathrm{j}Q\frac{(\omega-\omega_0)(\omega+\omega_0)}{\omega\omega_0}}$$

$$\approx\frac{R_{\mathrm{P}}}{1+\mathrm{j}Q\left(\frac{2\Delta\omega}{\omega_0}\right)}=\frac{R_{\mathrm{P}}}{1+\mathrm{j}Q\left(\frac{2\Delta f}{f_0}\right)} \tag{2-13}$$

所以 LC 并联谐振回路的阻抗幅频特性关系式和相频特性关系式分别为

$$|Z|=\frac{R_{\mathrm{P}}}{\sqrt{1+\left(Q\frac{2\Delta\omega}{\omega_0}\right)^2}}=\frac{R_{\mathrm{P}}}{1+\left(Q\frac{2\Delta f}{f_0}\right)^2} \tag{2-14}$$

$$\varphi=-\arctan\left(Q\frac{2\Delta\omega}{\omega_0}\right)=-\arctan\left(Q\frac{2\Delta f}{f_0}\right) \tag{2-15}$$

根据式（2-14）和式（2-15）可以分别画出 LC 并联谐振回路的阻抗幅频特性曲线和相频特性曲线，如图 2.3、图 2.4 所示。

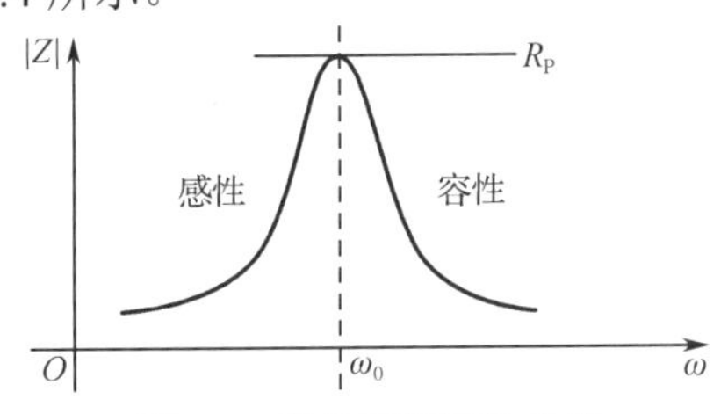

图 2.3　阻抗幅频特性曲线

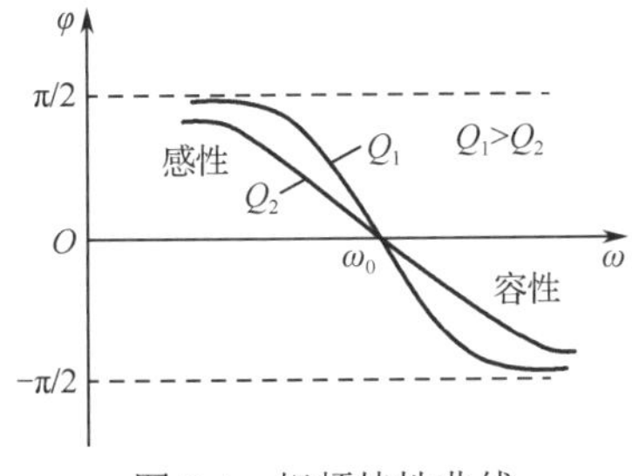

图 2.4　相频特性曲线

由图 2.3 和图 2.4 可知，LC 并联谐振回路的阻抗频率特性如下。

（1）当回路谐振，即 $\omega=\omega_0$ 时，LC 并联谐振回路的阻抗为纯电阻，且达到最大值，$|Z|=R_{\mathrm{P}}=\frac{L}{Cr}$，$R_{\mathrm{P}}$ 为谐振电阻，谐振电阻相角为 $\varphi=0$。

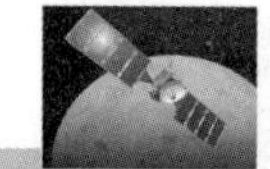

（2）当回路的角频率 $\omega > \omega_0$ 时，LC 并联谐振回路的总阻抗呈容性。

（3）当回路的角频率 $\omega < \omega_0$ 时，LC 并联谐振回路的总阻抗呈感性。

（4）Q 值越大，幅频特性曲线越尖锐，相频特性曲线在谐振角频率附近就越陡峭。

2.2.2 LC 并联谐振回路的通频带和选择性

由图 2.2 可知，LC 并联谐振回路两端的电压应该等于流过 LC 并联谐振回路的总电流与 LC 并联谐振回路的阻抗的积，即

$$\dot{U}_{\mathrm{o}} = \dot{I}_{\mathrm{s}} Z \tag{2-16}$$

把式（2-13）代入上式，则有

$$\dot{U}_{\mathrm{o}} = \frac{\dot{I}_{\mathrm{s}} R_{\mathrm{P}}}{1 + \mathrm{j}Q\dfrac{2\Delta\omega}{\omega_0}} = \frac{\dot{U}_{\mathrm{P}}}{1 + \mathrm{j}Q\dfrac{2\Delta f}{f_0}} \tag{2-17}$$

式中，$\dot{U}_{\mathrm{P}}$ 为谐振时 LC 并联谐振回路两端的电压，简称谐振电压；Q 为品质因数；$\Delta f(\Delta\omega)$ 为 LC 并联谐振回路的频率（角频率）绝对失谐量；f_0 为 LC 并联谐振回路的谐振频率。把上式两边同除以 $\dot{U}_{\mathrm{P}}$ 并取其模值，称为电压衰减系数，即

$$\left|\frac{\dot{U}_{\mathrm{o}}}{\dot{U}_{\mathrm{P}}}\right| = \frac{1}{\sqrt{1 + \left(Q\dfrac{2\Delta f}{f_0}\right)^2}} \tag{2-18}$$

根据通频带的定义，电压衰减系数 $\left|\dfrac{\dot{U}_{\mathrm{o}}}{\dot{U}_{\mathrm{P}}}\right|$ 的值由 1 变为 $\dfrac{1}{\sqrt{2}}(0.707)$ 时，所对应的 $2\Delta f$ 即通频带，则有

$$\frac{1}{\sqrt{2}} = \frac{1}{\sqrt{1 + \left(Q\dfrac{2\Delta f}{f_0}\right)^2}} \tag{2-19}$$

整理上式（把 $2\Delta f$ 换成 $\mathrm{BW}_{0.7}$），即可得到

$$\mathrm{BW}_{0.7} = \frac{f_0}{Q} \tag{2-20}$$

根据式（2-18）画出如图 2.5 所示的 LC 并联谐振回路的电压幅频特性曲线。

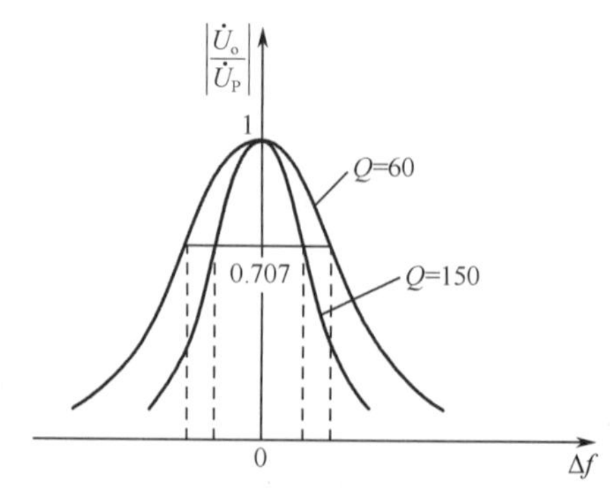

图 2.5　LC 并联谐振回路的电压幅频特性曲线

由图 2.5 或式（2-20）可以看出，LC 并联谐振回路的品质因数越高，回路损耗就越小，幅频特性曲线就越尖锐，其通频带就越窄，回路的选择性就越好；反之，品质因数越低，回路的损耗就越大，其通频带就越宽，回路选择性就越差。需要说明的是，在 LC 并联谐振回路中，通频带并不是越窄越好。如果通频带比有用信号的频谱还窄，那么一部分有用信号将无法通过，最终导致输出信号严重失真。理想的幅频特性曲线是矩形的。

例 2.1　LC 并联谐振回路的等效电路图如图 2.2 所示，已知 $L=180\ \mu\text{H}$，$C=140\ \text{pF}$，$r=15\ \Omega$。试求：

（1）该回路的谐振频率 f_0、品质因数 Q 及谐振电阻 R_P；

（2）$\dfrac{f}{f_0}$ 为 1.02、1.05、2 时，该回路的等效阻抗及相移。

解　（1）求 f_0、Q、R_P。

$$f_0=\frac{1}{2\pi\sqrt{LC}}$$

$$=\frac{1}{2\times3.14\sqrt{180\times10^{-6}\times140\times10^{-12}}}=10^6\,(\text{Hz})=1\,(\text{MHz})$$

$$Q=\frac{1}{r}\sqrt{\frac{L}{C}}$$

$$=\frac{1}{15}\sqrt{\frac{180\times10^{-6}}{140\times10^{-12}}}\approx76$$

$$R_\text{P}=\frac{L}{Cr}=\frac{180\times10^{-6}}{140\times10^{-12}\times15}=86\,(\text{k}\Omega)$$

（2）求该回路的等效阻抗和相移。

根据

$$|Z|=\frac{R_\text{P}}{\sqrt{1+\left(Q\dfrac{2\Delta\omega}{\omega_0}\right)^2}}=\frac{R_\text{P}}{1+\left(Q\dfrac{2\Delta f}{f_0}\right)^2}$$

$$\varphi=-\arctan\left(Q\frac{2\Delta\omega}{\omega_0}\right)=-\arctan\left(Q\frac{2\Delta f}{f_0}\right)$$

$$|Z|=\frac{R_\text{P}}{\sqrt{1+\left[Q\left(\dfrac{\omega}{\omega_0}-\dfrac{\omega_0}{\omega}\right)\right]^2}}=\frac{R_\text{P}}{\sqrt{1+\left[Q\left(\dfrac{f}{f_0}-\dfrac{f_0}{f}\right)\right]^2}}$$

$$\varphi=-\arctan\left[Q\left(\frac{\omega}{\omega_0}-\frac{\omega_0}{\omega}\right)\right]=-\arctan\left[Q\left(\frac{f}{f_0}-\frac{f_0}{f}\right)\right]$$

当 $\dfrac{f}{f_0}=1.02$ 时，则有

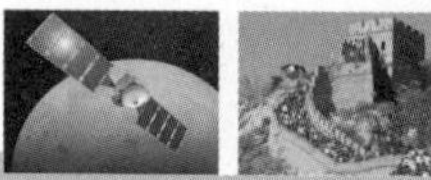

$$|Z|=\frac{86\times10^{3}}{\sqrt{1+\left[76\left(1.02-\frac{1}{1.02}\right)\right]^{2}}}\approx27.1(\mathrm{k}\Omega)$$

$$\varphi=-\arctan\left[76\left(1.02-\frac{1}{1.02}\right)\right]=-76^{\circ}$$

当$\frac{f}{f_0}=1.05$时，则有

$$|Z|=\frac{86\times10^{3}}{\sqrt{1+\left[76\left(1.05-\frac{1}{1.05}\right)\right]^{2}}}\approx1.19(\mathrm{k}\Omega)$$

$$\varphi=-\arctan\left[76\left(1.05-\frac{1}{1.05}\right)\right]=-82.3^{\circ}$$

同理，当$\frac{f}{f_0}=2$时，则有

$$|Z|\approx0.75\ \mathrm{k}\Omega$$

$$\varphi=-89.5^{\circ}$$

上述例题说明，输入信号的频率偏离谐振频率（中心频率）越远，回路对信号的相位偏移就越大，LC 并联谐振回路对信号呈现的阻抗就越小，即信号在 LC 并联谐振回路两端的压降就越小。

2.3 信号源及负载对 LC 并联谐振回路的影响

在小信号谐振放大器中，LC 并联谐振回路是放大器的负载，小信号谐振放大器本身也有负载，信号源的内阻和负载都会对 LC 并联谐振回路产生影响，它们不仅会使回路的品质因数下降、选择性变差，还会使回路的调谐频率发生偏移。小信号谐振放大器的电路原理图如图 2.6 所示。

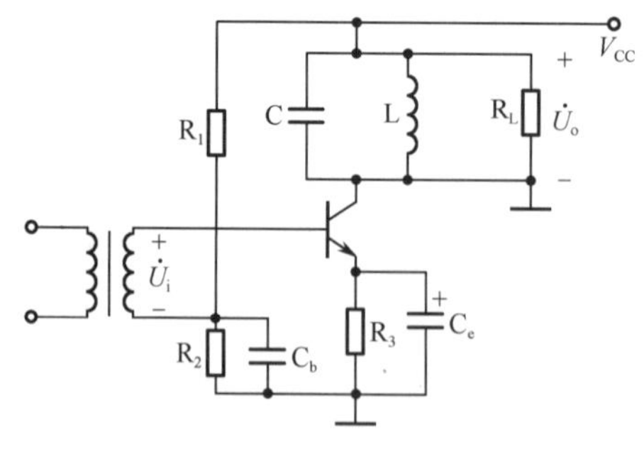

图 2.6　小信号谐振放大器的电路原理图

由图 2.6 可知，三极管及其辅助元件构成了共射放大器，LC 并联谐振回路作为放大器的负载，也是选频回路，它们一起构成了小信号谐振放大器。R_L 是整个小信号谐振放大器的负载，也是 LC 并联谐振回路的负载。实际上，三极管及其辅助元件构成的共射放大电

路的输出信号相当于 LC 并联谐振回路的信号源，R_L 相当于 LC 并联谐振回路的负载。我们把三极管及其辅助元件构成的放大器的输出信号等效为含有内阻 R_s 的电压源 $\dot{U}_s$，那么图 2.6 就可以简化为图 2.7（a）。为了方便分析，我们把电感 L 与损耗电阻 r 的串联电路变为并联电路。L、r 串联支路的导纳为

$$Y = \frac{1}{r + j\omega L} = \frac{r - j\omega L}{(r + j\omega L)(r - j\omega L)} = \frac{r}{r^2 + \omega^2 L^2} - \frac{j\omega L}{r^2 + \omega^2 L^2} \tag{2-21}$$

前面在分析 LC 并联谐振回路时介绍了 $r \ll \omega L$，所以 $r^2 + \omega^2 L^2 \approx \omega^2 L^2$，则式（2-21）变为

$$Y = \frac{r}{\omega^2 L^2} - \frac{j\omega L}{\omega^2 L^2} = \frac{r}{\omega^2 L^2} + \frac{1}{j\omega L} = \frac{1}{\frac{\omega^2 L^2}{r}} + \frac{1}{j\omega L} \tag{2-22}$$

由于研究谐振都是在 ω_0 附近，所以有 $\omega \approx \omega_0$，且 $\omega_0 L = \frac{1}{\omega_0 C}$，则有

$$\frac{\omega^2 L^2}{r} = \frac{\omega_0^2 L^2}{r} = \frac{\omega_0 L}{r} \times \frac{1}{\omega_0 C} = \frac{L}{Cr} = R_P \tag{2-23}$$

把式（2-23）代入式（2-22），则有

$$Y = \frac{1}{\frac{\omega^2 L^2}{r}} + \frac{1}{j\omega L} = \frac{1}{R_P} + \frac{1}{j\omega L} \tag{2-24}$$

由式（2-24）可知，我们可以把 L、r 串联支路的总导纳看成谐振电阻 R_P 和电感 L 并联的总导纳，由此可得，电感 L 与损耗电阻 r 串联支路可以近似等效为谐振电阻 R_P 与电感 L 的并联支路。所以，图 2.7（a）可以等效为图 2.7（b），图 2.7（c）是简化电路。

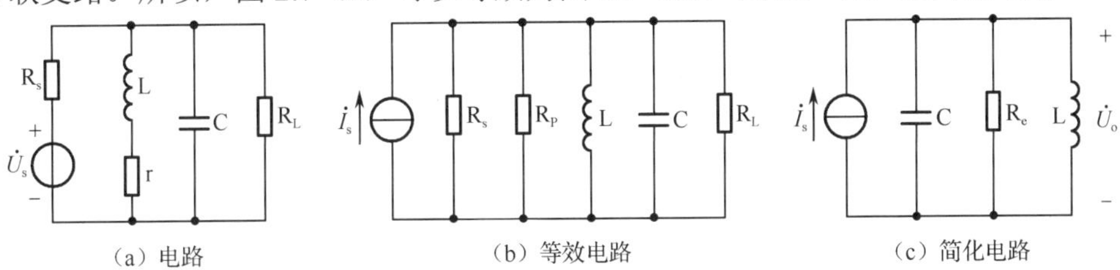

图 2.7　实用等效并联谐振回路

图 2.7（b）与我们分析的空载时的 LC 并联谐振回路相比，多了两个并联电阻 R_s 和 R_L，令 $R_e = R_s // R_P // R_L$ 为有载谐振电阻，则带有信号源和负载的 LC 并联谐振回路的品质因数为

$$Q_e = R_e\sqrt{\frac{C}{L}} \qquad Q = R_P\sqrt{\frac{C}{L}}$$

我们称 Q_e 为有载品质因数，称 Q 为空载品质因数。显然，空载品质因数 Q 比有载品质因数 Q_e 高。

综上所述，当 LC 并联谐振回路中有信号源和负载时，其品质因数会下降，通频带会变宽，选择性变差。如果选择性太差，小信号谐振放大器就起不到选频的目的了。所以我们要采取措施来减小信号源内阻和负载电阻带来的不良影响。R_s 和 R_L 越小，品质因数 Q_e 就下降得越多，回路的选择性也越差。我们可以通过增大信号源内阻和负载电阻的方法来减小

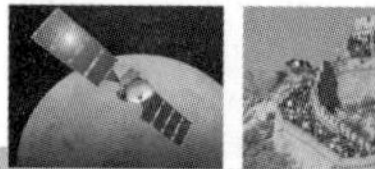

这种不良影响。当然，如果要扩展 LC 并联谐振回路的通频带，也可以在 LC 并联谐振回路的两端并联一个阻值适当的电阻。

例 2.2 如图 2.7（a）所示，已知 $L = 586\,\mu\text{H}$，$C = 200\,\text{pF}$，$r = 12\,\Omega$，$R_s = R_L = 100\,\text{k}\Omega$。试分析信号源和负载对 LC 并联谐振回路特性的影响。

解 （1）不考虑 R_s 和 R_L 的影响，求回路的固有特性。

谐振频率：$f_0 = \dfrac{1}{2\pi\sqrt{LC}} = \dfrac{1}{2\times 3.14\times\sqrt{586\times 10^{-6}\times 200\times 10^{-12}}} = 465\,(\text{kHz})$；

谐振电阻：$R_P = \dfrac{L}{Cr} = \dfrac{586\times 10^{-6}}{200\times 10^{-12}\times 12} = 244\,(\text{k}\Omega)$；

空载品质因数：$Q = R_P\sqrt{\dfrac{C}{L}} = 244\times 10^3\times\sqrt{\dfrac{200\times 10^{-12}}{586\times 10^{-6}}} = 143$；

通频带：$\text{BW}_{0.7} = \dfrac{f_0}{Q} = \dfrac{465\times 10^3}{143} = 3.3\,(\text{kHz})$。

（2）考虑 R_s 和 R_L 的影响后求回路的特性。

等效电路如图 2.7（c）所示。由于 L 和 C 没有改变，所以谐振频率还是 465 kHz。

等效谐振电阻：$R_e = R_s // R_P // R_L = 41.5\,\text{k}\Omega$；

有载品质因数：$Q_e = R_e\sqrt{\dfrac{C}{L}} = 41.5\times 10^3\times\sqrt{\dfrac{200\times 10^{-12}}{586\times 10^{-6}}} = 24$；

通频带：$\text{BW}_{0.7e} = \dfrac{f_0}{Q_e} = \dfrac{465\times 10^3}{24} = 19.4\,(\text{kHz})$。

例 2.2 验证了信号源的内阻和负载电阻会对 LC 并联谐振回路的品质因数产生明显的影响，使回路的品质因数下降，通频带变宽，选择性变差。

2.4 阻抗变换电路

上一节我们讲到，在接入信号源和负载后，LC 并联谐振回路的选择性变差。为减小信号源内阻及负载电阻对 LC 并联谐振回路的影响，通常采用阻抗变换电路来等效提高信号源内阻和负载电阻。常用的阻抗变换电路有变压器阻抗变换电路、电感分压式阻抗变换电路和电容分压式阻抗变换电路。

2.4.1 变压器阻抗变换电路

为了减小信号源内阻和负载对 LC 并联谐振回路的影响，通常选用内阻较大的信号源和阻值较大的负载。当信号源内阻和负载较小时，常用的变压器阻抗变换电路如图 2.8 所示。

假设初级电感线圈的匝数为 N_1，次级电感线圈的匝数为 N_2，且初、次级电感线圈间全耦合（$k = 1$），线圈和电容的损耗忽略不计，$R_L \ll \omega L$，根据能量守恒原理，初级回路的等效电阻 R_L' 所消耗的功率应和次级负载 R_L 所消耗的功率相等，即

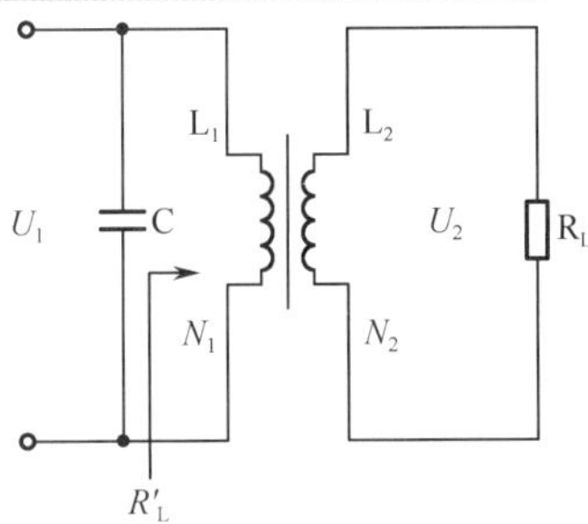

图 2.8　变压器阻抗变换电路

$$\frac{U_1^2}{R_L'}=\frac{U_2^2}{R_L}$$

变压器的变比为

$$n=\frac{N_1}{N_2}=\frac{U_1}{U_2}=\frac{I_2}{I_1} \tag{2-25}$$

则有

$$R_L'=\frac{U_1^2}{U_2^2}R_L=\frac{N_1^2}{N_2^2}R_L=n^2R_L \tag{2-26}$$

如果 $n\gg 1$，则有 $R_L'\gg R_L$。因此，采用一个变压器来耦合负载 R_L 和 LC 并联谐振回路，相当于把负载提高了 n^2 倍。小信号谐振放大器常用变压器实现阻抗变换，从而减小负载和信号源的内阻对 LC 并联谐振回路选择性的影响。

2.4.2　电感分压式阻抗变换电路

图 2.9 所示为电感分压式阻抗变换电路，也称为自耦变压器阻抗变换电路。设 L_1 和 L_2 的互感为 M，则 $L_{13}=L_1+L_2+2M$，图 2.9 中 2、3 端为输入端（可以把 R_1 看成信号源内阻），R_1' 就是 R_1 变换到 LC 并联谐振回路两端的等效电阻。1、2 端的电感为 L_1，匝数为 N_1；2、3 端的电感为 L_2，匝数为 N_2，电压为 U_2；1、3 端的电压为 U_1。设电感和电容是无损耗的，令自耦变压器的初级线圈与次级线圈的匝数比为变比 n，则有

$$n=\frac{N_1}{N_2}=\frac{L_1+L_2+2M}{L_2+M}=\frac{U_1}{U_2} \tag{2-27}$$

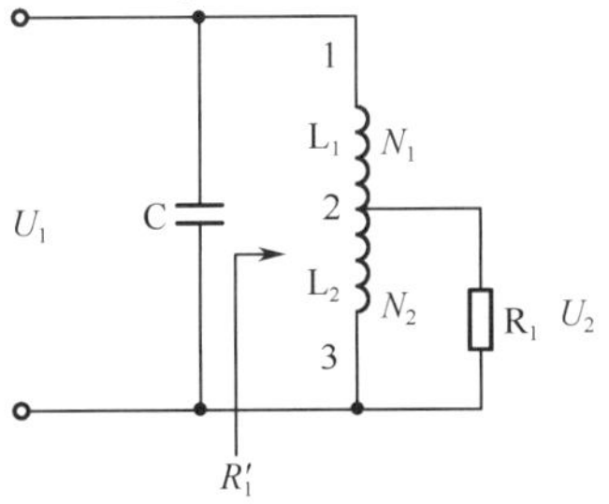

图 2.9　电感分压式阻抗变换电路

同理，输入功率等于输出功率，即

$$\frac{U_1^2}{R_1'}=\frac{U_2^2}{R_1} \tag{2-28}$$

所以有

$$R_1' = \frac{U_1^2}{U_2^2} R_1 = n^2 R_1 \tag{2-29}$$

因此，R_1 通过阻抗变换电路变换到 LC 并联谐振回路的两端，并且阻值提高为原来阻值的 n^2 倍。

2.4.3 电容分压式阻抗变换电路

图 2.10 所示为电容分压式阻抗变换电路，图中电感和电容都是无损耗的。电阻 R_2 接在电容的抽头上面，变换到 LC 并联谐振回路两端的等效电阻为 R_1（实际上这个电阻并不存在）。C_1 两端的电压为 U_2，LC 并联谐振回路两端的电压为 U_1。

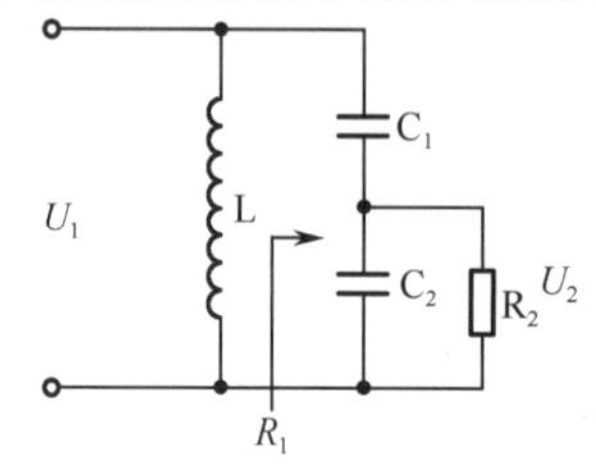

图 2.10 电容分压式阻抗变换电路

根据 R_1 和 R_2 所消耗的功率相等，可得

$$\frac{U_1^2}{R_1} = \frac{U_2^2}{R_2} \tag{2-30}$$

则有

$$R_1 = \frac{U_1^2}{U_2^2} R_2$$

当 $n = \frac{U_1}{U_2}$，且 $R_2 >> \frac{1}{\omega C_2}$ 时，则有

$$n = \frac{U_1}{U_2} = \frac{C_1 + C_2}{C_1} \tag{2-31}$$

显然 n 是大于 1 的。这样由式（2-30）可得

$$R_1 = n^2 R_2 \tag{2-32}$$

电容分压式阻抗变换电路把原来的 R_2 的阻值变换成 LC 并联谐振回路两端的等效电阻 R_1，阻值提高到原来的 n^2 倍，从而减小了 R_2 对 LC 并联谐振回路选择性的影响。

例 2.3 电容分压式谐振电路如图 2.11 所示，信号源和负载均通过电容分压器接入电路，已知电路中 $L = 12\ \mu\text{H}$，$C_1 = 100\ \text{pF}$，$C_2 = 200\ \text{pF}$，$R_s = 15\ \text{k}\Omega$，$R_L = 5\ \text{k}\Omega$。试求 LC 并联谐振回路的有载品质因数 Q_e 及通频带 $BW_{0.7e}$。

解 根据电容分压式阻抗变换电路可知，变换到 LC 并联谐振回路两端的等效电路如图 2.12（a）所示，图 2.12（b）为简化的等效电路。

根据阻抗变换关系得

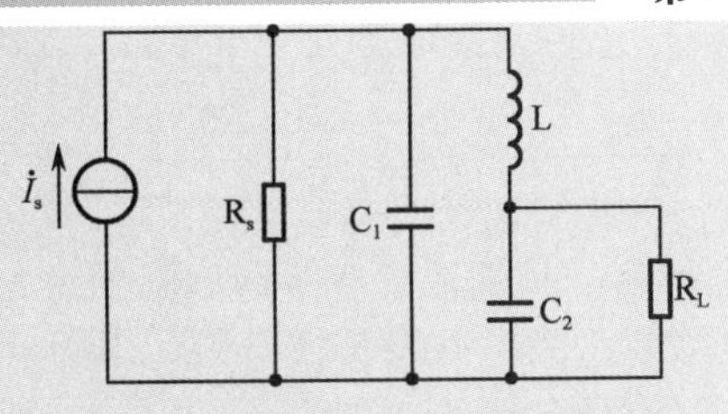

图 2.11　电容分压式谐振电路

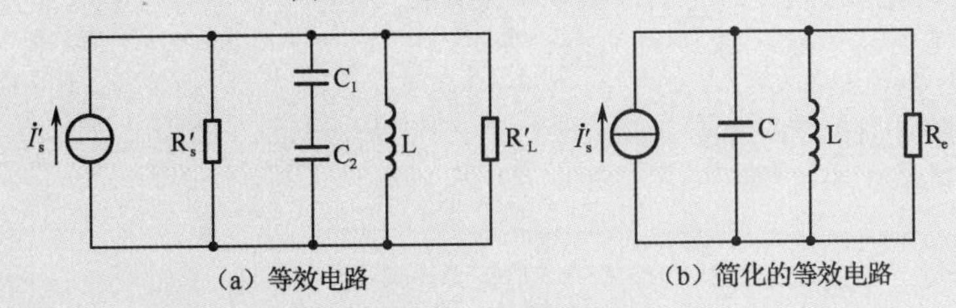

图 2.12　例 2.3 图

$$R'_s=\left(\frac{C_1+C_2}{C_2}\right)^2 R_s=\left(\frac{100+200}{200}\right)^2\times 15\times 10^3=33.8\ (\text{k}\Omega)$$

$$R'_L=\left(\frac{C_1+C_2}{C_2}\right)^2 R_L=\left(\frac{100+200}{100}\right)^2\times 5\times 10^3=11.3\ (\text{k}\Omega)$$

$$C=\frac{C_1C_2}{C_1+C_2}=\frac{100\times 200}{100+200}=66.7\ (\text{pF})$$

$$R_P=Q\sqrt{\frac{L}{C}}=70\times\sqrt{\frac{12\times 10^{-6}}{66.7\times 10^{-12}}}=29.7\ (\text{k}\Omega)$$

将 R'_s、R'_L、R_P 并联即得等效电路，如图 2.12（b）所示，图中

$$R_e=R'_s//R_P//R'_L=\frac{1}{\frac{1}{33.8}+\frac{1}{29.7}+\frac{1}{45}}=11.7\ (\text{k}\Omega)$$

所以，有载品质因数为

$$Q_e=R_e\sqrt{\frac{C}{L}}=11.7\times 10^3\times\sqrt{\frac{66.7\times 10^{-12}}{12\times 10^{-6}}}=27.6$$

谐振频率为

$$f_0=\frac{1}{2\pi\sqrt{LC}}=\frac{1}{2\times 3.14\times\sqrt{12\times 10^{-6}\times 66.7\times 10^{-12}}}=5.6\ (\text{MHz})$$

有载的通频带为

$$\text{BW}_{0.7\text{e}}=\frac{f_0}{Q_e}=\frac{5.6\times 10^6}{27.6}=0.2\ (\text{MHz})$$

例 2.4　LC 并联谐振回路与信号源连接线路图如图 2.13（a）所示，信号源以自耦变压器形式接入 LC 并联谐振回路。已知线圈的匝数分别为 $N_{12}=10$，$N_{13}=40$，$L_{13}=10\ \mu\text{H}$，回路空载品质因数 $Q=100$，$C=50\ \text{pF}$，$R_s=5\ \text{k}\Omega$，$I_s=2\ \text{mA}$。试求并联谐振回路带信号源后的品质因数 Q_e、通频带 $\text{BW}_{0.7\text{e}}$ 及回路谐振时 LC 回路两端的输出电压 U_o。

解 由题意可知，LC 并联谐振回路的谐振频率为

$$f_0=\frac{1}{2\pi\sqrt{LC}}=\frac{1}{2\times 3.14\times\sqrt{10\times 10^{-6}\times 50\times 10^{-12}}}=7.12\text{（MHz）}$$

为了计算题目要求的各个参数，必须把信号源的内阻变换到 LC 并联谐振回路中，等效电路如图 2.13（b）所示，根据前面的串并联转换可知，电感的损耗的等效电阻为谐振电阻 R_P，则有

$$R_P=Q\sqrt{\frac{L_{13}}{C}}=100\times\sqrt{\frac{10\times 10^{-6}}{50\times 10^{-12}}}=44.7\text{（k}\Omega\text{）}$$

R_s' 是 R_s 变换到 LC 并联谐振回路两端的等效电阻，根据电感分压式阻抗变换电路可知

$$R_s'=n^2R_s$$

式中，$n=\frac{L_{13}}{L_{12}}=4$。

所以有

$$R_s'=n^2R_s=4^2\times 5=80\text{（k}\Omega\text{）}$$

I_s' 是 I_s 变换到 LC 并联谐振回路两端的电流源，根据能量守恒原理，变换前的功率为 I_sU_{12}，等于变换后的功率 $I_s'U_{13}$，即 $I_sU_{12}=I_s'U_{13}$，所以有

$$I_s'=\frac{U_{12}}{U_{13}}I_s=\frac{N_{12}}{N_{13}}I_s=\frac{1}{n}I_s=\frac{1}{4}\times 2=0.5\text{（mA）}$$

因此，电流经过抽头变换后，将变为原来的 $\frac{1}{n}$。

变换后的总电阻为

$$R_e=R_s'//R_P=\frac{80\times 44.7}{80+44.7}=28.7\text{（k}\Omega\text{）}$$

则有

$$Q_e=R_e\sqrt{\frac{C}{L_{13}}}=28.7\times 10^3\times\sqrt{\frac{50\times 10^{-12}}{10\times 10^{-6}}}=64.2$$

$$BW_{0.7e}=\frac{f_0}{Q_e}=\frac{7.12\times 10^6}{64.2}=111\text{（kHz）}$$

LC 并联谐振回路两端的电压为

$$U_o=R_e\times I_s'=28.7\times 10^3\times 0.5\times 10^{-3}=14.4\text{（V）}$$

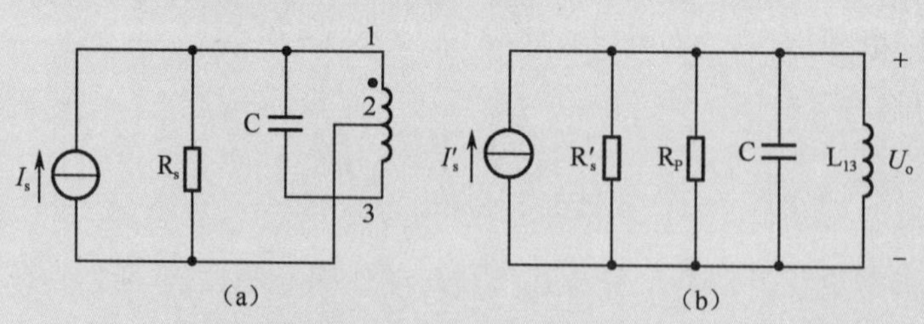

图 2.13 LC 并联谐振回路与信号源连接线路图及其等效电路图

2.5 小信号谐振放大器

小信号谐振放大器是由放大电路（三极管、场效应管或集成放大电路）和 LC 并联谐振回路组成的，作用是将微小的高频信号进行线性放大，选出中心频率（输入信号）对应的信号，并滤除不需要的干扰频率信号。LC 并联谐振回路作为小信号谐振放大器的负载，根据负载不同可以分为单调谐放大器和双调谐放大器。本节主要分析单调谐放大器。

2.5.1 三极管的高频 Y 参数等效电路

在高频电子线路中三极管常采用 Y 参数等效电路，因为三极管是电流受控元件，输入、输出都有电流，并且在并联电路中，总导纳等于各个导纳之和，计算起来比较方便。三极管的高频 Y 参数等效电路图如图 2.14 所示。

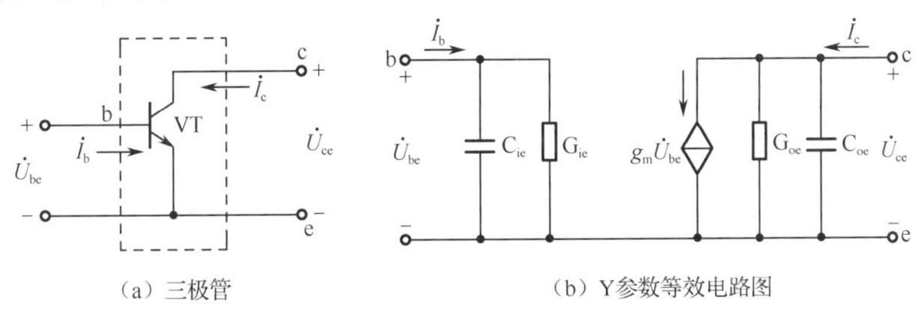

（a）三极管　　（b）Y参数等效电路图

图 2.14　三极管的高频 Y 参数等效电路图

在图 2.14（b）中 C_{ie}、G_{ie} 为三极管的输入电容和输入电导；g_m 为三极管的跨导，它是有量纲的，与电导的量纲相同，即西门子（S）；C_{oe} 和 G_{oe} 分别为三极管的输出电容和输出电导。这些参数为三极管本身的参数，只与三极管的特征有关，与外电路无关，所以通常称为内参数。

2.5.2 单调谐放大器

单调谐放大器的电路图如图 2.15（a）所示。VT 为三极管；R_1、R_2 为直流偏置电阻，用于提供静态工作点；C_e、C_b 为高频旁路电容。LC 并联谐振回路作为放大器负载，对输入信号的中心频率谐振起到选频作用。LC 并联谐振回路采用电感分压式阻抗变换方式接入放大器，负载 R_L 则以变压器阻抗变换方式接入 LC 并联谐振回路，目的是减少放大器等效电阻作为信号源内阻与负载电阻对 LC 并联谐振回路性能的影响，从而提高电路的稳定性，并且使前后级阻抗匹配。

将三极管的 Y 参数等效电路图代入如图 2.15（b）所示的电路图，得到如图 2.16（a）所示的 Y 参数等效电路图。设电感线圈 1、2 间的匝数为 N_{12}，1、3 间的匝数为 N_{13}，次级线圈的匝数为 N_{45}，令

$$n_1 = \frac{N_{13}}{N_{12}} \qquad n_2 = \frac{N_{13}}{N_{45}}$$

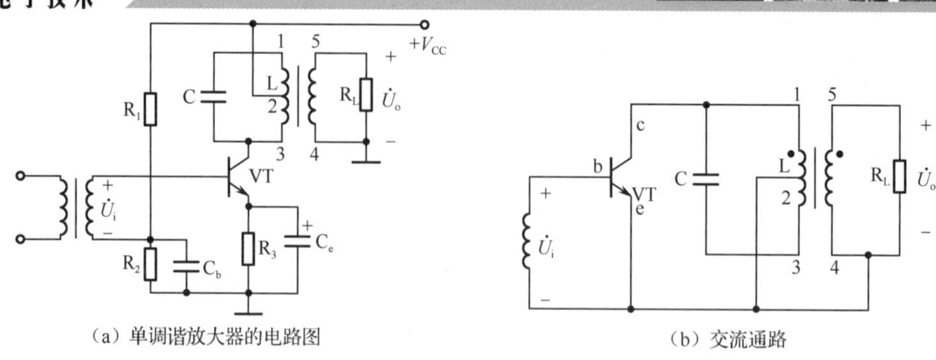

（a）单调谐放大器的电路图　　（b）交流通路

图 2.15　单调谐放大器的电路图及交流通路

因此将三极管的 Y 参数模型输出端和负载通过阻抗变换电路等效到 LC 并联谐振回路的两端，可得如图 2.16（b）所示的电路。其中，$G_P=\dfrac{1}{R_P}$ 为 LC 并联谐振回路的空载电导，$G_L=\dfrac{1}{R_L}$。因为 $R'_L=n_2^2R_L$，所以将等式两边的电阻变为电导，则 $G'_{oe}=\dfrac{1}{n_1^2}G_{oe}$，$G'_L=\dfrac{1}{n_2^2}G_L$。同理可知电容变换后应该为原来的 $\dfrac{1}{n_1^2}$，电流变换后应该为原来的 $\dfrac{1}{n_1}$。我们计算单调谐放大器的电压放大倍数，即

$$A_u=\frac{U_o}{U_i} \tag{2-33}$$

由图 2.16（b）可知，LC 并联谐振回路两端的总谐振电导为

$$G_e=G'_{oe}//G_P//G'_L=\frac{1}{n_1^2}G_{oe}+G_P+\frac{1}{n_2^2}G_L \tag{2-34}$$

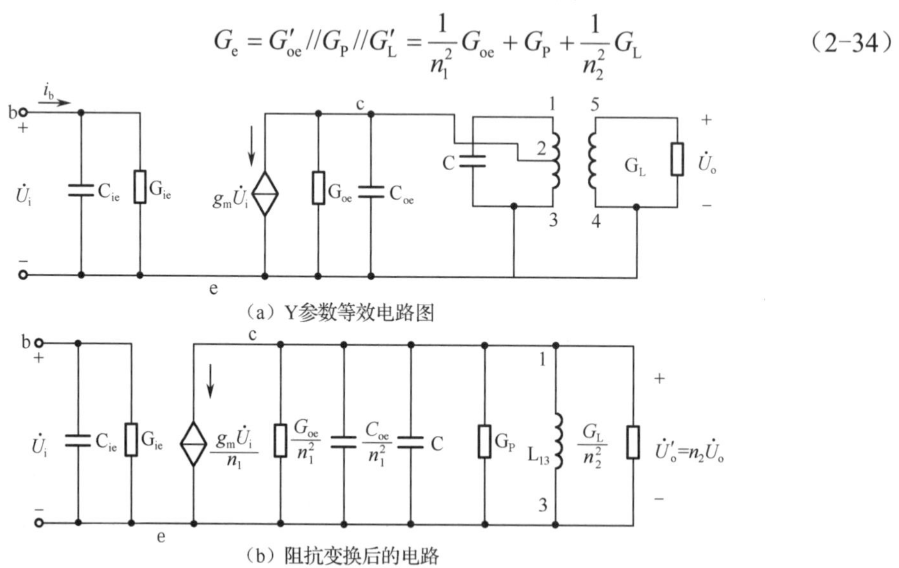

图 2.16　单调谐放大器的 Y 参数电路模型

则 LC 并联谐振回路两端的谐振电压为

$$U'_o=-\frac{I'_s}{G_e}=-\frac{g_mU_i}{n_1G_e} \tag{2-35}$$

输出电压为

$$U_o = -\frac{U_o'}{n_2} = -\frac{g_m U_i}{n_1 n_2 G_e} \quad (2\text{-}36)$$

把式（2-36）代入式（2-33），则单调谐放大器的谐振电压放大倍数为

$$A_{u0} = \frac{U_o}{U_i} = -\frac{g_m}{n_1 n_2 G_e} \quad (2\text{-}37)$$

小信号谐振放大器的通频带的选择性和矩形系数主要取决于 LC 并联谐振回路。单调谐放大器的矩形系数为$K_{r0.1} \approx 10$，其选择性比较差。

2.5.3 多级单调谐放大器

若单调谐放大器的放大倍数或电压增益不能满足要求，可以采用多级级联的放大器。多级单调谐放大器的各级单调谐放大器的谐振频率相同，均为信号的中心频率，称为同步调谐放大器。如果各级单调谐放大器的谐振频率不相同，称为参差调谐放大器。多级级联的放大器的电压增益、通频带和选择性都会发生变化。

如果多级单调谐放大器有 n 级，各级单调谐放大器的电压放大倍数分别为 A_{u1}、A_{u2}、…、A_{un}，则总电压放大倍数为

$$A_{u\Sigma} = A_{u1} A_{u2} \cdots A_{un} \quad (2\text{-}38)$$

如果 n 级单调谐放大器由完全相同的单调谐放大器组成，各级电压放大倍数相等，则 n 级单调谐放大器的总电压放大倍数为

$$A_{u\Sigma} = (A_{u1})^n \quad (2\text{-}39)$$

因此，多级单调谐放大器的总电压放大倍数是各级电压放大倍数的乘积。

若用电压增益来表示，则多级单调谐放大器的总电压增益为各级单调谐放大器电压增益之和，即

$$A_{u\Sigma}(\text{dB}) = A_{u1}(\text{dB}) + A_{u2}(\text{dB}) + \cdots + A_{un}(\text{dB}) \quad (2\text{-}40)$$

当 n 个单调谐放大器进行级联时，它的相对电压放大倍数可以表示如下：

$$\frac{A_{u\Sigma}}{A_{u0\Sigma}} = \frac{1}{\left[1+\left(\frac{2Q_L \Delta f}{f_0}\right)^2\right]^{\frac{n}{2}}} \quad (2\text{-}41)$$

多级单调谐放大器的谐振曲线如图 2.17 所示。因为多级单调谐放大器的总电压放大倍数等于各级单调谐放大器的电压放大倍数的乘积，所以级数越多，电压放大倍数就越大，幅频特性曲线就越尖锐，选择性就越好，但是通频带会越窄。

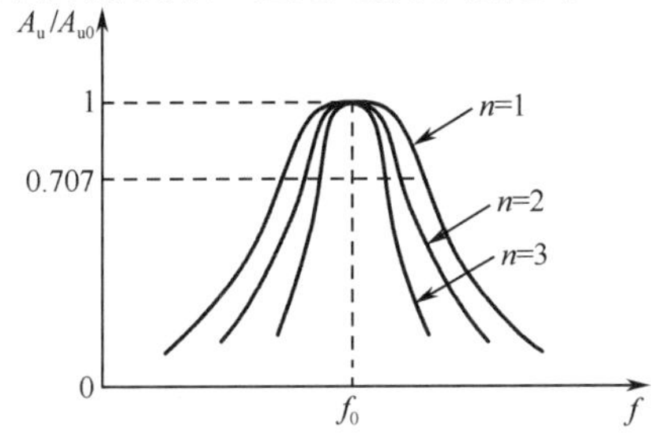

图 2.17　多级单调谐放大器的谐振曲线

根据通频带的定义可求得n级单调谐放大器的通频带，即

$$\frac{A_{u\Sigma}}{A_{u0\Sigma}}=\frac{1}{\left[1+\left(\frac{2Q_L\Delta f}{f_0}\right)^2\right]^{\frac{n}{2}}}=\frac{1}{\sqrt{2}}$$

$$BW_{0.7}=2\Delta f_0=\frac{f_0}{Q}\sqrt{2^{\frac{1}{n}}-1} \tag{2-42}$$

从式（2-42）可以看出，多级单调谐放大器的级联级数越多，通频带就越窄。选择性由矩形系数来表示，即

$$K_{r0.1}=\frac{(2\Delta f_{0.1})_n}{(2\Delta f_{0.7})_n}=\frac{\sqrt{100^{\frac{1}{n}}-1}}{\sqrt{2^{\frac{1}{n}}-1}} \tag{2-43}$$

当级数n增大时，幅频特性曲线越尖锐，通频带越窄，矩形系数越小，选择性越好，谐振曲线越尖锐。但选择性与通频带依然相矛盾，且放大倍数与通频带也相矛盾。采用双调谐放大器是改善放大器选择性和解决放大器的放大倍数与通频带之间的矛盾的有效方法之一。

2.6 集中选频放大器

随着电子技术的发展，在高频小信号选频放大器中越来越多地采用由集成宽带放大器和集中选频滤波器组成的集中选频放大器，与由分立元件组成的多级单调谐放大器相比，它的线路简单，性能稳定、可靠，调整方便，具有理想的选频特性，但它只适用于固定频率的选频放大器。另外，集中选频滤波器具有接近理想矩形的幅频特性。

集中选频放大器的组成方式有两种，如图 2.18 所示。

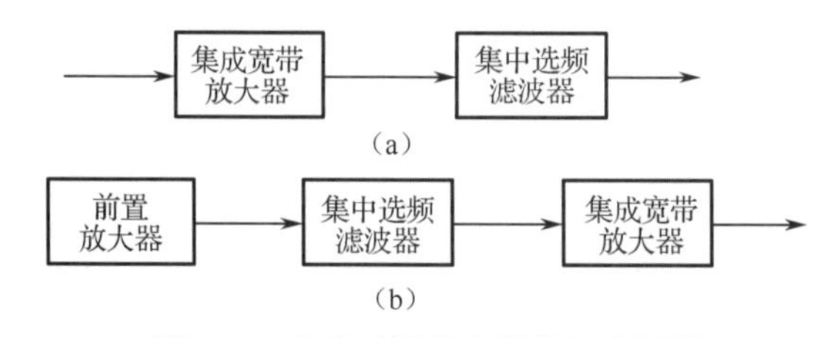

图 2.18 集中选频放大器的组成框图

图 2.18（a）所示的集中选频放大器的电路结构是一种常用的组成方式。这种方式需要注意的问题是，集成宽带放大器与集中选频滤波器之间实现阻抗匹配。这有两重含义：从集成宽带放大器的输出端看，阻抗匹配表示放大器有较大的功率增益；从集中选频滤波器的输入端看，要求信号源的阻抗与集中选频滤波器的输入阻抗相等（在集中选频滤波器的另一端也一样），这是因为集中选频滤波器的频率特性依赖于两端的源阻抗与负载阻抗，只有当两端所接阻抗等于所要求的阻抗时，才能得到预期的频率特性。当集成宽带放大器的输出阻抗与集中选频滤波器的输入阻抗不相等时，应在两者间加阻抗转换电路。图 2.18（b）所示的集中选频放大器的电路结构是另一种常用的组成方式，采用这种方式的好处

是，当所需放大信号中有强的干扰信号（接收机的中放常出现这种情况）时，不会直接进入集成宽带放大器，避免此干扰信号因放大器的非线性（放大器在放大信号时总是非线性的）而产生新的不必要的干扰。有些集中选频滤波器，如声表面波滤波器，本身有较大的衰减（可达十余分贝），放在集成宽带放大器之前，会减弱有用信号，从而使集成宽带放大器中的噪声对信号的影响加大，这会导致整个放大器的噪声性能变差。因此，通常在集中选频滤波器之前加一前置放大器，以补偿集中选频滤波器的衰减。常用的集中选频滤波器有石英晶体滤波器、陶瓷滤波器、声表面波滤波器等。

2.6.1　石英晶体滤波器

石英晶体俗称水晶，是一种化学成分为 SiO_2、两端呈角锥形的六棱柱结晶体。按一定的方位角将晶体切成的薄片（正方形、长方形、圆形）被称为石英晶片，不同方位的切片有不同程度的频率特性，称为各向异性。图 2.19 所示是石英晶体的形状，图 2.19（a）是自然结晶体，图 2.19（b）是结晶体的横断面。石英晶体内有三个对称轴，分别为 Z（光）轴、X（电）轴、Y（机械）轴，按与各轴不同的角度进行切割可形成不同的晶体。在石英晶片上加金属电极引线，并用金属壳封装或用玻璃壳封装，可得石英晶体滤波器。石英晶体可以滤波的原因是，它具有正压电效应和负压电效应。正压电效应是指沿电轴或机械轴施加张力时，在垂直于电轴的两面产生异号电荷，电荷量与张力所引起的机械变形成正比。如果施加压力，两面的电荷改变符号。负压电效应是指在垂直于电轴的两面施加一定的交变电压时，石英晶体将沿电轴或机械轴产生弹性形变（伸张或压缩），称为机械振动，机械振动的强弱与电场强度成正比，机械振动的性质取决于所加电压的极性。由于石英晶体和其他弹性体一样，存在固有振动频率，所以当外加的电源频率等于石英晶体的固有频率时，就会发生谐振。

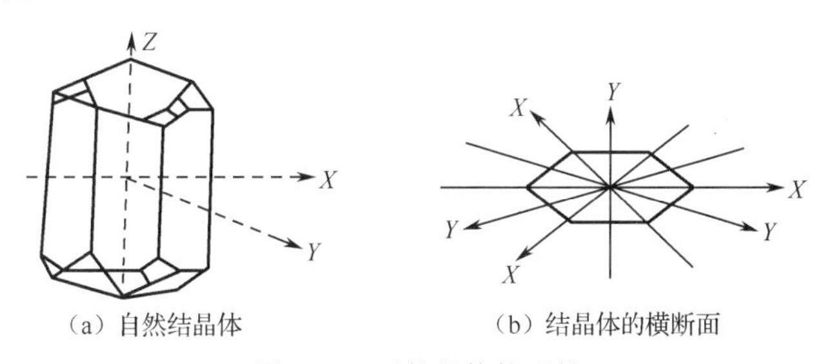

（a）自然结晶体　　（b）结晶体的横断面

图 2.19　石英晶体的形状

石英晶体的等效电路如图 2.20（a）所示，由图可知，石英晶体存在两种谐振，即并联谐振和串联谐振。其中 C_0 表示以石英晶体为介质的两个电极极板间的电容，称为静态电容；L_S 相当于石英晶体的等效电感；C_S 相当于石英晶体的等效弹性模数；r_S 相当于机械振动中的摩擦损耗。石英晶体的主要特点是等效电感 L_S 特别大，等效电容 C_S 特别小。根据品质因数 $Q=\frac{1}{r_S}\sqrt{\frac{L_S}{C_S}}$，石英晶体的品质因数为几万，甚至几百万，所以滤波性能特别好，这是普通 LC 谐振回路无法比拟的。

由图 2.20 可知，该电路有两个谐振频率，一个是右支路的串联谐振频率 f_S，另一个是左、右支路一起构成的并联谐振频率 f_P。根据频率的计算公式可得

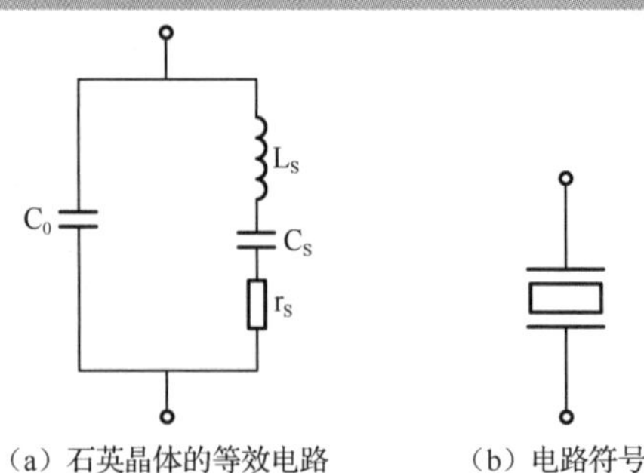

（a）石英晶体的等效电路　　（b）电路符号

图 2.20　石英晶体的等效电路和电路符号

$$f_S = \frac{1}{2\pi\sqrt{L_S C_S}} \tag{2-44}$$

$$f_P = \frac{1}{2\pi\sqrt{L_S \dfrac{C_0 C_S}{C_0 + C_S}}} = \frac{1}{2\pi\sqrt{L_S C_S}}\sqrt{1+\frac{C_S}{C_0}} = f_S\sqrt{1+\frac{C_S}{C_0}} \tag{2-45}$$

由于$C_S \ll C_0$，所以f_P略高于f_S，但两者相差很小。石英晶体的电抗-频率曲线如图 2.21 所示。

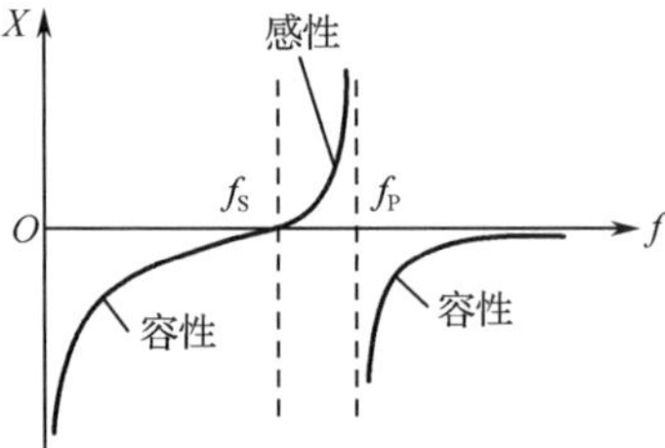

图 2.21　石英晶体的电抗-频率曲线

由图 2.21 可知，当石英晶体的外加电源频率小于f_S或大于f_P时，石英晶体呈容性；当石英晶体的外加电源频率介于f_S和f_P之间时，石英晶体呈感性。

石英晶体的工作频率稳定，常用于高频振荡器中构成频率稳定度高的石英晶体振荡器。由于石英晶体的品质因数Q很高，所以常用于高频窄带滤波器，使其具有良好的选择性，阻带衰减特性陡峭。

2.6.2　陶瓷滤波器

在通信、广播等接收设备中，陶瓷滤波器有着广泛的应用。陶瓷滤波器是利用某些陶瓷材料的压电效应构成的滤波器，常用的陶瓷滤波器是由锆钛酸铅陶瓷材料（简称 PZT）制成的。把这种陶瓷材料制成片状，两面涂银作为电极，其经过直流高压极化后就具有压电效应。陶瓷滤波器与石英晶体滤波器的原理、等效电路、电路符号均相同。但是陶瓷滤波器的品质因数只有几百，比石英晶体滤波器的品质因数低得多，串、并联谐振频率的间隔大得多，选择性比较差。它的优点是容易焙烧，可以制成各种形状，适合小型化，且耐热性和耐湿性好，不易受外界条件影响。

由于陶瓷滤波器的选择性较差，通常将多个陶瓷滤波器组合成四端陶瓷滤波器。四端陶瓷滤波器有接近理想的幅频特性，如图 2.22 所示。图 2.22（a）是由两个陶瓷片组成的电

路，图 2.22（b）是由九个陶瓷片组成的电路，图 2.22（c）是四端陶瓷滤波器的电路符号。

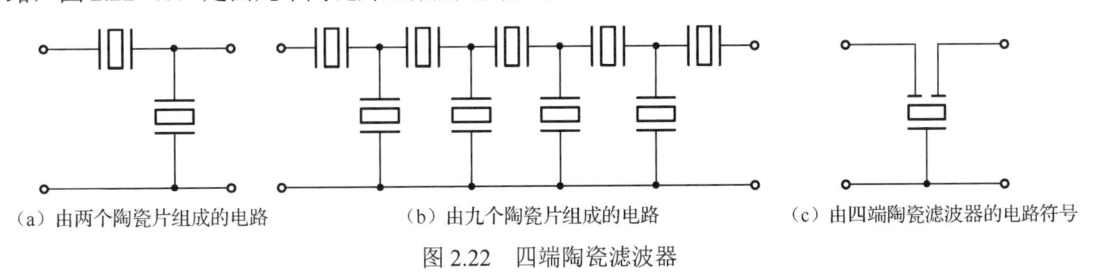

（a）由两个陶瓷片组成的电路　（b）由九个陶瓷片组成的电路　（c）由四端陶瓷滤波器的电路符号

图 2.22　四端陶瓷滤波器

在使用四端陶瓷滤波器时，应注意输入、输出阻抗必须与信号源、负载阻抗相匹配，否则其幅频特性会变坏，通带内的响应起伏增大，阻带衰减值变小。

陶瓷滤波器的工作频率可以从几百千赫到几十兆赫，具有体积小、成本低、受外界影响小等优点；其缺点是频率特性曲线较难控制，生产一致性差，通频带也不够宽。

2.6.3　声表面波滤波器

声表面波（Surface Acoustic Wave，SAW）就是在压电基片材料表面产生和传播，且振幅随深入基片材料的深度增加而迅速减小的弹性波。声表面波滤波器的基本结构是在具有压电特性的基片材料抛光面上制作两个声电换能器——叉指换能器（IDT），如图 2.23 所示。它采用半导体集成电路的平面工艺，在压电基片表面蒸镀一定厚度的铝膜，把设计好的两个 IDT 的掩膜图案利用光刻方法沉积在基片表面，分别作为输入叉指换能器和输出叉指换能器。声表面波滤波器的工作原理是输入叉指换能器将电信号变换成声波信号，沿晶体表面传播，输出叉指换能器将接收到的声波信号变成电信号输出。当把输入信号加到输入叉指换能器上时，叉指间便产生正、负交变电场，由于压电效应的作用，基片表面将产生弹性形变，激发出与输入信号同频率的声表面波，它从发端沿基片向收端传播，到达收端后，由于压电效应的作用，在输出叉指换能器的叉指间产生电信号，并传送给负载。

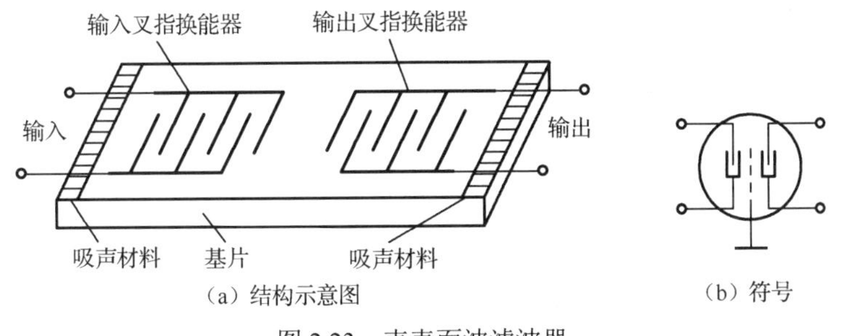

（a）结构示意图　（b）符号

图 2.23　声表面波滤波器

声表面波滤波器具有体积小、质量轻、性能稳定、工作频率高、通频带宽、一致性好、抗辐射能力强、动态范围大等特点，因此它在通信、电视、卫星和宇航领域得到了广泛应用。实用的声表面波滤波器的矩形系数可小于 1.2，相对带宽可达 50%。

2.6.4　集中选频放大器的实例分析

当今，集中选频放大器已在各类接收机中广泛使用，各类接收机通常采用由高增益线性集

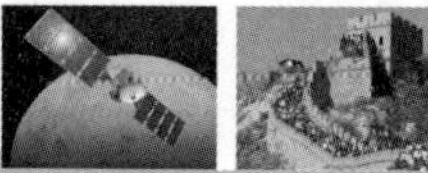

成宽带放大器与各种集中选频滤波器组成的集中选频放大电路，从而使电路的调整大大简化，电路的频率特性得到改善，电路的稳定性也得到了很大的提高。集中选频放大器由于具有线路简单、选择性好、性能稳定、调整方便等优点，已广泛用于通信、电视等电子设备中。

图 2.24 所示是由声表面波滤波器构成的集中选频放大器的电路图，图中 SAWF 为声表面波滤波器。由于声表面波滤波器插入损耗较大，所以在其前端加一个由三极管构成的前置放大器来实现预中放，其输入端电感 L_1 与分布电容并联谐振于中心频率上。声表面波滤波器的输入、输出端接有匹配电感 L_2、L_3，它们用来抵消声表面波滤波器输入、输出端分布电容的影响，以实现良好的阻抗匹配。经过声表面波滤波器滤波的信号加至宽带主中放的输入端。

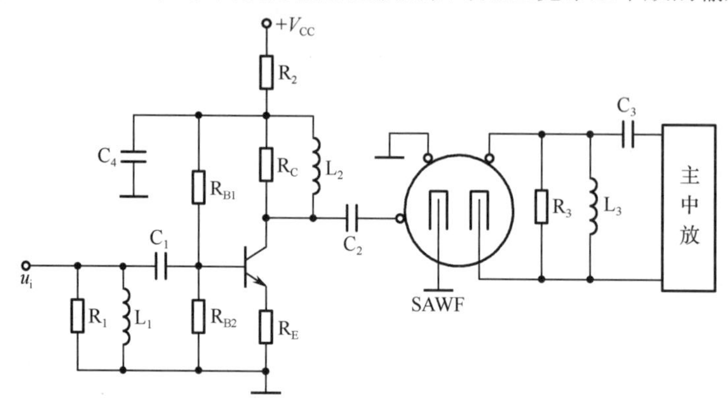

图 2.24　由声表面波滤波器构成的集中选频放大器的电路图

图 2.25 所示是由陶瓷滤波器构成的集中选频放大器的电路图，集中选频放大器主要由集成宽带放大器 FZ1、陶瓷滤波器及输出缓冲级构成。从陶瓷滤波器输入端看，要求信号源的阻抗与陶瓷滤波器的输入阻抗相等，所以集成宽带放大器和陶瓷滤波器之间通过变压器耦合，通过变压器阻抗变换使它们的阻抗匹配。由变压器的初级线圈构成的 LC 并联谐振回路进行初次滤波，谐振频率等于陶瓷滤波器的主谐振频率。三极管作为输出缓冲级，目的是隔离后级电路对陶瓷滤波器性能的影响。

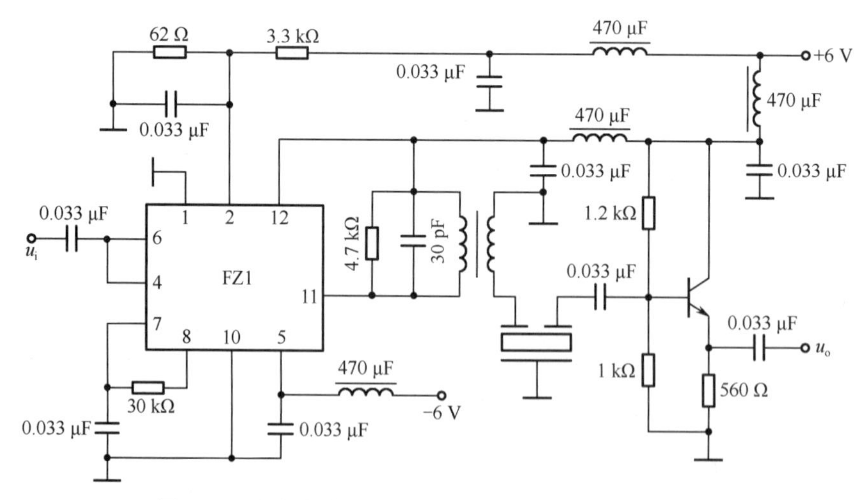

图 2.25　由陶瓷滤波器构成的集中选频放大器的电路图

本章小结

1．高频小信号选频放大器通常分为高频小信号谐振放大器和集中选频放大器。

2．高频小信号选频放大器的选频性能可由通频带和选择性两个质量指标来衡量。矩形系数可以衡量实际幅频特性接近理想幅频特性的程度，矩形系数越接近 1，高频小信号选频放大器的选择性越好。

3．高频小信号选频放大器由于信号弱，可以认为它工作在三极管的线性范围内，常采用有源线性四端网络进行分析。Y 参数等效电路是描述三极管工作状态的重要模型；Y 参数与混合参数有对应关系，Y 参数不仅与静态工作点有关，而且与电路工作频率有关；单调谐放大器是高频小信号选频放大器的基本电路，其电压增益主要决定于三极管的参数、信号源和负载。为了提高电压增益，谐振回路与信号源和负载的连接常采用部分接入方式。

4．单调谐放大器采用 LC 并联谐振回路作为负载，其选择性较差。双调谐放大器比较理想的状态是临界耦合时的状态。与单调谐放大器相比，处于临界耦合状态的双调谐放大器具有频带宽、选择性好等优点，但调谐较麻烦。

5．集中选频滤波器有石英晶体滤波器、陶瓷滤波器和声表面波滤波器等，具有选频性能好、使用方便等特点。

习题 2

一、填空题

1．LC 并联谐振回路谐振时阻抗为________，且呈________性；当频率高于其谐振频率而失谐时，阻抗将________，并呈________性；当频率低于其谐振频率而失谐时，阻抗将________，并呈________性。

2．在 LC 并联谐振回路中，Q 值越大，其谐振曲线越________，通频带越________，选择性越________。

3．小信号谐振放大器的主要性能指标有________、________、________、稳定性、噪声系数等。

4．小信号谐振放大器以________作为负载，工作在________状态，它不仅具有________作用，还具有________作用。

5．矩形系数 $K_{r0.1}$ 是用来衡量高频小信号选频放大器的________好坏的性能指标，其值越接近________，放大器的选择性越好。单调谐放大器的 $K_{r0.1} \approx$ ________。

6．集中选频放大器由____________和____________组成，其主要优点是____________。

二、单项选择题

1．在单调谐放大器中，LC 并联谐振回路作为负载时，采用抽头接入的目的是（　　）。

A．展宽通频带　　　　B．提高工作频率

C．减小矩形系数　　　　D．减小三极管及负载对回路的影响

2．在同步调谐放大器中，单调谐放大器级数增加时，其（　　）。

A．矩形系数减小，通频带变窄　　B．谐振增益增大，通频带变宽

C．选择性改善，通频带变宽　　D．矩形系数增大，稳定性下降

3．单调谐放大器的矩形系数（　　）。

A．与谐振回路品质因数有关　　B．与回路谐振频率有关

C．近似等于 10　　D．等于 1

三、判断题

1．在 LC 并联谐振回路中，电容量增大时，谐振频率下降，品质因数会增大。（　　）

2．LC 并联谐振回路的品质因数越大，谐振曲线越尖锐，则其通频带越窄。（　　）

3．选择性是指放大器从各种不同频率信号中选出有用信号、抑制干扰信号的能力。（　　）

4．由于三极管存在寄生电容，在高频时形成内反馈，从而影响小信号谐振放大器的稳定性。（　　）

5．放大器的噪声系数定义为放大器输入端信噪比与输出端信噪比的比值，其值越大越好。（　　）

四、简答题

1．LC 并联谐振回路的基本特性是什么？说明品质因数 Q 对回路特性的影响。

2．LC 并联谐振回路的品质因数是否越大越好？说明如何选择 LC 并联谐振回路的有载品质因数 Q_e 的大小。

3．说明陶瓷滤波器和声表面波滤波器的工作特点。

五、计算题

1．已知 LC 并联谐振回路的 $L=1\,\mu\text{H}$，$C=100\,\text{pF}$，$Q=100$。试求该谐振回路的谐振频率 f_0、谐振电阻 R_P 及通频带 $\text{BW}_{0.7}$。

2．LC 并联谐振回路如图 2.26 所示，已知 $L=4\,\mu\text{H}$，$C=100\,\text{pF}$，$Q=100$，信号源内阻为 $R_\text{s}=100\,\text{k}\Omega$，负载电阻为 $R_\text{L}=200\,\text{k}\Omega$。试求该回路的谐振频率 f_0、有载谐振电阻 R_e、有载时的通频带 $\text{BW}_{0.7\text{e}}$。

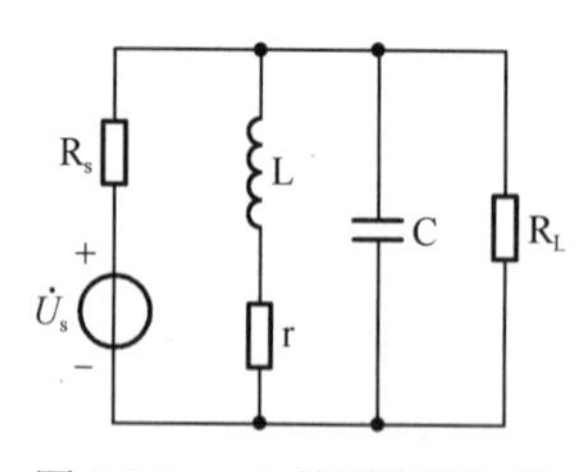

图 2.26　LC 并联谐振回路

3．已知在 LC 并联谐振回路中 $f_0=10\,\text{MHz}$，$C=50\,\text{pF}$，$\text{BW}_{0.7}=150\,\text{kHz}$。试求回路的 L 和 Q，以及 $\Delta f=600\,\text{kHz}$ 时的电压衰减倍数。如果将通频带加宽为 $300\,\text{kHz}$，应在回路两端并接一个多大的电阻？

4．具有变压器阻抗变换的 LC 并联谐振回路如图 2.27 所示，已知 $C=360\,\text{pF}$，

$L_1 = 280\ \mu H$， $Q = 100$， $L_2 = 50\ \mu H$， $n = N_1/N_2 = 10$， $R_L = 1\ k\Omega$。试求该并联回路考虑 R_L 影响后的通频带及等效谐振电阻。

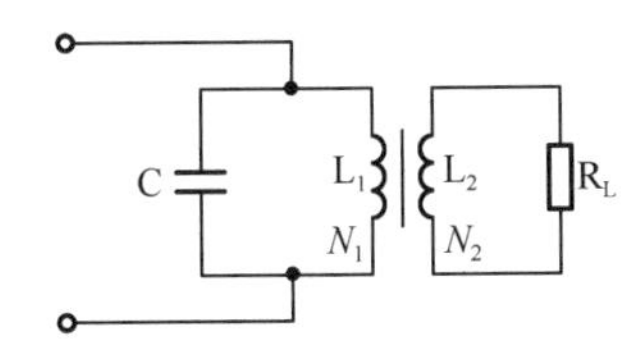

图 2.27　具有变压器阻抗变换的 LC 并联谐振回路

5．单调谐放大器的电路图如图 2.15（a）所示。中心频率为 $f_0 = 30\ MHz$，三极管的工作点电流为 $I_{EQ} = 2\ mA$，回路电感为 $L_{13} = 1.4\ \mu H$， $Q = 100$，匝数比为 $n_1 = N_{13}/N_{12} = 2$， $n_2 = N_{13}/N_{45} = 4$， $G_L = 1.2\ mS$， $G_{oe} = 0.4\ mS$。试求该放大器的谐振电压放大倍数。

第3章 高频功率放大器

高频功率放大器是无线电发送设备中很重要的组成部分，经过调制的信号通过天线有效地发射到空间中，则需要足够大的功率，所以已调信号需要通过功率放大器进行功率放大。高频功率放大器的工作频率高，效率高，相对带宽很窄，一般采用LC并联谐振回路作为负载构成谐振功率放大器。为了提高效率，谐振功率放大器工作在丙类。由于LC并联谐振回路的频率调节困难，因此谐振功率放大器主要用来放大固定频率信号或中心频率固定的窄带信号。在低频电子线路中学的低频功率放大器的工作频率低，带宽却比较宽，一般工作在乙类或甲乙类。

根据放大电路中三极管的导通程度不同可将放大器分为甲类、乙类、丙类等，其工作波形如图3.1所示。甲类放大器的三极管的工作状态对于整个信号周期都导通（导通角为180°），i_C永远不等于0，所以功耗大，效率低；乙类放大器的三极管的工作状态对于整个信号周期只有半个周期导通（导通角为90°），功耗小，效率高（小于或等于78%）；甲乙类放大器的三极管的工作状态是在大半个周期导通，介于甲类和乙类之间；丙类放大器的三极管的工作状态对于整个信号周期小于半个周期导通（导通角小于90°），比乙类的效率高（可以达到80%）。放大电路的特性与三极管的导通状态有很大关系，导通角越小，失真越大，效率越高。所以，高频功率放大器一般工作在丙类，且负载为LC并联谐振回路，滤除各次谐波，选择基波，从而解决失真问题，通常也称为谐振功率放大器，简称谐振功放；低频功率放大器一般工作在乙类或甲乙类，是利用电路的互补对称性解决失真问题；小信号谐振放大器则工作在甲类，对信号实现不失真的线性放大。

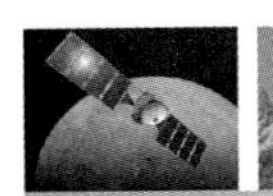

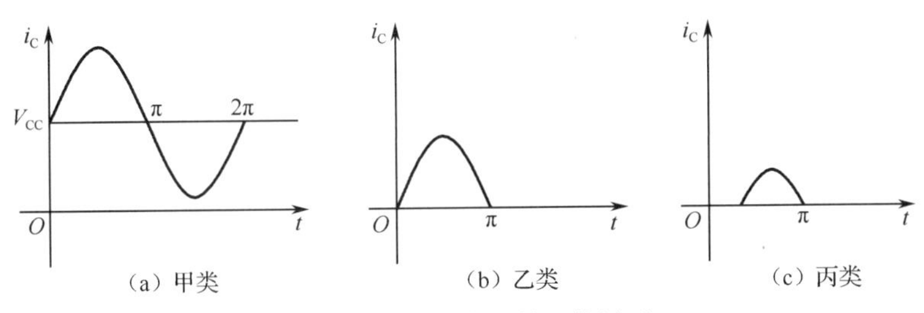

图 3.1　各类放大器的工作波形

除了按放大电路中三极管的导通程度分类，近年来出现了使电子器件工作于开关状态的丁类功率放大器和戊类功率放大器。丁类功率放大器的效率比丙类放大器的效率还要高，理论上可以达到 100%，但它的最高工作频率受开关转换瞬间所产生的器件功耗的限制。如果对电路加以改进，使电子器件在通断转换瞬间的功耗尽量减小，则工作效率就可以提高，改进后的放大器就是戊类功率放大器。

小信号谐振放大器和谐振功率放大器都是高频放大器，且负载都为 LC 并联谐振回路。但是，由于它们放大信号的程度不同，所以二者存在很大的差别。小信号谐振放大器属于小信号放大器，它用来不失真地放大微弱的高频信号，同时抑制干扰信号，因此主要考虑的性能指标是电压放大倍数、选择性和通频带，而一般不考虑输出功率和效率，显然这种放大器工作于甲类状态，其 LC 并联谐振回路的作用是选择有用信号、抑制干扰信号。谐振功率放大器放大的信号是大信号，它主要考虑的是输出功率要大，效率要高，因此这类放大器应工作在丙类状态，其 LC 并联谐振回路的作用是从失真的集电极电流脉冲中选出基波、滤除各次谐波，从而得到不失真的输出电压信号。丙类谐振功率放大器中的 LC 并联谐振回路的谐振频率调谐在二次谐波或三次谐波的谐波频率上，放大器输出的是二次谐波或三次谐波电压信号，使得输出信号的频率是输入信号频率的二倍或三倍，此时丙类谐振功率放大器实现了二倍频或三倍频，它就构成了二倍频器或三倍频器。

3.1　丙类谐振功率放大器

3.1.1　丙类谐振功率放大器的工作原理

1. 电路组成

丙类谐振功率放大器的原理电路图如图 3.2 所示。

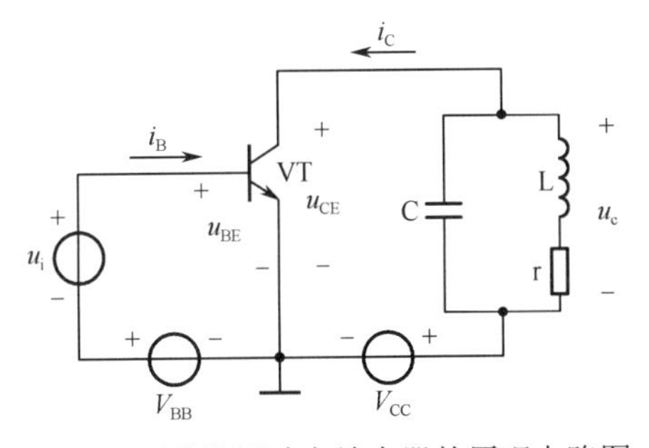

图 3.2　丙类谐振功率放大器的原理电路图

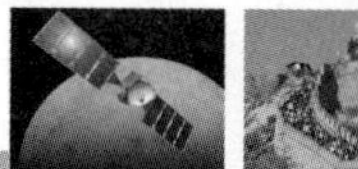

三极管 VT 起能量转换的作用，在工作时应处于丙类工作状态，即只有小部分时间导通。LC 并联谐振回路起选择基波、滤除各次谐波和阻抗匹配的作用。基极电源 V_{BB} 应小于门限电压，以保证三极管工作于丙类状态。集电极电压 V_{CC} 是功率放大器的能量来源。

2. 电流、电压波形

当基极的输入余弦高频信号为 $u_i = U_{im}\cos(\omega t)$ 时，三极管基极和发射极之间的电压为

$$u_{BE} = U_{BE} + u_i = V_{BB} + U_{im}\cos(\omega t) \tag{3-1}$$

因为三极管只在小半周期内导通，所以 i_B 为脉冲电流，放大后的 i_C 也为脉冲电流。根据傅氏级数展开得

$$i_C = I_{c0} + I_{c1m}\cos(\omega t) + I_{c2m}\cos(2\omega t) + \cdots + I_{cnm}\cos(n\omega t) \tag{3-2}$$

式中，I_{c0} 为集电极电流的直流分量，I_{c1m}、I_{c2m}、…、I_{cnm} 分别为集电极电流的基波、二次谐波及高次谐波分量的振幅。它们的大小为

$$I_{c0} = i_{cmax}\alpha_0(\theta)$$
$$I_{c1m} = i_{cmax}\alpha_1(\theta)$$
$$I_{c2m} = i_{cmax}\alpha_2(\theta)$$
$$\vdots$$
$$I_{cnm} = i_{cmax}\alpha_n(\theta)$$

i_{cmax} 是 i_C 波形的脉冲振幅；$\alpha_n(\theta)$ 的大小可根据余弦脉冲分解系数获得，如图 3.3 所示。表 3.1 是余弦脉冲分解系数查询表。

i_C 信号的导通角 θ 可以用下面的公式进行计算。

$$\cos\theta = \frac{u_{on} - V_{BB}}{u_{im}} \tag{3-3}$$

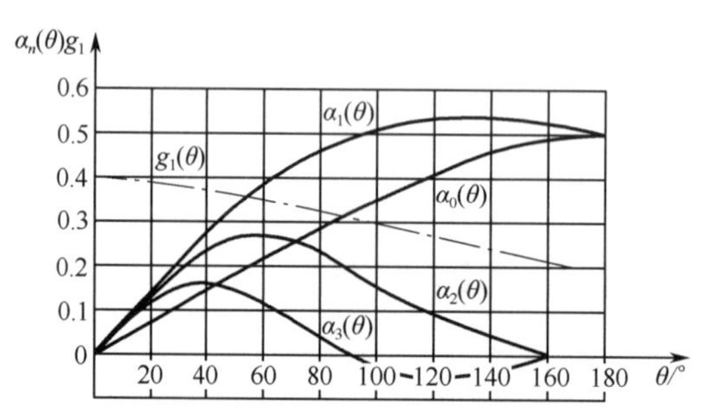

图 3.3 余弦脉冲分解系数

表 3.1 余弦脉冲分解系数查询表

θ/°	$\cos\theta$	α_0	α_1	α_2	$g_1(\theta)$
0	1.000	0.000	0.000	0.000	2.00
40	0.766	0.147	0.280	0.241	1.90
50	0.643	0.183	0.339	0.267	1.85
55	0.574	0.201	0.366	0.273	1.82
60	0.500	0.218	0.391	0.276	1.80

续表

$\theta/^\circ$	$\cos\theta$	α_0	α_1	α_2	$g_1(\theta)$
65	0.423	0.236	0.414	0.274	1.76
70	0.342	0.253	0.436	0.267	1.73
75	0.259	0.269	0.455	0.258	1.69
80	0.174	0.286	0.472	0.245	1.65
90	0.000	0.319	0.500	0.212	1.57
100	−0.174	0.350	0.520	0.172	1.49
110	−0.342	0.379	0.531	0.131	1.40
120	−0.500	0.406	0.536	0.092	1.32
130	−0.643	0.431	0.534	0.058	1.24
150	−0.866	0.472	0.520	0.014	1.10
180	−1.000	0.500	0.500	0.000	1.00

当集电极回路调谐在输入信号频率ω上，即与高频输入信号的基波谐振时，谐振回路对基波电流而言，等效为纯电阻。对其他谐波而言，回路因失谐呈现很小的电抗而被视为短路。这样，含有直流、基波和谐波成分的集电极脉冲电流经过谐振回路时，只有基波才能产生压降，因此 LC 并联谐振回路两端输出不失真的高频信号电压。若回路谐振电阻为R_P，则有

$$u_c = -I_{c1m}R_P\cos(\omega t) = -U_{cm}\cos(\omega t) \tag{3-4}$$

式中，$U_{cm} = I_{c1m}R_P$为基波电压振幅。所以三极管集电极与发射极之间的电压为

$$u_{CE} = V_{CC} + u_c = V_{CC} - U_{cm}\cos(\omega t) \tag{3-5}$$

丙类谐振功率放大器中的电流、电压波形如图 3.4 所示。

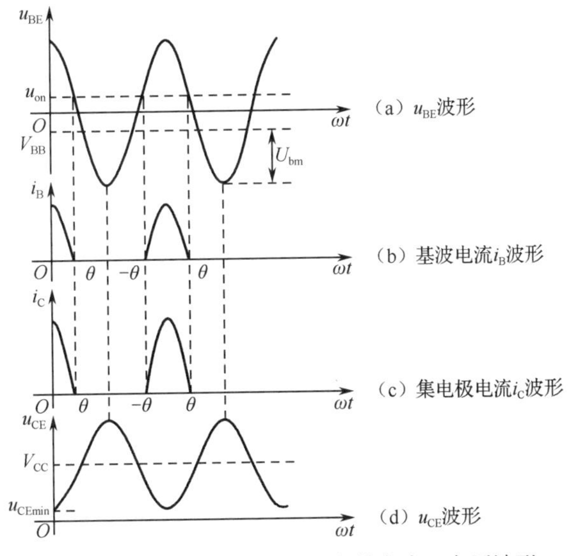

图 3.4　丙类谐振功率放大器中的电流、电压波形

因此，利用 LC 并联谐振回路的选频特性，可以将失真的集电极电流波形变换为不失真

的余弦电压输出。同时，LC 并联谐振回路还可以将含有电抗分量的外界负载变换为纯电阻 R_P，通过调节 L、C 使谐振电阻 R_P 与三极管所需的集电极负载相等，实现阻抗匹配。因此，在丙类谐振功率放大器中，LC 并联谐振回路除了起滤波作用，还起阻抗匹配的作用。

由图 3.4 可知，丙类谐振功率放大器在一个信号周期内，只有在小于半个信号周期的时间内有集电极电流流过，形成了余弦脉冲电流，θ 为导通角，且 $\theta < 90^\circ$。集电极高频交流输出电压 u_c 和基极输入电压 u_i 反相，当 u_{BE} 为最大值时，i_C 为最大值，u_{CE} 为最小值，它们出现在同一时刻。由于 i_C 只在 u_{CE} 很低的时间内出现，所以集电极损耗很小，丙类谐振功率放大器的效率很高，而且 i_C 导通时间越短，效率就越高。

必须指出，上述结论是在忽略 u_{CE} 对 i_C 的反作用及三极管结电容影响的情况下得到的。

3. 功率和效率

由于 LC 并联谐振回路调谐在基波频率上，输出信号中的高次谐波处于失谐状态，相应的输出电压很小，因此，在丙类谐振功率放大器中只研究直流及基波功率。放大器的输出功率 P_o 等于集电极电流基波分量在负载 R_P 上的平均功率，即

$$P_o = \frac{1}{2}U_{cm}I_{c1m} = \frac{1}{2}I_{c1m}^2 R_P = \frac{U_{cm}^2}{2R_P} \tag{3-6}$$

集电极直流电源供给功率 P_D 等于集电极电流直流分量 I_{c0} 与 V_{CC} 的乘积，即

$$P_D = I_{c0}V_{CC} \tag{3-7}$$

直流输入功率与集电极输出功率之差就是集电极损耗功率 P_C，即

$$P_C = P_D - P_o \tag{3-8}$$

P_C 为耗散在三极管集电极中的热能。 定义集电极效率 η_C 为

$$\eta_C = \frac{P_o}{P_D} = \frac{1}{2}\frac{U_{cm}I_{c1m}}{I_{c0}V_{CC}} = \frac{1}{2}\xi g_1(\theta) \tag{3-9}$$

式中，$\xi = \frac{U_{cm}}{V_{CC}}$ 为集电极电压利用系数；$g_1(\theta) = \frac{I_{c1m}}{I_{c0}}$ 为集电极电流利用系数（波形系数），如图 3.3 和表 3.1 所示。

例 3.1 在如图 3.2 所示的丙类谐振功率放大器中，已知 $V_{CC} = 24\text{V}$，$P_o = 5\text{W}$，$\xi = 0.9$，$\theta = 70^\circ$。求该功率放大器的 η_C、P_D、P_C、I_{cm}、R_P。

解： 由表 3.1 可知

$$\alpha_0(\theta) = 0.25，\ \alpha_1(\theta) = 0.44，\ g_1(\theta) = 1.73$$

$$\eta_C = \frac{P_o}{P_D} = \frac{1}{2}\xi g_1(\theta) = \frac{1}{2}\times 0.9 \times 1.73 = 78\%$$

$$P_D = \frac{P_o}{\eta_C} = 6.4\text{W}$$

$$P_C = P_D - P_o = 6.4 - 5 = 1.4\text{（W）}$$

根据

$$P_o = \frac{1}{2}I_{c1m}U_{cm} = \frac{1}{2}\alpha_1(\theta)I_{cm}\xi V_{CC}$$

可得

$$I_{cm} = \frac{2P_o}{\alpha_1(\theta)\xi V_{CC}} = \frac{2\times5}{0.44\times0.9\times24} = 1.05\text{（A）}$$

谐振电阻 R_P 为

$$R_P = \frac{U_{cm}}{I_{c1m}} = \frac{\xi V_{CC}}{\alpha_1(\theta)I_{cm}} = \frac{0.9\times24}{0.44\times1.05} = 46.8\text{（}\Omega\text{）}$$

3.1.2　丙类谐振功率放大器的特性分析

1. 动态特性

大信号功率放大器一般采用图解法或近似折线法进行分析，因此需要在三极管的输出特性曲线上画出交流负载线。

由于丙类谐振功率放大器的集电极负载是 LC 并联谐振回路，且集电极电压与集电极电流的波形截然不同，因此交流负载线已经不是直线了，是一条曲线，又称为动态线。以 u_{BE} 作为参变量在三极管输出特性曲线上可以画出交流负载线 AB（见图 3.5）。

AB 为动态线，且有

$$u_{BE} = V_{BB} + U_{im}\cos(\omega t)$$
$$u_{CE} = V_{CC} - U_{cm}\cos(\omega t)$$

因此，动态线和 V_{CC}、V_{BB}、U_{cm}、U_{im} 相关。

在图 3.5 中，动态线是一条直线，当谐振电阻 R_P 变化时，动态线也随之发生变化。如图 3.6 所示，随着 R_P 的增大，三极管集电极电流将进入饱和区，因此丙类谐振功率放大器可根据三极管集电极电流是否进入饱和区，将其分为欠压、临界和过压三种工作状态。将不进入饱和区的工作状态称为欠压状态，其集电极电流脉冲形状如图 3.6 中的 1 所示，为尖顶余弦脉冲。将进入饱和区的工作状态称为过压状态，其集电极电流脉冲形状如图 3.6 中的 3 所示，为中间凹陷的余弦脉冲。如果三极管的工作状态刚好不进入饱和区，则称为临界状态，其集电极电流脉冲形状如图 3.6 中的 2 所示，虽然仍为尖顶余弦脉冲，但顶端变得平缓。

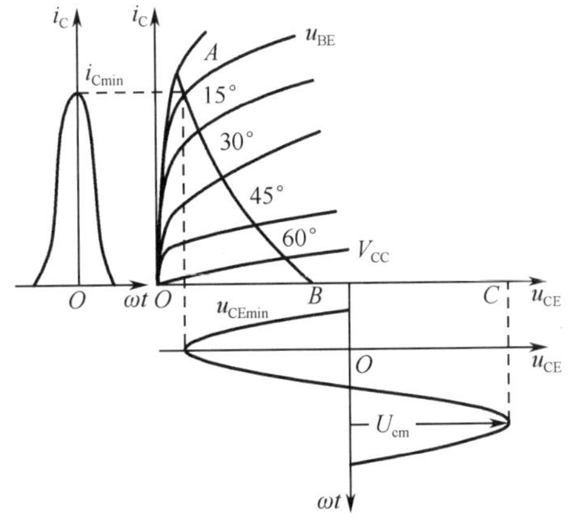

图 3.5　丙类谐振功率放大器的动态线

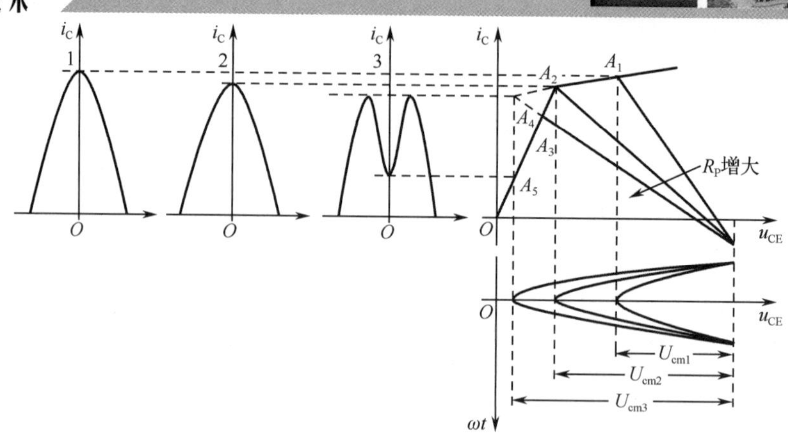

图 3.6　R_P 变化对动态特性的影响

在丙类谐振功率放大器中，虽然在三种工作状态下集电极电流都是脉冲波形，但由于 LC 并联谐振回路的滤波作用，放大器的输出电压仍为没有失真的余弦波形。

下面分别对三种工作状态加以说明。

1）欠压状态

根据丙类谐振功率放大器的工作原理可知，基极电压最大值 u_{BEmax} 与集电极电压最小值 u_{CEmin} 出现在同一时刻，所以只要 u_{CEmin} 比较大（大于 u_{BEmax}），三极管的工作状态就不会进入饱和区，而工作在欠压状态。因此，输出电压的振幅 U_{cm} 越小，u_{CEmin} 就越大，三极管的工作状态就越不会进入饱和区。

2）临界状态

当 U_{cm} 增大时，u_{CEmin} 会减小，可使放大器在 $U_{cm}=u_{CEmin}$ 时工作在放大区和饱和区之间的临界点上，三极管工作在放大区和饱和区的过渡状态，所以集电极电流仍为尖顶余弦脉冲。

3）过压状态

由于丙类谐振功率放大器的负载是 LC 并联谐振回路，有可能产生较大的 U_{cm}，而 u_{CEmin} 很小（小于 $u_{CE(sat)}$），致使三极管在 $\omega=0$ 附近，因 u_{CE} 很小而进入饱和区。因为在饱和区，三极管集电极被加上正向电压，u_{BE} 的增加对 i_C 的影响很小，而 i_C 随 u_{BE} 的下降迅速减小，所以集电极电流脉冲顶端产生下凹现象。U_{cm} 越大，u_{CEmin} 越小，脉冲凹陷越深，脉冲的高度越小。

2. 负载特性

当放大器的直流电源电压 V_{CC}、V_{BB} 及输入电压振幅 U_{im} 维持不变时，放大器电流、电压、功率与效率等随谐振回路中的谐振电阻 R_P 而变化的特性，称为放大器的负载特性，如图 3.7 所示。

由图 3.7 可知，当 R_P 由小变大时，放大器将历经欠压、临界和过压三种工作状态。在欠压区，随着 R_P 的增大，I_{c0} 与 I_{c1m} 略有减小，U_{cm} 和 P_o 近似呈线性增大，P_C 下降。在过

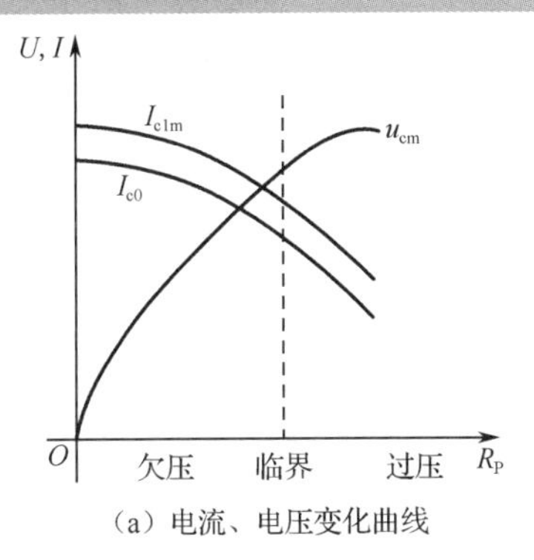

（a）电流、电压变化曲线

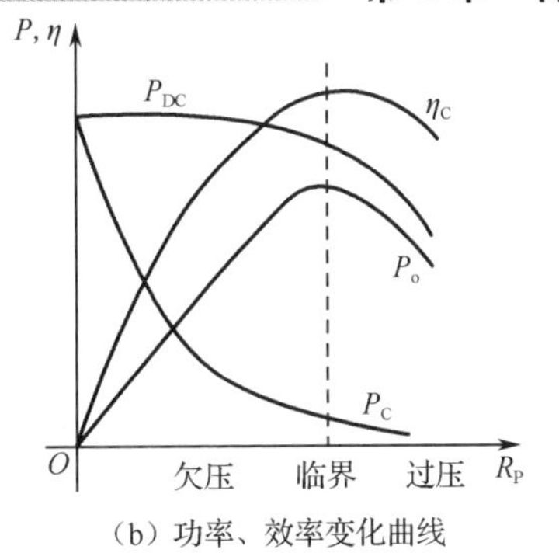

（b）功率、效率变化曲线

图 3.7　负载特性

压区，随着 R_P 的增大，I_{c0} 与 I_{c1m} 迅速减小，U_{cm} 略有增大，P_o 减小，η_C 略有增大，P_C 略有减小。

显然，放大器处于临界状态时，P_o 达到最大值，η_C 也较大，因此临界状态为丙类谐振功率放大器的最佳工作状态，与之对应的临界电阻称为丙类谐振功率放大器的最佳负载或匹配负载。欠压状态的 P_o 与 η_C 都较小，而 P_C 较大，因此一般很少采用。不难理解，为了保证功率三极管的安全，在调试丙类谐振功率放大器时应避免其工作在强欠压状态。

3. 调制特性

丙类谐振功率放大器的调制特性有集电极调制特性、基极调制特性和放大特性。

1）集电极调制特性

集电极调制特性是指 U_{im}、R_P 和 V_{BB} 维持不变时，丙类谐振功率放大器的性能随 V_{CC} 变化的特性，如图 3.8 所示。

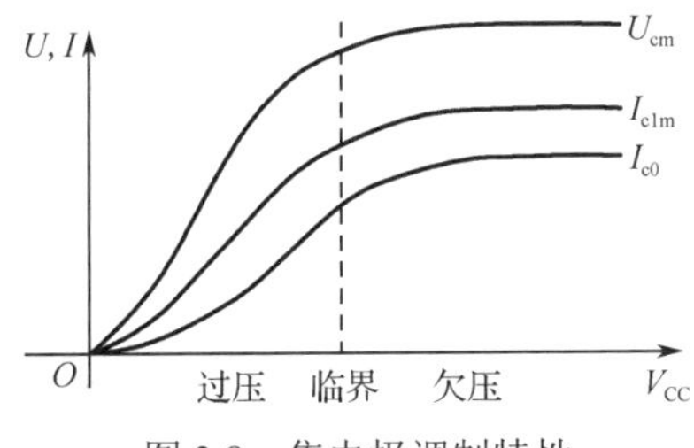

图 3.8　集电极调制特性

由图 3.8 可知，当 V_{CC} 由小增大时，放大器将历经过压、临界和欠压三种工作状态。当 V_{CC} 比较小时，放大器工作在强过压区，i_C 凹陷很深且振幅很小，故 I_{c0}、I_{c1m} 和 U_{cm} 均很小；随着 V_{CC} 的增大，放大器逐渐靠近临界状态，故 I_{c0}、I_{c1m} 和 U_{cm} 迅速增大；在欠压区，随着 V_{CC} 的增大，I_{c0}、I_{c1m} 和 U_{cm} 只是略有增大。因此，对于工作在过压区的放大器而言，V_{CC} 的变化可以有效地控制集电极回路电压振幅 U_{cm} 近似线性变化，这就是集电极调幅的原理。

2）基极调制特性

基极调制特性是指当 U_{im}、R_P 和 V_{CC} 维持不变时，丙类谐振功率放大器的性能随 V_{BB} 变化的特性，如图 3.9 所示。

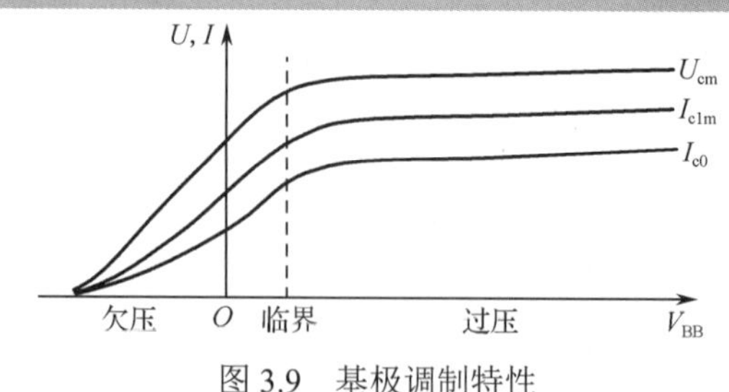

图 3.9　基极调制特性

由图 3.9 可知，当V_{BB}由小（可以是负电压）增大时，放大器将历经欠压、临界和过压三种工作状态。在欠压区，随着V_{BB}的增大，I_{c0}、I_{c1m}和U_{cm}迅速增大；在过压区，随着V_{BB}的增大，I_{c0}、I_{c1m}和U_{cm}只是略有增大。因此，对于工作在欠压区的放大器而言，V_{BB}的变化可以有效地控制集电极回路电压振幅U_{cm}近似线性变化，这就是基极调幅的原理。

利用丙类谐振功率放大器的集电极调幅特性和基极调幅特性可实现普通调制。

3）放大特性

放大特性是指当V_{BB}、V_{CC}和R_P维持不变时，放大器的性能随U_{im}变化的特性，如图 3.10 所示。

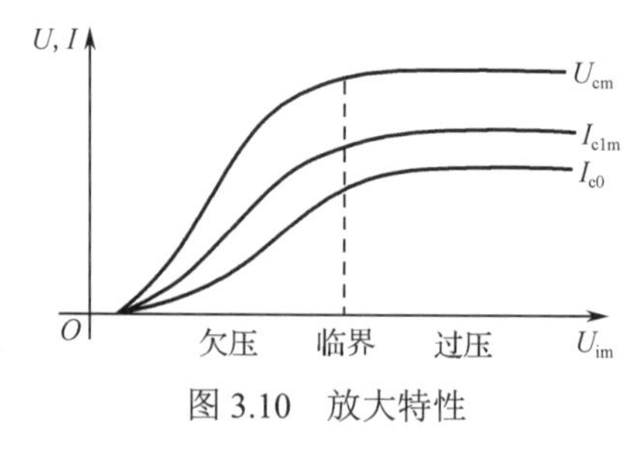

图 3.10　放大特性

由图 3.10 可知，随着U_{im}的增大，放大器先后经历了欠压、临界和过压三种工作状态。在欠压区，随着U_{im}的增大，I_{c0}、I_{c1m}和U_{cm}也增大；在过压区，随着U_{im}的增大，I_{c0}、I_{c1m}和U_{cm}基本保持不变。因此，放大器进行放大时，应工作在欠压状态；放大器进行限幅时，应工作在过压状态。

3.1.3　谐振功率放大器的组成和输出匹配网络

谐振功率放大器电路和其他放大电路一样，有一定的管外电路，其输入端和输出端的管外电路均由直流馈电电路和输出匹配网络两部分组成。

1. 直流馈电电路

直流馈电电路是指把直流电源馈送到三极管各极的电路，它包括集电极馈电电路和基极馈电电路。它应保证集电极回路和基极回路是放大器工作所需的电压、电流关系，即保证集电极回路电压和基极回路电压为$u_{BE}=V_{BB}+U_{im}\cos(\omega t)$，以及在回路中集电极电流的直流分量和基波分量有各自的正常通路，并且要求高频信号不通过直流电源，以减少不必要的高频功率损耗。无论是哪一部分的馈电电路，都有串联馈电（简称“串馈”）和并联馈电（简称“并馈”）两种形式。

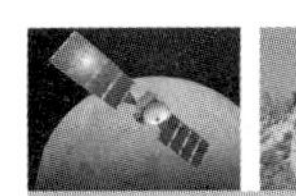

1）集电极馈电电路

集电极馈电电路如图 3.11 所示，其中图 3.11（a）是串联馈电电路，图 3.11（b）是并联馈电电路。

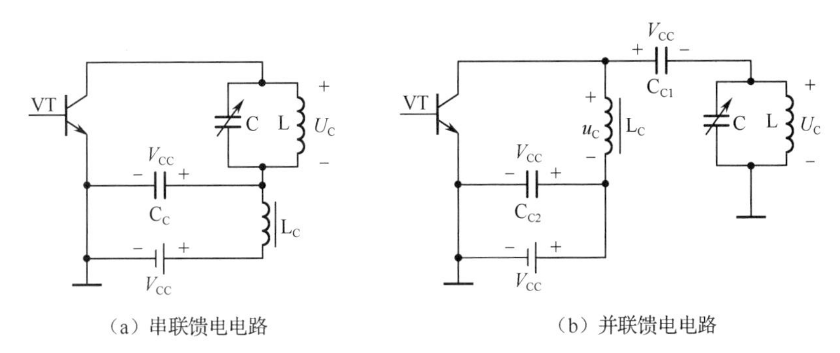

（a）串联馈电电路　（b）并联馈电电路

图 3.11　集电极馈电电路

串联馈电方式是指直流电源、谐振回路和三极管三者串联的一种馈电方式，集电极电流的直流成分从电源正极流出，经高频扼流线圈 L_C（大电感）和回路电感 L 流入集电极，然后经发射极回到电源负极。从发射极出来的高频电流经过旁路电容 C_C 和谐振回路再回到集电极。L_C 的作用是阻止高频电流流经电源；C_C 的作用是提供交流通路，它的值应使它的阻抗远小于回路的高频阻抗。

并联馈电方式是指直流电源、谐振回路和三极管三者并联的一种馈电方式。三极管、直流电源和扼流线圈组成直流通道，谐振回路、电容 C_{C1} 和三极管组成交流通路，电容 C_{C2} 是为了避免高频成分通过电源而设置的旁路电容。

串联馈电电路的优点是直流电源、高频扼流线圈、旁路电容处于高频电位，分布电容不影响回路；并联馈电电路的优点是回路一端处于直流接地，回路 L、C 一端可以接地，安装方便。

2）基极馈电电路

图 3.12 所示是几种基极馈电电路，基极的偏压既可以是外加的，也可以是基极直流电流或发射极直流电流流过电阻产生的。图 3.12（a）是发射极自给偏压电路，图 3.12（b）是基极组合偏压电路，图 3.12（c）是零偏压电路。发射极自给偏压电路的优点是偏压能随激励大小而变化，工作较稳定。

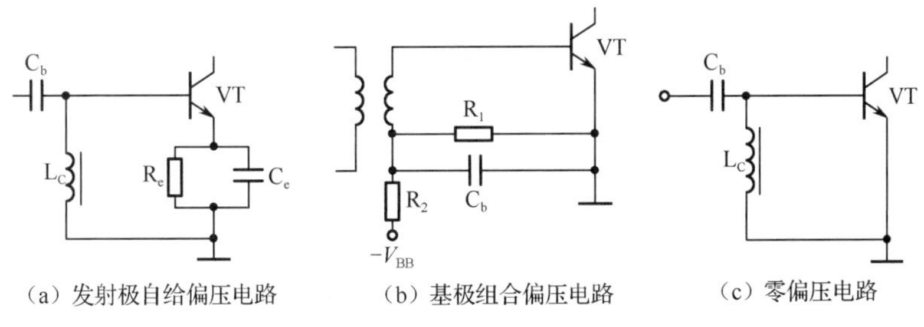

（a）发射极自给偏压电路　（b）基极组合偏压电路　（c）零偏压电路

图 3.12　几种基极馈电电路

2. 输出匹配网络

功率放大电路与负载之间是用输出匹配网络来连接的，一般用双端口网络来实现，该

双端口网络应具有以下几个特点。

① 负载阻抗与放大器所需的最佳负载电阻相匹配，以保证放大器输出功率最大。

② 滤除不需要的各次谐波分量，选出所需的基波成分。

③ 要求匹配网络本身的损耗尽可能小，即匹配网络的传输效率要高。

下面对输出匹配网络的阻抗变换特性进行讨论。

1）串并联电路的阻抗转换

串并联电路的阻抗转换如图 3.13 所示，它们之间能互相转换，根据等效原理，它们的端导纳应相等，即

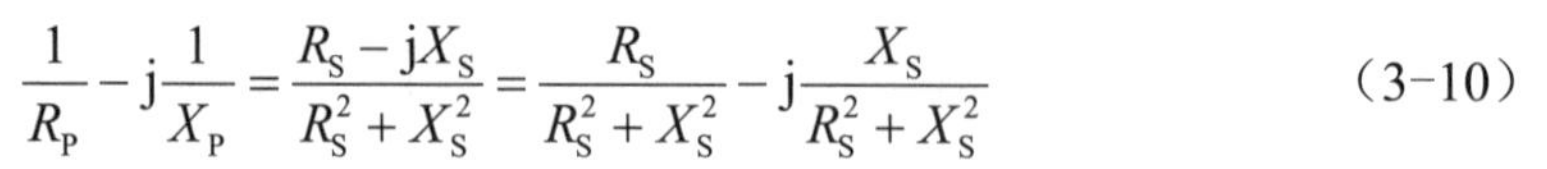

$$\frac{1}{R_P}-j\frac{1}{X_P}=\frac{R_S-jX_S}{R_S^2+X_S^2}=\frac{R_S}{R_S^2+X_S^2}-j\frac{X_S}{R_S^2+X_S^2} \tag{3-10}$$

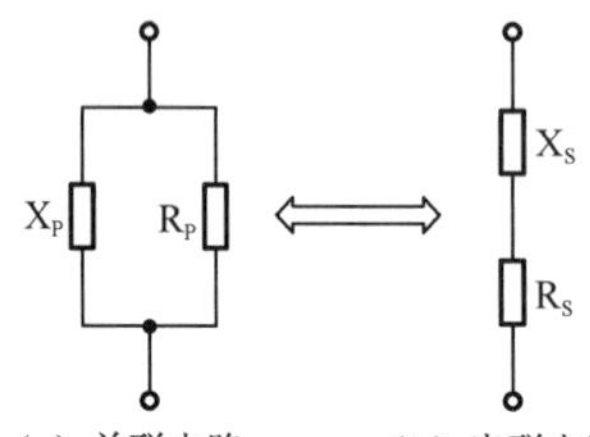

（a）并联电路　　（b）串联电路

图 3.13　串并联电路的阻抗转换

由此可得串联阻抗转换为并联阻抗的关系式为

$$R_P=R_S\left(1+\frac{X_S^2}{R_S^2}\right)=R_S(1+Q^2) \tag{3-11}$$

$$X_P=X_S\left(1+\frac{R_S^2}{X_S^2}\right)=X_S\left(1+\frac{1}{Q^2}\right) \tag{3-12}$$

$$Q=\frac{|X_S|}{R_S} \tag{3-13}$$

反之，可得并联阻抗转换为串联阻抗的关系式为

$$X_S=\frac{X_P}{1+\frac{1}{Q^2}} \tag{3-14}$$

$$R_S=\frac{R_P}{1+Q^2} \tag{3-15}$$

$$Q=\frac{R_P}{|X_P|} \tag{3-16}$$

例 3.2　将如图 3.14（a）所示的电感与电阻的串联电路变换成如图 3.14（b）所示的电感与电阻的并联电路。已知工作频率为 100 MHz，$L_S=100\text{ nH}$，$R_S=10\,\Omega$。试求 R_P 和 L_P。

解

$$Q=\frac{|X_S|}{R_S}=\frac{\omega L_S}{R_S}=\frac{2\pi fL_S}{R_S}=\frac{2\times3.14\times100\times10^6\times100\times10^{-9}}{10}=6.28$$

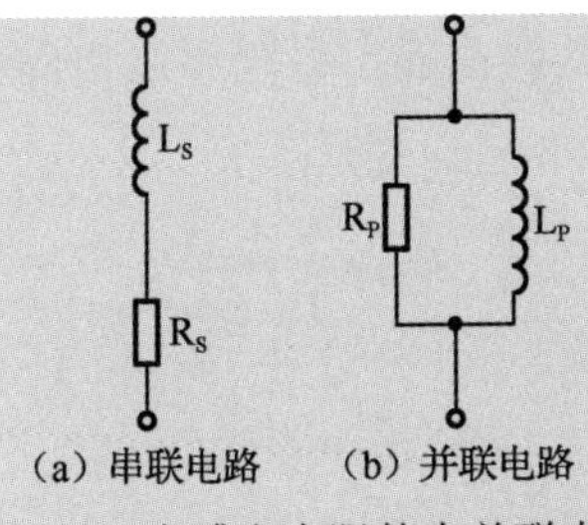

图 3.14　电感和电阻的串并联电路

$$R_P = R_S(1+Q^2) = 10\times(1+6.28^2) = 404\,(\Omega)$$

$$L_P = L_S\left(1+\frac{1}{Q^2}\right) = 100\times10^{-9}\times\left(1+\frac{1}{6.28^2}\right)\approx 103\,(\text{nH})$$

由上述计算结果可知，当$Q\gg1$时，L_P和L_S的值相差不大，这说明将串联电路变为并联电路时，其电抗元件近似不变，但阻值却增大很多；反之亦然。

2）L 形匹配网络

常见的 L 形匹配网络有两种基本形式，如图 3.15 所示，其特点是由两异性电抗连接成 L 形结构。

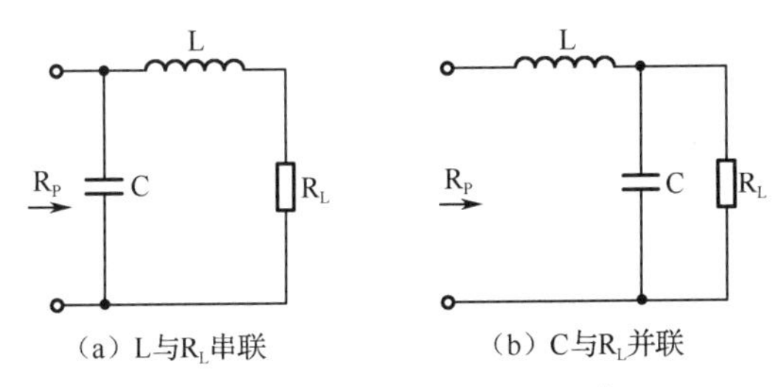

图 3.15　常见的 L 形匹配网络

在图 3.15（a）中的 L 和 R_L 串联电路可以用并联电路来等效，可以得到如图 3.16（a）所示的电路。

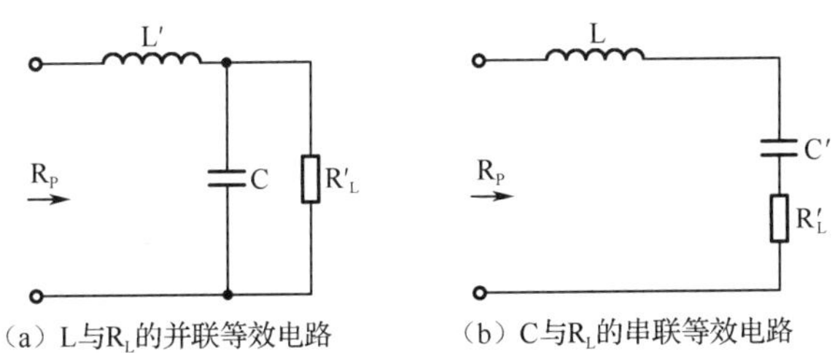

图 3.16　L 形匹配网络的等效电路

在图 3.16（a）中，由串、并联电路阻抗变换关系可知

$$R'_L = R_L(1+Q^2) \qquad R_P = R_L(1+Q^2) \tag{3-17}$$

$$L' = L\left(1+\frac{1}{Q^2}\right) \tag{3-18}$$

$$Q = \frac{\omega L}{R_L} \tag{3-19}$$

在图 3.15（b）中的 C 和 R_L 并联电路可以用串联电路来等效，可以得到如图 3.16（b）所示电路。同理可求得

$$R_L' = \frac{1}{1+Q^2}R_L \tag{3-20}$$

$$C' = \left(1+\frac{1}{Q^2}\right)C \tag{3-21}$$

$$Q = \frac{R_L}{1/\omega C} = R_L\omega C \tag{3-22}$$

3）π 形匹配网络和 T 形匹配网络

π 形匹配网络和 T 形匹配网络是指有三个电抗支路，其中两个支路为同性电抗，另一个支路为异性电抗，连成 π 形和 T 形结构的匹配网络，如图 3.17 所示。它们可以分解成两个串联的 L 形匹配网络，但分解时应保证每个 L 形匹配网络由异性电抗构成。

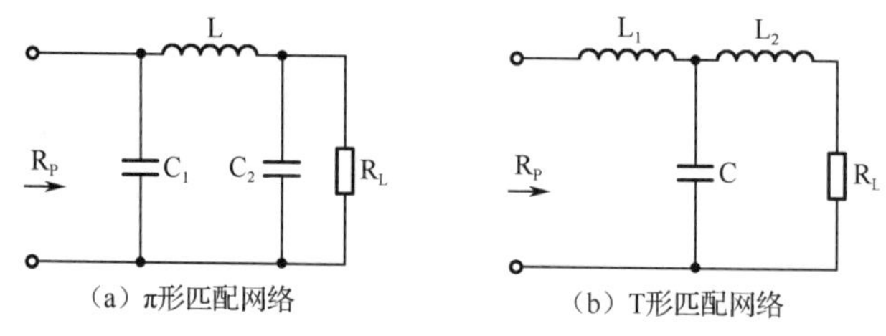

图 3.17 π 形匹配网络和 T 形匹配网络

3.2 丁类功率放大器

丙类谐振功率放大器是通过减小功率三极管导通角 θ 来提高放大器的效率的，但是为了使输出功率达到要求且不使输入电压太大，θ 不能太小，因此放大器效率的提高就受到了限制。丁类功率放大器采用固定 θ 为180°，尽量降低功率三极管的损耗功率的方法来提高功率放大器的效率。具体来说，丁类功率放大器的功率三极管工作在开关状态，导通时，三极管进入饱和区，器件内阻接近零；截止时，电流为零，器件内阻接近无穷大。这样就使三极管集电极功耗大大减小，效率大大提高。在理想情况下，丁类功率放大器的效率可以达到100%。

丁类功率放大器有电压开关型和电流开关型两种电路，下面仅介绍电压开关型丁类功率放大器的工作原理。

图 3.18 所示为电压开关型丁类功率放大器的原理电路图。图 3.18 中输入信号 u_i 是角频率为 ω 的余弦信号，且振幅足够大。输入信号通过变压器 Tr_1 产生两个极性相反的推动电压 u_{b1} 和 u_{b2}，分别加到两个特性相同、同类型三极管 VT_1 和 VT_2 的输入端，使得两个三极管在一个信号周期内轮流饱和导通和截止。L、C 和外接负载 R_L 组成串联谐振回路。假设 VT_1 和 VT_2 的饱和压降为 $u_{CE(sat)}$，$u_A = V_{CC} - u_{CE(sat)}$，则当 VT_1 饱和导通时，点 A 对地电压为

$$u_A = V_{CC} - u_{CE(sat)} \tag{3-23}$$

当 VT_2 饱和导通时，$u_A = u_{CE(sat)}$，因此 u_A 是振幅为 $V_{CC} - u_{CE(sat)}$ 的矩形方波，它是串联

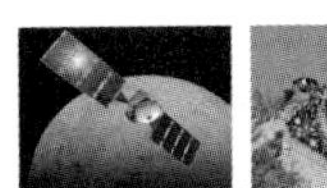

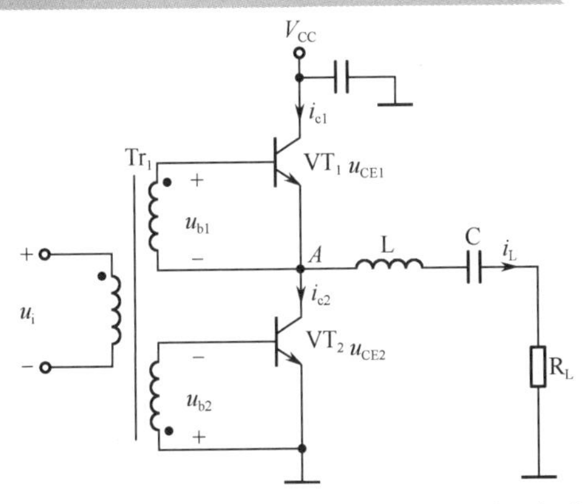

图 3.18 电压开关型丁类功率放大器的原理电路图

谐振回路的激励电压，如图 3.19 所示。当串联谐振回路调谐在输入信号频率上，且回路等效的品质因数 Q 足够大时，通过回路的仅是 u_A 中基波分量产生的电流 i_L，它是角频率为 ω 的余弦波，而这个余弦波电流只能是由 VT_1、VT_2 分别导通时半波电流 i_{c1}、i_{c2} 的合成。这样，负载 R_L 就可获得与 i_L 相同波形的电压 u_L 的输出。因此，在开关状态下，两个三极管均为半周导通，半周截止。导通时，电流为半个正弦波，但三极管的压降很小，近似为零。截止时，三极管的压降很大，但电流为零，这样，三极管的损耗适中，且保持很小的值。

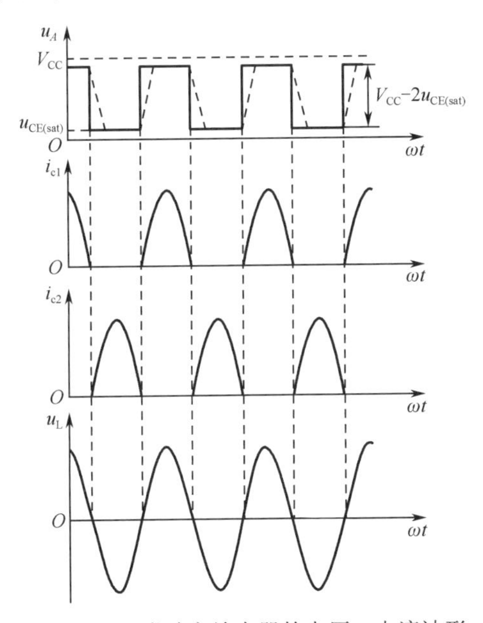

图 3.19 丁类功率放大器的电压、电流波形

实际上，在高频工作时，由于三极管结电容和电路分布电容的影响，三极管 VT_1、VT_2 的开关转换不可能在瞬间完成，u_A 的波形会有一定的上升沿和下降沿，见图 3.18 中的虚线。这样，三极管的功耗会增大，放大器的实际效率会下降，这种现象随着输入信号频率的提高而趋于严重。为了克服上述缺点，又提出了戊类功率放大器，它是在丁类功率放大器的基础上采用特殊设计的输出回路，以保证 u_{CE} 为最小值，一段时间后才有集电极电流流过。

3.3 戊类功率放大器

戊类功率放大器由工作在开关状态的三极管构成，其基本电路图如图 3.20 所示，图中 R_L 为等效负载电阻；L_C 为高频扼流线圈，用以使流过它的电流 I_{OC} 恒定；L、C 构成串联谐振回路，其品质因数 Q 足够大，但它并不调谐在输入信号的基频；C_1 接于三极管集电极与地之间，并与三极管的输出电容 C_0 并联，因此由 C_0、C_1、L、C 组成负载网络。通过选择负载网络的参数，负载网络的瞬时响应满足功率三极管截止时集电极电压 u_{CE} 的上升沿延迟到集电极电流 $i_C=0$ 以后才开始；功率三极管导通时，迫使 $u_{CE}=0$ 后才产生集电极 i_C 脉冲，即保证功率三极管上的电流和电压不同时出现，从而提高了放大器的效率。

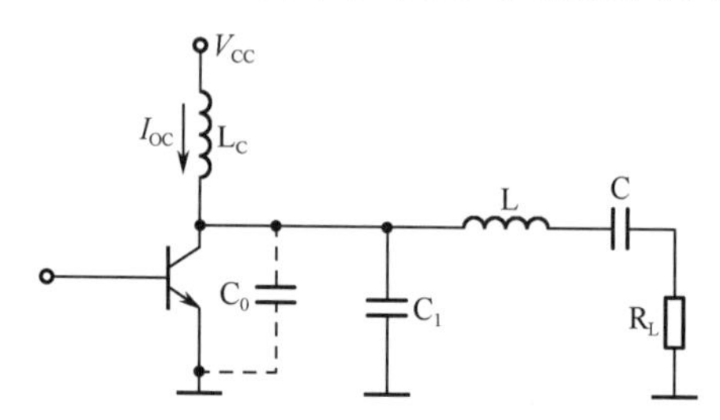

图 3.20　戊类功率放大器的基本电路图

丁类功率放大器和戊类功率放大器的功率三极管处于开关工作状态，因此只能放大等幅的已调信号，如 ASK、FSK、PSK。

本章小结

1. 功率放大器的任务是供给负载足够大的功率，其主要性能指标有功率和效率，丙类谐振功率放大器可获得较大的输出功率和高的效率。放大器按照三极管集电极电流导通角的不同，可以分为甲类、乙类和丙类等工作状态，其中丙类工作状态（导通角 $<90°$ 的状态）效率最高，但这时三极管集电极电流的波形失真程度较大，但通过 LC 并联谐振回路选择基波，抑制谐波来恢复出不失真的波形，如果选择各次谐波，则可以实现倍频。

2. 根据三极管集电极电流是否进入饱和区，丙类谐振功率放大器有欠压、临界和过压三种工作状态。

欠压状态：输出电压振幅 U_{cm} 比较小，当 $u_{CEmin}>u_{CE(sat)}$ 时，三极管不会进入饱和区，i_C 电流波形为尖顶余弦脉冲。放大器输出功率小，管耗大，效率低。

临界状态：输出电压振幅 U_{cm} 比较大，当 $\omega t=0$ 时，三极管不进入饱和的临界状态，i_C 电流波形为尖顶余弦脉冲，但顶部变化平缓。放大器输出功率大，管耗小，效率高。

过压状态：输出电压振幅 U_{cm} 过大，使 $u_{CEmin}<u_{CE(sat)}$，在 $\omega t=0$ 附近，三极管工作在饱和区，i_C 电流波形为中间凹陷的余弦波形。放大器输出功率过大，管耗小，效率高。

3. 在丙类谐振功率放大器中，只要改变 R_P、V_{CC}、u_{im}、V_{BB}，放大器的工作状态也跟着变化。四个量中只改变其中一个量，其他三个量不变，所得到的特性分别是负载特性、集电极调制特性、放大特性和基极调制特性。熟悉这些特性有助于了解丙类谐振功率放大器性能变化的特点，并对丙类谐振功率放大器的调试有指导作用。

由负载特性可知，放大器工作在临界状态，输出功率较大，效率比较高，通常将相应的 R_P 值称为丙类谐振功率放大器的最佳负载阻抗，也称匹配负载。

4．丙类谐振功率放大器的组成包括集电极馈电电路和基极馈电电路，两种电路都有并联馈电和串联馈电。基极偏置常采用自给偏压电路，自给偏压电路只能产生反向偏压。输出匹配网络的主要作用是将实际负载阻抗变换为放大器所要求的最佳负载，有效滤除不需要的高次谐波并把有用信号功率高效率地传给负载。

5．在丁类功率放大器中，由于三极管工作在开关状态，因此效率比丙类谐振功率放大器还要高，但其工作会受开关器件特性的限制。为了进一步提高工作效率，还可以采用戊类功率放大器。

习题 3

一、填空题

1．谐振功率放大器的特点：三极管基极偏置电压 V_{BB}________，而工作在________类状态，集电极电流为________，导通角 θ 为________，故放大器具有很高的效率；放大器负载采用________，可以________，实现________并获得大功率输出。

2．丙类谐振功率放大器的最佳工作状态是________，当负载回路的等效电阻 R_e 很小时，放大器将进入________状态，此时输出功率________，管耗________。

3．丙类谐振功率放大器的集电极直流馈电电路有________和________两种形式。

4．丙类谐振功率放大器的三极管进入饱和区，集电极电流脉冲出现____________，称为________状态。

5．丁类功率放大器工作在________状态，在理想情况下效率可达到________。

二、单项选择题

1．丙类谐振功率放大器工作在丙类状态是为了提高放大器的（　　）。
A．输出功率　　B．工作频率　　C．效率　　D．增益

2．丙类谐振功率放大器的最佳工作状态是（　　）。
A．过压　　B．欠压　　C．临界　　D．开关

3．实现基极调幅时，丙类谐振功率放大器工作在（　　）状态。
A．过压　　B．欠压　　C．临界　　D．开关

4．实现集电极调幅时，丙类谐振功率放大器工作在（　　）状态。
A．过压　　B．欠压　　C．临界　　D．开关

5．将输入信号的频率提高到其频率整数倍的电路称为（　　）。
A．倍频器　　B．分频器　　C．调频器　　D．混频器

三、判断题

1．在丙类谐振功率放大器中，导通角越小，效率越高，失真程度越小。（　　）

2．在丙类谐振功率放大器中，集电极偏置电压V_{CC}过大会使放大器工作在过压状态。（　　）

3．在丙类谐振功率放大器中，失谐后三极管损耗会明显增大，有可能损坏功率三极管。（　　）

4．在丙类谐振功率放大器中，LC 并联谐振回路的作用是选择基波信号，解决失真。（　　）

四、简答题

1．解释为什么理想的丁类功率放大器的效率可达100%。

2．丙类谐振功率放大电路与低频功率放大电路有何区别？与小信号谐振放大电路又有何区别？

3．丙类谐振功率放大器为什么一定要用谐振回路作为集电极的负载？谐振回路为什么要调谐在信号频率上？

五、计算题

1．已知某丙类谐振功率放大电路的$V_{CC}=24\ \text{V}$，$P_o=10\ \text{W}$，当$\eta_c=60\%$时，P_C及I_{c0}的值是多少？若输出功率不变，将η_C提高到80%时，P_C及I_{c0}又为多少？

2．已知丙类谐振功率放大器工作在临界状态，$\theta=80°$，$\alpha_1(\theta)=0.472$，$\alpha_0(\theta)=0.286$，$V_{CC}=18\ \text{V}$，$\xi=0.9$。现要求输出功率为$P_o=2\ \text{W}$。试计算放大器的P_D、P_C、η_C及临界电阻的阻值。在V_{CC}不变的条件下，欲保持输出功率P_o不变，而要提高效率η_C，减小损耗功率P_C，应如何调整放大电路的外部条件，并说明理由。

第4章 高频正弦波振荡器

振荡器用于产生一定频率和振幅的信号，它是一种不需要外加激励信号，利用正反馈，本身就能自动地将直流电能转换为特定频率、波形和振幅的交变信号输出装置，称为自激振荡器，也称为反馈型振荡器。在通信、电子技术领域的各种电子设备中，广泛使用正弦波振荡器。例如，无线电发送设备中需要的高频载波信号，无线电接收设备中需要的本振信号，各种电子系统中的定时时钟信号，以及电子测量仪器中的正弦波信号源等，它们都是由各种正弦波振荡器产生的。

振荡器的种类很多，根据产生的振荡波形不同，可分为正弦波振荡器和非正弦波振荡器。前者输出正弦波信号，后者输出矩形波、三角波和锯齿波等非正弦波信号。振荡器根据频率高低不同，可分为低频振荡器和高频振荡器，如 RC 振荡器为低频振荡器，LC 振荡器和石英晶体振荡器属于高频振荡器。为了得到一定频率的正弦波信号，反馈型振荡器必须具有选频网络。根据选频网络不同，正弦波振荡器又可分为 LC 振荡器、RC 振荡器、石英晶体振荡器等。本章主要讨论通信系统中常用的反馈型正弦波振荡器，即 LC 振荡器和石英晶体振荡器。

4.1 反馈型正弦波振荡器的工作原理

4.1.1 反馈型正弦波振荡器的基本组成

反馈型正弦波振荡器由放大电路、反馈网络、选频网络、稳幅电路四部分构成。

放大电路是能量转换器，用来将微弱的信号迅速放大到足够大，使振荡器输出信号的振幅达到要求，并使电路满足振荡要求。

反馈网络用来将放大电路的输出信号正反馈到放大电路的输入端，以维持放大器的输入信号。

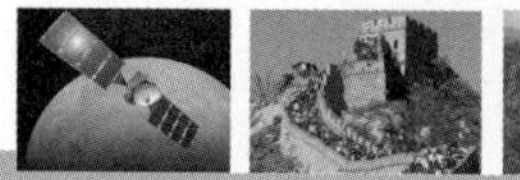

选频网络用来选择所需的频率信号并对其进行放大和反馈，使振荡器输出一定频率的正弦波信号。选频网络决定了反馈型正弦波振荡器的振荡频率。

稳幅电路分为外稳幅电路和内稳幅电路两种形式，稳幅电路用来稳定振荡器输出信号的振幅，使振荡器由起振状态进入平衡状态。

4.1.2 反馈型正弦波振荡器的基本原理

利用正反馈原理构成的反馈型正弦波振荡器的原理框图如图 4.1 所示。

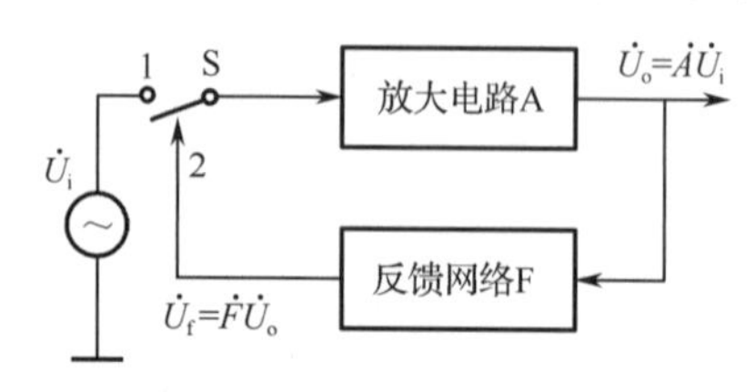

图 4.1 利用正反馈原理构成的反馈型正弦波振荡器的原理框图

在图 4.1 中，如果不接反馈网络，在放大电路 A 输入信号 $\dot{U}_i$，即开关 S 置于 1 时，放大电路就有输出信号 $\dot{U}_o$，此时就是一个基本的放大器，没有输入信号就没有输出信号。现在让输出信号 $\dot{U}_o$ 通过反馈网络 F 产生反馈信号 $\dot{U}_f$，如果 $\dot{U}_f$ 的大小和相位与 $\dot{U}_i$ 一致，则可以断开外加输入信号 $\dot{U}_i$，接上反馈信号 $\dot{U}_f$，即开关由 1 置换到 2，放大器将继续维持工作。由于此时已经没有外加信号，所以放大器就变成了自激振荡器。因此，电路无须外加激励信号，也有信号输出。由图 4.1 可知

$$\dot{A}=\frac{\dot{U}_o}{\dot{U}_i} \tag{4-1}$$

$$\dot{F}=\frac{\dot{U}_f}{\dot{U}_o} \tag{4-2}$$

则有

$$\dot{U}_f=\dot{F}\dot{U}_o=\dot{A}\dot{F}\dot{U}_i$$

环路增益为

$$\dot{A}\dot{F}=|\dot{A}\dot{F}|\mathrm{e}^{\mathrm{j}(\varphi_a+\varphi_f)} \tag{4-3}$$

式中，$|\dot{A}|$、φ_a 分别为放大器放大倍数的模和相角；$|\dot{F}|$、φ_f 分别为反馈系数的模和相角。

4.1.3 反馈型正弦波振荡器的平衡条件

根据振荡器的振荡原理可知，为了保证振荡器正常振荡且输出等幅振荡信号，必须使反馈网络提供正反馈，即 $\dot{U}_f=\dot{U}_o$。保证振荡器能正常振荡且输出等幅振荡信号的条件称为平衡条件。保证振荡器正常振荡的平衡条件为

$$\dot{A}\dot{F}=|\dot{A}\dot{F}|\mathrm{e}^{\mathrm{j}(\varphi_a+\varphi_f)}=1 \tag{4-4}$$

振荡器的平衡条件可分为两部分，即

振幅平衡条件：

$$|\dot{A}\dot{F}|=1 \tag{4-5}$$

相位平衡条件：

$$\varphi_a + \varphi_f = 2n\pi\ (n = 0,1,2,\cdots) \tag{4-6}$$

4.1.4　振荡的建立和振荡起振条件

1. 振荡的建立

前面讨论的是振荡电路保持平衡的条件。但是，如果不需要外加激励信号，而是把反馈信号电压作为输入电压，那么最初的输入信号是如何来的呢？或者说振荡器是如何起振的呢？这个问题可以解释为：振荡器在接通直流电源的瞬间，在电路的各部分中会引起电扰动。这些电扰动是接通电源瞬间引起的电流突变或三极管和回路的固有噪声，由于振荡电路是一个闭环正反馈系统，不管电扰动最初发生在电路的哪个部分，最终都要传到放大器输入端成为最初的输入电压信号。这些电扰动有极宽的频率范围，由于选频网络的选频作用，只有接近选频网络的谐振频率的分量信号才能得到放大，其余频率分量被振荡器抑制掉。放大后的频率分量信号通过反馈又回到放大器的输入端，成为第二次输入信号，完成一次循环，经过循环后的输入信号与最初的输入信号相比，不仅相位相同，而且振幅增大了。如此反复，一直继续下去。经过上述“放大—反馈—再放大—再反馈”的循环过程，角频率（选频网络谐振频率的输出信号）迅速增大，自激振荡就建立起来了。

2. 振荡起振条件

振荡起始时，电扰动激起的振荡是微弱的，为了使振荡电压的振幅不断增大，必须保证选频网络 LC 并联谐振回路的能量补充大于回路本身的能量损失，这要求反馈放大器的反馈电压必须与放大器输入端的电压同相位，反馈电压的振幅大于输入电压的振幅，即

$$\dot{U}_f > \dot{U}_i \tag{4-7}$$

则振荡器的振荡起振条件为

$$\dot{A}\dot{F} = |\dot{A}\dot{F}|\,e^{j(\varphi_a+\varphi_f)} > 1 \tag{4-8}$$

振荡器的振荡起振条件可分为两部分，即

振幅起振条件：

$$|\dot{A}\dot{F}| > 1 \tag{4-9}$$

相位起振条件：

$$\varphi_a + \varphi_f = 2n\pi\ (n = 0,1,2,\cdots) \tag{4-10}$$

综上所述，反馈型正弦波振荡器既要满足起振条件，又要满足平衡条件，其中相位起振条件与相位平衡条件是一致的，相位条件是构成振荡电路的关键，即振荡闭合环路必须是正反馈环路。在判断一个电路是否振荡时，主要判断的是相位条件，即是否满足正反馈。判断电路中引入的反馈是否是正反馈的方法有两种：一种是瞬时极性法，若能使纯输入信号增加，则是正反馈；若能使纯输入信号减小，则是负反馈。另一种是判断 $\dot{U}_f$ 与 $\dot{U}_i$ 是否同相位，若两电压同相位，则是正反馈；若两电压相位相反，则是负反馈。同时，振荡电路的放大环节应具有非线性放大特性，即具有放大倍数随振荡幅度的增大而减小的特性，这样，在起振时，放大倍数比较大，振荡器满足振幅起振条件，即 $|\dot{A}\dot{F}|>1$，振荡幅度迅速增大；随着振荡幅度的增大，放大倍数随之减小，直至 $|\dot{A}\dot{F}|=1$，振荡幅度不再增大，振荡器进入平衡状态。利用放大电路本身的非线性特性来实现稳幅的电路就是内稳幅

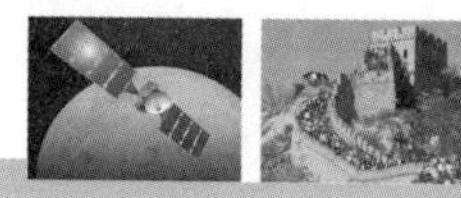

电路。

例 4.1 试分析如图 4.2 所示的振荡电路的工作原理。

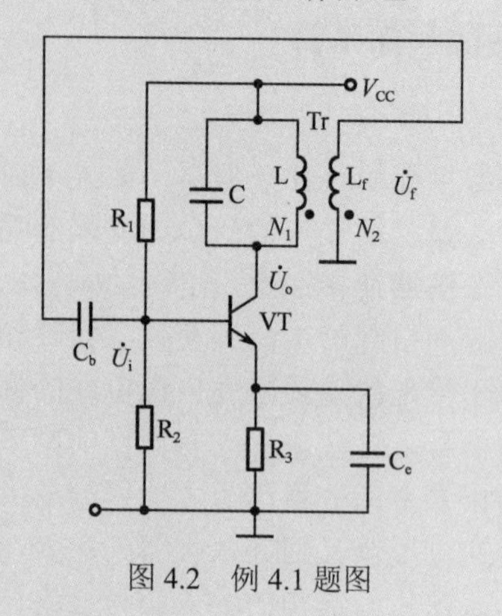

图 4.2 例 4.1 题图

解 由图 4.2 可知，该振荡器由三极管、LC 并联谐振回路构成的选频放大器、变压器 Tr 构成反馈网络。在 LC 并联谐振回路的谐振频率上，根据共射放大电路的特点可知，输出电压$\dot{U}_o$与输入电压$\dot{U}_i$反相。又根据反馈线圈 L_f 的同名端可知，反馈电压$\dot{U}_f$与输出电压$\dot{U}_o$反相，所以$\dot{U}_f$与$\dot{U}_i$同相，振荡闭合环路构成正反馈，满足了振荡器的相位起振条件，如果电路满足环路放大倍数大于 1，就能产生正弦波振荡。因为只有在 LC 并联谐振回路的谐振频率上，电路才能满足振荡器的相位起振条件，所以振荡器的振荡频率取决于选频网络 LC 并联谐振回路的谐振频率，振荡频率 f_0 近似等于 LC 并联谐振回路的谐振频率，即

$$f_0 \approx \frac{1}{2\pi\sqrt{LC}} \tag{4-11}$$

在图 4.2 中，电阻 R_1、R_2、R_3 等构成谐振放大器的直流偏置电路，使放大器在小信号时工作在甲类，保证在振荡的起始阶段，谐振放大器有较大的谐振放大倍数。反馈网络的传输系数决定变压器 Tr 的匝数比，由图 4.2 可知

$$\dot{F} = \frac{\dot{U}_f}{\dot{U}_o} = \frac{N_2}{N_1} \tag{4-12}$$

通常在实用振荡电路中，Tr 采用降压式变压器，所以反馈系数 $\dot{F} < 1$，只要变压器匝数比选择合适，该振荡器的环路放大倍数在起振阶段完全可以满足振幅起振条件。

通过前面的分析，我们已经知道，随着振荡过程的逐步建立，振荡会越来越强，它会不会无休止地增强下去呢？答案是不会的，因为三极管的非线性特性具有自限幅作用，当输入信号较小时，三极管工作在甲类，即线性放大区；随着振幅的增大，三极管会进入饱和或截止状态，限制了振幅的进一步增大，振幅趋于一个稳定值，最终达到平衡状态，即 $|\dot{A}\dot{F}|$ 从大于 1 趋向等于 1，振幅就停止增长了。由此可见，振荡的建立过程是增幅振荡自动地转变为等幅振荡的过程，如图 4.3 所示。

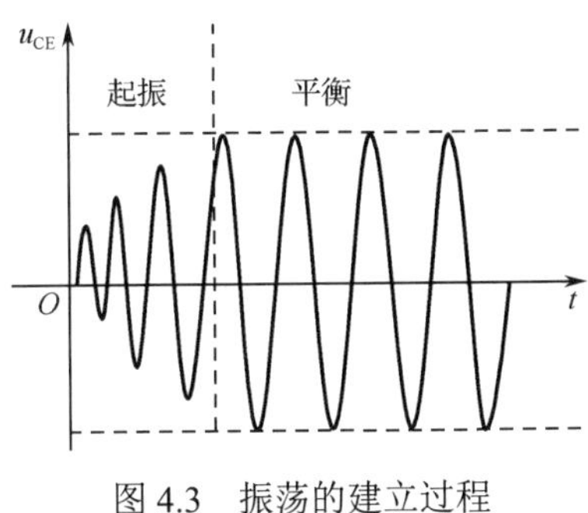

图 4.3　振荡的建立过程

4.2　振荡器的频率稳定度及稳频措施

振荡器除了输出信号满足一定的频率和振幅，还必须保证输出信号的频率和振幅稳定，频率稳定度和振幅稳定度是振荡器的两个重要的性能指标，且频率稳定度尤为重要。通信设备、无线电测量仪器等电子设备的频率是否稳定取决于这些设备中的主振荡器的频率是否稳定。如果通信系统的频率不稳定，则会漏失信号而联络不上。另外，频率发生变化还有可能干扰原来正常工作的相邻频道的信号。空间技术的发展对振荡器频率的稳定度提出了更高的要求。例如，为了实现与火星通信，频率的相对误差不能大于 11 个数量级。倘若给距地球 5.6×10^7 km 的金星定位，则要求无线电波频率的相对误差不能大于 12 个数量级。由此可见，提高频率稳定度对于振荡器是至关重要的。

4.2.1　振荡器的频率稳定度

所谓频率稳定度，是指在各种外界条件发生变化的情况下，振荡器的实际工作频率与标称频率的偏差。频率稳定度用实际频率与标称频率的偏差来表示。它可分为绝对偏差和相对偏差，也称为绝对频率稳定度和相对频率稳定度。一般常用的是相对频率稳定度，简称频率稳定度，用 δ 表示。

振荡器的实际频率为 f ，标称频率为 f_0，则绝对频率稳定度为

$$\Delta f = f - f_0 \tag{4-13}$$

相对频率稳定度为

$$\delta = \frac{f - f_0}{f_0} = \frac{\Delta f}{f_0} \tag{4-14}$$

频率稳定度通常需要指明时间间隔，按时间间隔的长短，通常可分为三种频率稳定度。

长期频率稳定度：一般指一天以上乃至几个月的时间间隔内的频率相对变化，这种变化通常是由振荡器中元器件老化而引起的。

短期频率稳定度：一般指一天以内的频率相对变化，这种变化通常是由温度、电压等外界因素的变化而引起的。

瞬时频率稳定度：一般指秒或毫秒时间间隔内的频率相对变化，这种变化一般具有随机性并伴有相位的随机变化，也称为振荡器的相位抖动或相位噪声。它主要是由频率源的

内部噪声引起的，与外界条件无关。

通常所说的频率稳定度是指短期频率稳定度。在计算频率稳定度时，根据最差的一次测量所得的频率来计算。对振荡器频率稳定度的要求因振荡器的用途不同而不同。例如，中波广播电台发射机要求频率稳定度不低于 2×10^{-5}；电视发射机要求频率稳定度不低于 5×10^{-7}；普通信号发生器要求频率稳定度为 $10^{-3}\sim10^{-4}$；精密信号发生器要求频率稳定度为 $10^{-7}\sim10^{-9}$。

例 4.2 某一振荡器的振荡频率为 $f_0=5\,\text{MHz}$，在一天内进行多次测量，测量结果为：$4.995\,\text{MHz}$，$4.997\,\text{MHz}$，$4.999\,\text{MHz}$，$5.001\,\text{MHz}$，$4.996\,\text{MHz}$。试求该振荡器的短期频率稳定度。

解 已知频率的 6 个测量数据，其中 $4.995\,\text{MHz}$ 偏离 $f_0=5\,\text{MHz}$ 的程度最大，所以该振荡器的频率稳定度为

$$\delta=\frac{\Delta f}{f_0}=\frac{|f-f_0|}{f_0}=\frac{|4.995-5.000|}{5.000}=1\times10^{-3}$$

4.2.2 造成频率不稳定的原因

通过前面的分析知道 LC 振荡器的振荡频率主要取决于谐振回路的参数，也与其他电路元件参数相关。振荡器在使用中会不可避免地受到各种外界因素的影响，使得这些参数发生变化，造成振荡频率不稳定。这些外界因素主要有温度、电源电压及负载变化等。温度变化会改变谐振回路的电感线圈的电感量和电容器的电容量，也会直接改变三极管的结电容、结电阻等参数。温度和电源电压的变化会影响三极管的工作点和工作状态，也会使三极管的等效参数发生变化，以及谐振回路的谐振频率、品质因数发生变化。

振荡器产生的信号通常要供给后级进行放大，后级对振荡器而言是一个负载。如果把负载阻抗折算到谐振回路中，成为谐振回路参数的一部分，它们除了降低谐振回路的品质因数，还会直接影响回路的谐振频率，所以当负载变化时，振荡频率必然也会随之变化。

4.2.3 振荡器的稳频措施

引起振荡频率变化的因素既有外因（温度、电源电压、负载及机械振动等变化），也有内因（谐振回路元件参数变化）。针对这些因素，可以采取以下措施提高振荡器的频率稳定度。

1. 提高谐振回路的标准性

所谓谐振回路的标准性，是指振荡器的谐振频率在外界因素变化时保持稳定的能力。提高谐振回路的标准性也就是提高回路元件 L、C 的标准性。通常采用的方法是尽可能选择参数稳定的回路元件，这就要求在制造回路元件时选用优质材料，并采用合理的结构和先进的制造工艺。例如，温度是引起 L、C 变化的主要因素，为了稳定频率，谐振回路应采用温度系数小的元件。提高谐振回路的温度稳定性的另一种有效方法是采用温度补偿。

2. 减小三极管对振荡频率的影响

在讨论三端式振荡器时我们提到，三极管的输出端和输入端存在不稳定的结电容 C_o 和

C_i。它们并联在振荡回路中，由于 C_o 和 C_i 极易受到电源电压等因素变化的影响而成为影响频率稳定度的主要因素之一。为了减小 C_o 和 C_i 的影响，尽可能选择质量好的三极管，振荡频率尽可能接近回路的谐振频率，从而使振荡频率受 C_o 和 C_i 的影响减小。

另外，三极管与振荡回路间采用部分接入方式，适当减小接入系数，以减小三极管的参数变化对振荡回路的影响。克拉泼振荡器和西勒振荡器均采用这种方法来提高频率稳定度。

此外，适当提高谐振回路的品质因数可以提高回路本身的稳频能力。LC 振荡器中的稳频性能主要是利用 LC 并联谐振回路的相频特性来实现的。根据分析，在振荡频率上，回路相频特性的变化率（斜率）越大，其稳频效果就越好。LC 并联谐振回路的相频特性如图 4.4 所示，回路的 Q 值越大，相频特性曲线越陡峭，即回路的 Q 值越大，相位越稳定。由相位与频率的关系可知，此时的频率也越稳定。

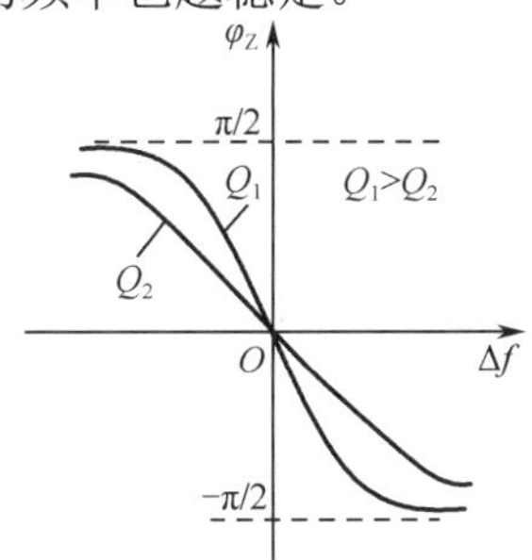

图 4.4　LC 并联谐振回路的相频特性

3. 减小负载对振荡回路的影响

为了减小负载对振荡回路的影响，可在振荡器和回路之间加入缓冲级，如加射极输出器，这种方法在发射机中被广泛采用。负载与回路之间采用部分接入的方式可以减小接入系数，这样也可以减小负载对振荡回路的影响。

4. 尽量减小各种外界因素对振荡回路的影响

为了减小各种外界因素对振荡回路的影响，可对振荡回路有选择地采用下列措施。

① 加恒温槽，以减小温度变化的影响。

② 加减振器，以减小机械振动的影响。

③ 加磁场屏蔽或电场屏蔽，以减小电磁场的干扰。

④ 采用独立的高稳压电源或直流电源加去耦滤波电路，以减小直流电压波动对振荡频率的影响。

4.3　LC 振荡器

LC 振荡器按照反馈网络的不同可分为三端式振荡器、变压器耦合式振荡器，其中三端式振荡器又分为电感三端式振荡器和电容三端式振荡器。例 4.1 给出了变压器耦合式振荡器的电路，并以它为例对振荡器的原理进行了分析。下面分别介绍不同形式的 LC 振荡器。

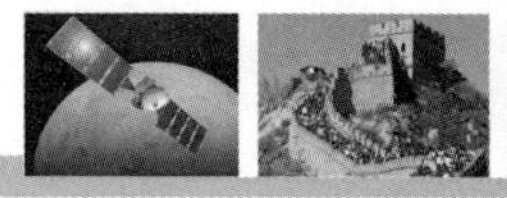

4.3.1 三端式振荡器

1. 三端式振荡器的一般组成原则

三端式振荡电路的组成如图 4.5（a）所示，图中放大器采用三极管和三个电抗元件组成 LC 并联谐振回路，回路中电抗元件之间共有三个引出端子，它们分别与三极管的三个电极相连接，使谐振回路既是三极管集电极的负载，又是正反馈选频网络，所以把这种振荡电路称为三端式振荡器（也称三点式振荡器）。

$\dot{U}_{\mathrm{i}}$ 为放大器的输入电压，$\dot{U}_{\mathrm{o}}$ 为放大器的输出电压，$\dot{U}_{\mathrm{f}}$ 为反馈电压。

显然，电路要产生振荡，首先应该满足相位条件，即电路应该构成正反馈。为了便于说明，略去电抗元件的损耗及三极管输入阻抗和输出阻抗的影响。当 X_1、X_2、X_3 组成的回路满足谐振条件，即 $X_1 + X_2 + X_3 = 0$ 时，回路等效阻抗为纯电阻，已知共射放大电路的 $\dot{U}_{\mathrm{o}}$ 与 $\dot{U}_{\mathrm{i}}$ 反相，为了满足振荡的相位条件，则要求 $\dot{U}_{\mathrm{f}}$ 与 $\dot{U}_{\mathrm{o}}$ 反相，即 $\dfrac{\dot{U}_{\mathrm{f}}}{\dot{U}_{\mathrm{o}}} < 0$ 才能满足 $\dot{U}_{\mathrm{f}}$ 与 $\dot{U}_{\mathrm{i}}$ 同相。

根据

$$\frac{\dot{U}_{\mathrm{f}}}{\dot{U}_{\mathrm{o}}} = \frac{X_2}{X_2 + X_3} \tag{4-15}$$

由于

$$X_2 + X_3 = -X_1 \tag{4-16}$$

所以

$$\frac{\dot{U}_{\mathrm{f}}}{\dot{U}_{\mathrm{o}}} = \frac{X_2}{X_2 + X_3} = -\frac{X_2}{X_1} < 0 \tag{4-17}$$

由式（4-17）可知，X_1、X_2 必须为同性质的电抗元件，即同为电感元件或同为电容元件，而 X_3 必须与 X_1（X_2）为异性质的电抗元件。

三端式振荡电路的一般组成原则为：与三极管发射极相连的两个电抗元件 X_1、X_2 必须为同性质，不与发射极相连的另一个电抗元件 X_3 必须与 X_1（X_2）为异性质，简称“射同余异”。

根据三端式振荡电路的一般组成原则，构成三端式振荡器的基本形式有两种，分别为电容三端式和电感三端式，如图 4.5（b）、图 4.5（c）所示。

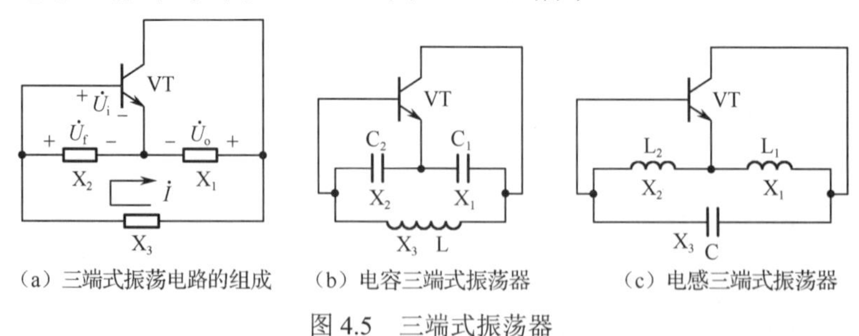

（a）三端式振荡电路的组成　（b）电容三端式振荡器　（c）电感三端式振荡器

图 4.5　三端式振荡器

在实际应用中，为了进一步改善振荡器的性能，振荡回路可能不只由三个电抗元件构成，即有的支路由两个或两个以上的电抗元件构成，但只要这些支路的总电抗满足三端式

振荡电路的一般组成原则，振荡器就能正常振荡；反之，则不能振荡。

例 4.3 根据三端式振荡电路的一般组成原则，判断如图 4.6 所示的三端式振荡电路中哪些能振荡？哪些不能振荡？

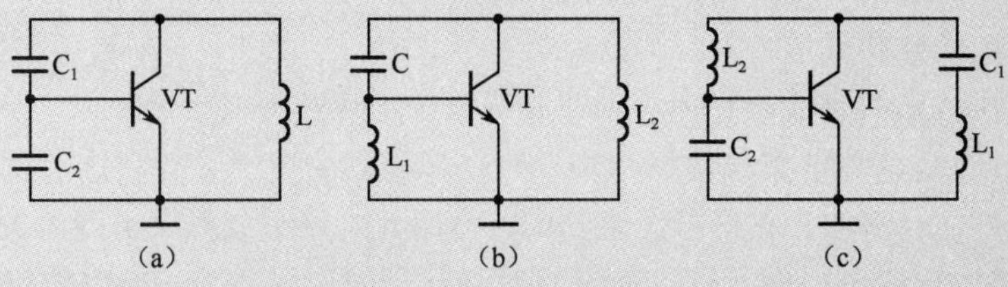

图 4.6 三端式振荡电路

解 由图 4.6（a）可知，与三极管发射极相连的两个电抗元件（一个为电感，另一个为电容）不符合三端式振荡电路的组成原则，故图 4.6（a）所示的电路不能振荡。

由图 4.6（b）可知，与三极管发射极相连的两个电抗元件均为电感元件，即同性质的电抗元件，而不与发射极相连的元件为电容，即异性质的电抗元件，该电路满足三端式振荡电路的一般组成原则，故该电路能振荡。

由图 4.6（c）可知，只要与三极管发射极相连的 L_1C_1 支路呈现容性，此电路就符合三端式振荡电路的一般组成原则，故该电路能振荡。

2. 电感三端式振荡器

图 4.7（a）所示为电感三端式振荡器的实际电路，图 4.7（b）所示为交流等效电路。从图 4.7 中可以得知，三极管的三个电极分别与 LC 并联谐振回路的三个端点相连，满足三端式振荡器电路的一般组成原则，反馈电压从电感上取得，被称为电感三端式振荡器，又称哈托莱振荡器（Hartley Oscillator）。

电感三端式振荡电路的反馈系数为

$$\dot{F}=\frac{\dot{U}_{\mathrm{f}}}{\dot{U}_{\mathrm{o}}}=-\frac{L_2+M}{L_1+M} \tag{4-18}$$

式中

$$\frac{\dot{U}_{\mathrm{f}}}{\dot{U}_{\mathrm{o}}}=-\frac{X_2}{X_1}<0 \tag{4-19}$$

M 为两电感线圈的互感系数；L_1、L_2 为两电感线圈的自感系数。

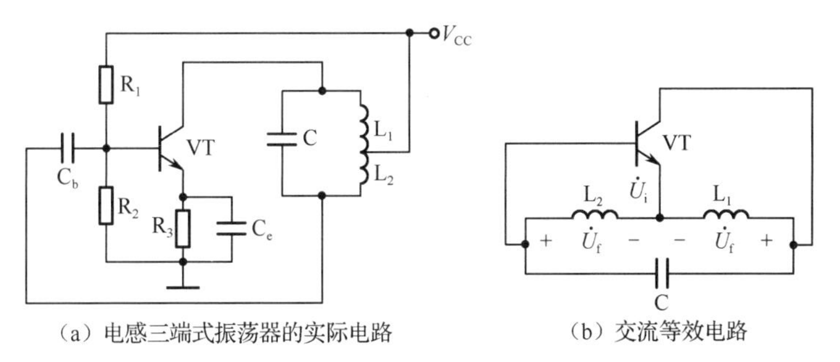

（a）电感三端式振荡器的实际电路　（b）交流等效电路

图 4.7 电感三端式振荡器的电路图

振荡器的振荡频率为

$$f_0 = \frac{1}{2\pi\sqrt{LC}} = \frac{1}{2\pi\sqrt{(L_1 + L_2 + 2M)C}} \tag{4-20}$$

式中，$L_1 + L_2 + 2M$ 为LC并联谐振回路的总电感。

电感三端式振荡器有以下特点。

① 由于L_1和L_2之间有互感存在，因此容易起振，且输出电压振幅大。

② 由于通过改变电容C来调节振荡频率时，振荡器的反馈系数和接入系数均不改变，因此频率调节较方便。例如，在信号发生器中，常用此电路组成频率可调的振荡器。

③ 由于反馈电压取自电感元件，而电感对高次谐波呈现高阻，振荡波形含高次谐波成分较多，因此输出波形不太理想，且振荡频率越高，波形越差。

3. 电容三端式振荡器

图 4.8（a）、图 4.8（b）所示分别为电容三端式振荡器的实用电路及交流等效电路。图 4.8 中R_1、R_2和R_e为放大电路的分压式直流偏置电阻；C_e为旁路电容；C_b为隔直通交电容；L_C为高频扼流线圈，既能防止交流信号进入直流电源，又能将直流电压耦合到三极管的集电极。L、C_1、C_2构成 LC 并联谐振回路，根据交流等效电路可知，该电路满足三端式振荡电路的一般组成原则，且反馈电压从电容元件C_2上取出，称为电容三端式振荡器，又称考毕兹振荡器（Colpitts Oscillator）。

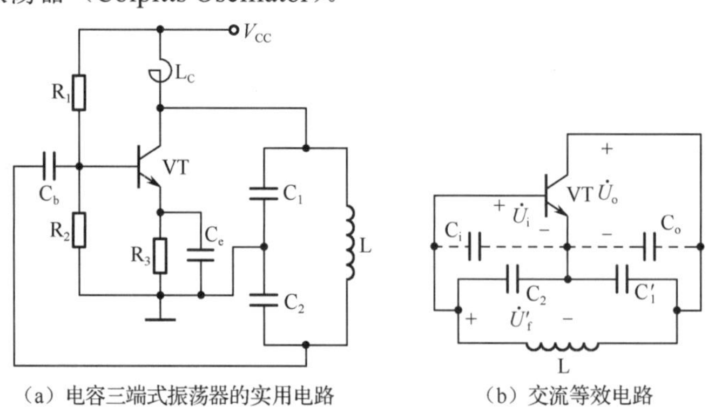

（a）电容三端式振荡器的实用电路　　（b）交流等效电路

图 4.8　电容三端式振荡器的电路图

电容三端式振荡电路的反馈系数为

$$\dot{F} = \frac{\dot{U}_f}{\dot{U}_o} = -\frac{C_1}{C_2} \tag{4-21}$$

振荡器的振荡频率为

$$f_0 = \frac{1}{2\pi\sqrt{LC}} = \frac{1}{2\pi\sqrt{L\dfrac{C_1C_2}{C_1+C_2}}} \tag{4-22}$$

式中，$C = \dfrac{C_1C_2}{C_1+C_2}$为LC并联谐振回路的总电容。

如果考虑三极管的输入电容C_i和输出电容C_o[如图 4.8（b）所示的虚线部分]，由于

$$C_1' = C_1 + C_i \qquad C_2' = C_2 + C_o$$

则振荡器的振荡频率为

$$f_0 = \frac{1}{2\pi\sqrt{LC}} = \frac{1}{2\pi\sqrt{L\dfrac{C_1'C_2'}{C_1'+C_2'}}} \tag{4-23}$$

电容三端式振荡器有以下特点。

① 振荡波形较好。因为这种振荡器的反馈电压取自电容元件，而电容对高次谐波呈现低阻，所以反馈电压中的谐波成分减少，输出电压中的谐波成分也减少，即输出电压失真程度小，波形较好。

② 频率稳定度较好。如果考虑三极管的输入电容 C_i 、输出电容 C_o 的影响，则引起振荡频率变化主要原因是三极管的 C_i 和 C_o 易受到各种影响而改变。若适当提高 C_1 、 C_2 的电容值，则 C_i 和 C_o 的变化对频率的影响会大大减小，从而提高了频率稳定度。

③ 调节频率不方便。若利用改变电容元件的电容值来调节振荡频率，在调节频率的同时，会引起反馈系数的改变，从而引起振荡器的工作状态和输出电压振幅改变，因此这种振荡器常用作固定频率振荡器。

例 4.4　在如图 4.9 所示的三端式振荡器的交流等效电路中，三个 LC 并联谐振回路的谐振频率分别为：$f_{01}=\dfrac{1}{2\pi\sqrt{L_1C_1}}$，$f_{02}=\dfrac{1}{2\pi\sqrt{L_2C_2}}$，$f_{03}=\dfrac{1}{2\pi\sqrt{L_3C_3}}$。试问：满足什么条件时，该振荡器能正常工作。

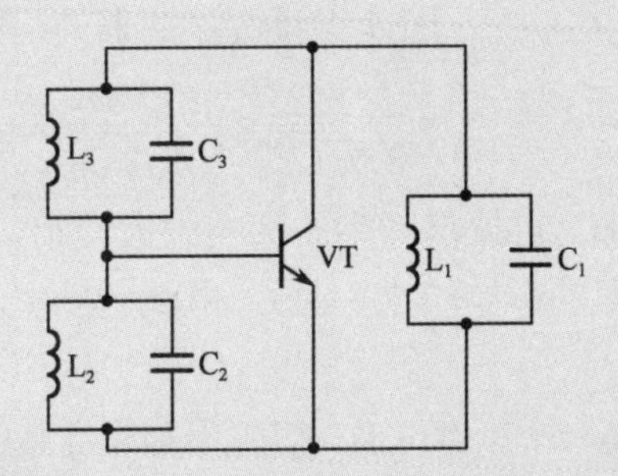

图 4.9　三端式振荡器的交流等效电路

解　由图 4.9 可知，只要满足三端式振荡电路的一般组成原则，即“射同余异”，该振荡器就能正常工作。

若组成电容三端式振荡器，则在振荡频率 f_0 处，L_1C_1 回路与 L_2C_2 回路的阻抗应呈现容性，L_3C_3 回路的阻抗应呈现感性，且应满足 $f_{03}>f_0>f_{01}\geqslant f_{02}$ 或 $f_{03}>f_0>f_{01}\leqslant f_{02}$。

若组成电感三端式振荡器，则在振荡频率 f_0 处，L_1C_1 回路与 L_2C_2 回路的阻抗应呈现感性，L_3C_3 回路的阻抗应呈现容性，且应满足 $f_{03}>f_0>f_{01}\leqslant f_{02}$ 或 $f_{03}<f_0<f_{01}\geqslant f_{02}$。

4. 改进型电容三端式振荡器

电容三端式振荡器是一种性能优良的振荡器，但它有两个主要缺点：①它不能做频率可调的振荡器；②不稳定电容 C_i 和 C_o 影响振荡器的频率稳定度。为了克服这两个缺点，提出了两个改进型电容三端式振荡器，即克拉泼振荡器和西勒振荡器。

1）克拉泼振荡器（Clapp Oscillator）

图 4.10（a）所示为克拉泼振荡器电路，图 4.10（b）所示是交流等效电路。由图 4.10 可知，改进的方法很简单，就是在谐振回路的电感支路上串联一个小电容 C_3，且 $C_3 \ll C_1$，$C_3 \ll C_2$。

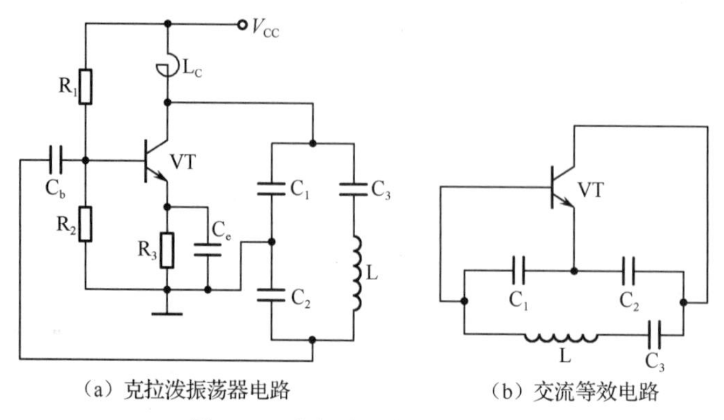

（a）克拉泼振荡器电路　　（b）交流等效电路

图 4.10　克拉泼振荡器的电路图

克拉泼振荡器的 LC 并联谐振回路的总电容为

$$C = \frac{1}{\dfrac{1}{C_1 + C_o} + \dfrac{1}{C_2 + C_i} + \dfrac{1}{C_3}} \tag{4-24}$$

当 $C_3 \ll C_1$，$C_3 \ll C_2$ 时，$C \approx C_3$，因此克拉泼振荡器的振荡频率为

$$f_0 = \frac{1}{2\pi\sqrt{LC}} \approx \frac{1}{2\pi\sqrt{LC_3}} \tag{4-25}$$

由式（4-25）可知，C_1 和 C_2 对振荡频率的影响大大减小，振荡频率主要由 C_3 决定，而不稳定电容 C_i 和 C_o 对振荡频率的影响较小，且 C_1 和 C_2 越大，C_i 和 C_o 的影响就越小，振荡器的频率稳定度就越好。

综上所述，克拉泼振荡器是一个频率可调，且频率稳定度高的振荡器。但存在以下缺点。

① 如果 C_1 和 C_2 过大，振荡幅度就会降得太低。

② 当减小 C_3 以提高 f_0 时，振荡幅度显著下降；当 C_3 减小到一定程度时，可能使振荡器停振。

③ 振荡器的振荡频率不能在很宽的范围内调节，即频率覆盖范围小，所以克拉泼振荡器只能做固定频率振荡器或频率覆盖系数较小的可变频振荡器。

2）西勒振荡器（Seiler Oscillator）

西勒振荡器电路如图 4.11（a）所示。图 4.11（b）所示为其交流等效电路。它是在克拉泼振荡器的基础上，在谐振回路电感元件上并联了一个小电容 C_4，通常 C_3、$C_4 \leqslant C_1$，C_3、$C_4 \leqslant C_2$，可以通过改变 C_4 来调节振荡频率 f_0。

西勒振荡器的总电容为

$$C = \frac{1}{\dfrac{1}{C_1 + C_o} + \dfrac{1}{C_2 + C_i} + \dfrac{1}{C_3}} + C_4 \tag{4-26}$$

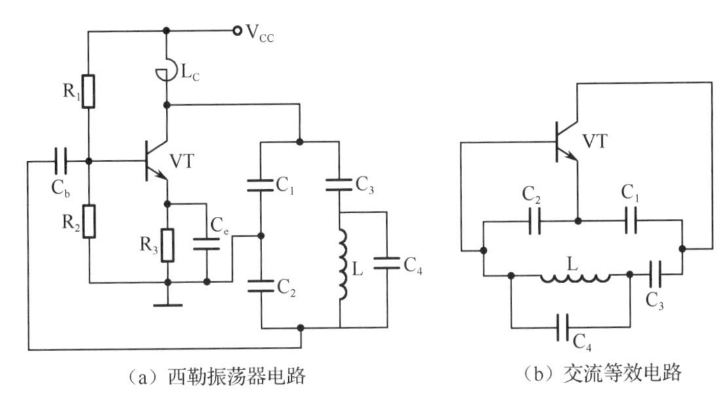

（a）西勒振荡器电路　　（b）交流等效电路

图 4.11　西勒振荡器的电路图

当 C_4、$C_3 \ll C_1$，C_4、$C_3 \ll C_2$ 时，

$$C \approx C_3 + C_4$$

因此，西勒振荡器的振荡频率为

$$f_0 = \frac{1}{2\pi\sqrt{LC}} \approx \frac{1}{2\pi\sqrt{L(C_3 + C_4)}} \tag{4-27}$$

西勒振荡器的反馈系数为

$$F = -\frac{C_1}{C_2} \tag{4-28}$$

当改变 C_4 来调节振荡频率时，反馈系数和接入系数均不受影响，因此在一定频带范围内输出信号的振幅平稳性大大改善。需要注意的是，C_3 不能过大，否则，振荡频率主要由 C_3 和 L 决定，导致 C_4 的可调范围小，限制了振荡频率的可调范围。如果 C_3 过大，该电路就失去了频率稳定度高的优点。但 C_3 也不能太小，因为 C_3 越小，振幅也越小。

西勒振荡器的特点如下：频率稳定度高，振荡频率也较高，做可变频率振荡器时，其频率覆盖范围宽，在频段范围内振幅比较平稳。因此，西勒振荡器在短波、超短波通信设备及电视接收机等高频设备中得到了广泛应用。

例 4.5　在 LC 振荡器中，频率稳定度与 LC 并联谐振回路的特性有何关系？影响 LC 振荡器频率稳定度的外界因素主要有哪些？采取哪些措施可提高振荡器的频率稳定度？

解　由于 LC 振荡器的振荡频率主要取决于 LC 并联谐振回路元件的参数，因此频率稳定度与回路中 L、C 参数的大小及其稳定性有关，也与回路的品质因数有关。回路中 L、C 参数越大，L、C 参数稳定性及回路的品质因数越高，振荡频率的稳定度就越高。

影响频率稳定度的外界因素主要有温度、电源电压稳定性、负载、周围的电场和磁场、湿度及大气压力等的变化，其中温度变化的影响是最大的。

提高 LC 振荡器频率稳定度的具体措施主要有如下几种。

① 采用高质量的电感元件、电容元件，并选用负温度系数的电容元件和正温度系数的电感元件进行温度补偿。

② 选用高品质因数的电感线圈。

③ 减小三极管、负载与谐振回路的耦合。

④ 采用高稳定性的直流稳压电源供电和恒温装置，以及防潮、防震、屏蔽等措施。

⑤ 采用改进型的克拉泼振荡器、西勒振荡器或石英晶体振荡器。

4.3.2 变压器耦合式振荡器

图 4.12 所示是一种常用的变压器耦合式振荡器电路，此电路采用共发射极放大电路，LC 并联谐振回路接在三极管 VT 的集电极上。注意，耦合电容 C_b 的作用，如果 C_b 短路，则基极通过变压器次级线圈直接接地，振荡电路不能振荡。

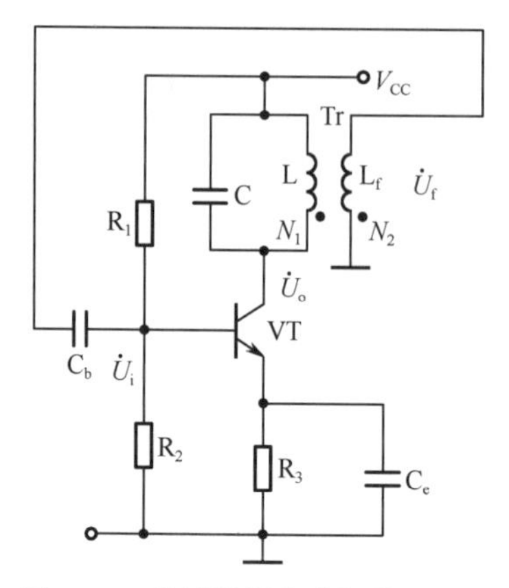

图 4.12　变压器耦合式振荡器电路

变压器耦合式振荡器是依靠电感线圈之间的互感耦合来实现正反馈的，所以应注意耦合线圈的同名端的正确位置。同时，耦合系数要合适，它应满足振幅起振条件。关于该振荡电路的具体分析可参考 4.1.2 节中的例 4.1。

变压器耦合式振荡器的频率稳定度不高，且由于互感耦合元件分布电容的存在，限制了振荡频率的提高，所以只适用于较低频段信号的产生。

例 4.6　判断如图 4.13 所示的变压器耦合式振荡器电路能否振荡。

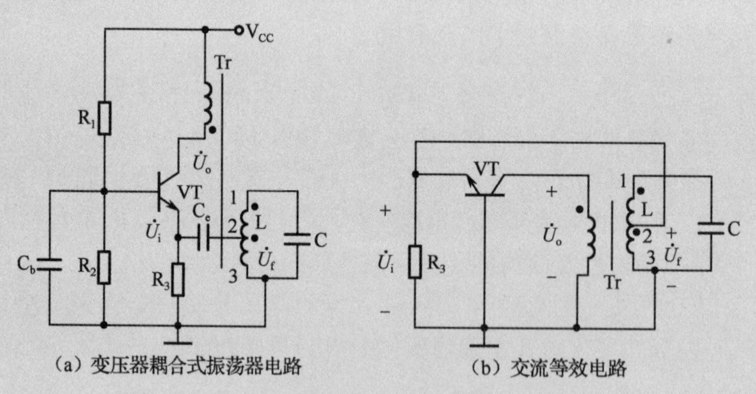

图 4.13　变压器耦合式振荡器电路及交流等效电路

解　由图 4.13（a）可知，R_1、R_2 和 R_3 组成分压偏置电路，三极管 VT 与变压器 Tr 等组成放大电路，C_b、C_e 分别为三极管基极和集电极旁路电容，图 4.13（b）所示为交流等效电路。放大电路为共基极放大电路，LC 并联谐振回路构成选频网络。当输入信号 $\dot{U}_i$ 从三极管发射极输入，由集电极输出信号$\dot{U}_o$，经变压器 Tr 耦合，将放大器的输出信号送到 LC 并联谐振回路，经选频后，取变压器次级线圈 2 端、3 端之间的电压为反馈电压$\dot{U}_f$，送到放大器的输入端，从而构成闭合反馈回路。根据共基极放大电路的特点，输入电压$\dot{U}_i$与输出电压$\dot{U}_o$同相，由图 4.13 中变压器的同名端和变压关系可知，反馈电压$\dot{U}_f$与输出电压$\dot{U}_o$也同相，因此输入电压$\dot{U}_i$与反馈电压$\dot{U}_f$同相，闭合回路构成正反馈，满足了振荡器的相位条件。又由于放大电路为共基极放大电路，如果变压器中的反馈线圈的匝数选取合适，则可以满足振荡器的振幅起振条件，所以该振荡器可以振荡。

4.4　石英晶体振荡器

通过对振荡器的频率稳定度的分析可知，振荡器的频率稳定度主要取决于振荡回路的标准性和品质因数。LC 振荡器由于受 LC 并联谐振回路和品质因数的限制，频率稳定度只能达到10^{-4}数量级。但是，许多应用场合要求振荡器能提供比10^{-4}数量级高得多的频率稳定度。例如，广播发射机、单边带发射机及频率标准振荡器分别要求振荡器的频率稳定度为10^{-5}、10^{-6}、10^{-8}～10^{-9}数量级。为了获得高频率稳定度的振荡信号，需要采用石英晶体振荡器。

4.4.1　石英晶体振荡器的工作原理

石英晶体振荡器是以石英晶体（石英谐振器）作为选频网络的，关于石英晶体的谐振特性在第 2 章已经进行了介绍。

根据石英晶体的谐振特性，石英晶体分为两种谐振状态，即并联谐振和串联谐振。所以石英晶体振荡器也有两种类型，即串联型石英晶体振荡器和并联型石英晶体振荡器。

石英晶体振荡器的主要优点是具有很高的频率稳定度；石英晶体振荡器的主要缺点是具有单频性，即每块石英晶体只能提供一个稳定的振荡频率，因此它不能直接用作频率可调的振荡器。

1. 石英晶体振荡器的稳频原理

石英晶体作为振荡器的回路元件使振荡器具有较高的频率稳定度，主要原因如下。

① 石英晶体的物理性质和化学性质十分稳定，外界因素对其性能影响很小。

② 石英晶体振荡器的品质因数很高，在10^{-5}以上，远大于一般 LC 并联谐振回路的Q值，其稳定频率作用很强。

③ 石英晶体振荡器在f_S～f_P相当窄的频率范围内变化，极其陡峭的电抗特性使石英晶体对频率变化的自动补偿灵敏度极高，稳定频率作用极强。

④ 石英晶体振荡器的接入系数极小，振荡器中的振荡回路与三极管之间的耦合非常弱，于是外电路中的不稳定因素对回路的影响大大减小，其频率稳定度很高。

2. 石英晶体振荡器的使用注意事项

使用石英晶体振荡器时应注意以下几点。

① 石英晶体振荡器的标称频率是出厂前在石英晶体振荡器上并联一定负载电容的条件下测定的，实际使用时也必须外加负载电容，并经微调后才能获得标称频率。

② 石英晶体振荡器的激励电平应在规定范围内。

③ 在并联石英晶体振荡器中，石英晶体只能工作在感性区，而不能工作在容性区。

④ 由于石英晶体振荡器在一定温度范围内才具有很高的频率稳定度，当对频率稳定度要求很高时，可以考虑采用恒温设备或温度补偿措施。

4.4.2 石英晶体振荡器的类型

根据石英晶体在振荡电路中的不同作用，石英晶体振荡器可分为并联型石英晶体振荡器和串联型石英晶体振荡器两类。石英晶体工作在 $f_S \sim f_P$ 范围内的感性区，在振荡回路中作为电感元件使用，整个振荡回路处于并联谐振状态，这类振荡器称为并联型石英晶体振荡器。石英晶体工作在 f_S 上，把石英晶体作为串联短路元件，使其工作在串联谐振频率上，这类振荡器称为串联型石英晶体振荡器。

1. 并联型石英晶体振荡器

并联型石英晶体振荡器的振荡原理和一般反馈式 LC 振荡器的振荡原理相同，只是把石英晶体接在振荡回路中作为电感元件使用，并与其他回路元件一起按照三端式振荡电路的组成原则与三极管相连，以满足相位条件。根据这种原理，并联型晶体振荡器有两种基本电路类型，如图 4.14 所示。

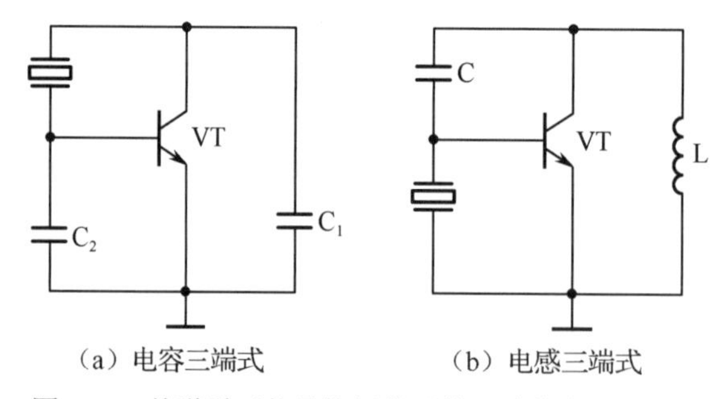

图 4.14 并联型石英晶体振荡器的两种基本电路类型

图 4.14（a）相当于电容三端式振荡器，也称皮尔斯振荡器；图 4.14（b）相当于电感三端式振荡器，也称密勒振荡器。

图 4.15（a）为皮尔斯振荡器的实际电路，图 4.15（b）为其交流等效电路。电路中 C_3 用来微调电路的振荡频率，使振荡器工作在石英晶体的标称频率上，石英晶体振荡器的振荡频率由石英晶体和外接电容 C_L 共同决定。由图 4.15（b）所示的等效电路可知，石英晶体的外接电容由 C_1、C_2、C_3 共同组成，则有

$$\frac{1}{C_L}=\frac{1}{C_1}+\frac{1}{C_2}+\frac{1}{C_3}\approx\frac{1}{C_3} \tag{4-29}$$

即

$$C_L \approx C_3 \tag{4-30}$$

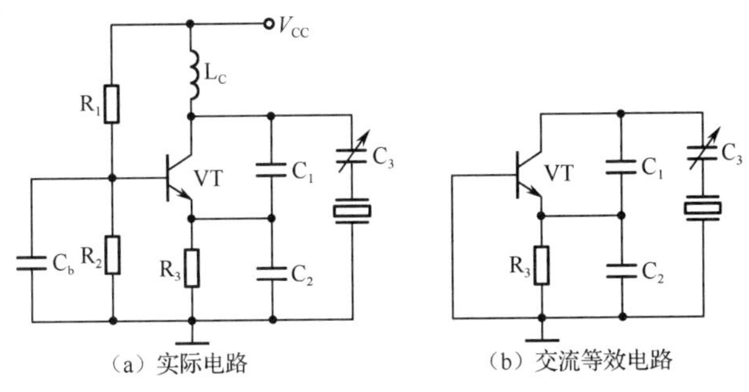

图 4.15　皮尔斯振荡器

2. 串联型石英晶体振荡器

串联型石英晶体振荡器是把石英晶体接在正反馈支路中，当石英晶体工作在串联谐振频率 f_S 时，其总电抗为零，等效为短路元件，这时反馈作用最强，满足振幅的起振条件。图 4.16（a）所示是串联型石英晶体振荡器的原理电路，图 4.16（b）所示为其交流等效电路，由图可知，该电路与电容三端式振荡器的电路十分相似，不同的是反馈信号不是直接接到三极管的输入端，而是经过石英晶体接到三极管的发射极，从而实现正反馈。当石英晶体工作在串联谐振频率时，石英晶体呈现极低的阻抗，可以近似地认为短路，则在这个频率上，该电路与三端式振荡器没有区别。基于这种原理，我们可以调谐振荡回路，使振荡频率正好等于石英晶体的串联谐振频率，这时，正反馈最强，正好满足起振条件。对于其他频率，石英晶体谐振器不可能发生串联谐振，它在反馈支路中呈现出一个较大的电阻，使振荡电路不能满足起振条件，故不能振荡。因此，串联型石英晶体振荡器的振荡频率及频率稳定度是由石英晶体谐振器的串联振荡频率决定的，而不是由振荡回路决定的。总之，由振荡回路元件决定的固有频率必须与石英晶体谐振器的串联谐振频率一致。

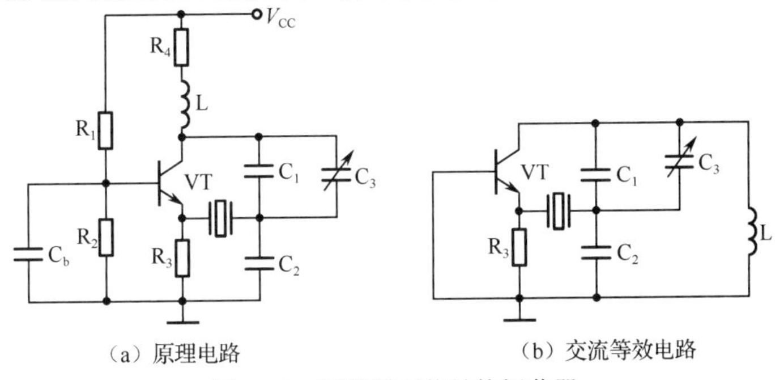

图 4.16　串联型石英晶体振荡器

由于串联型石英晶体振荡器的振荡频率等于石英晶体的串联谐振频率，因此它不需要外加负载电容 C_L，通常这种石英晶体的负载电容为无穷大。在实际应用中，若 f_S 有小的误差，则可以通过回路的电容来微调频率。

本章小结

1．正弦波振荡器用于产生一定频率和振幅的正弦波信号。正弦波振荡器按工作原理不同，可分为反馈型振荡器和负阻振荡器。前者是在放大电路中引入正反馈，当正反馈足够

强时，放大器就变成了振荡器；后者是将一个具有负阻特性的有源器件与谐振回路直接相连构成振荡电路。根据选频网络不同，正弦波振荡器又可分为 LC 振荡器、RC 振荡器、石英晶体振荡器等。

2．反馈型正弦波振荡器是利用选频网络，通过正反馈形成自激振荡的。振荡器的振幅平衡条件为$|\dot{A}\dot{F}|=1$，利用振幅平衡条件可确定振幅；振荡器的相位平衡条件为$\varphi_a+\varphi_f=2n\pi$（$n=0,1,2,\cdots$），利用相位平衡条件可确定振荡频率。振荡器的起振条件为$|\dot{A}\dot{F}|>1$（振幅起振条件），$\varphi_a+\varphi_f=2n\pi$（$n=0,1,2,\cdots$，相位起振条件）。

3．频率稳定度是振荡器重要的性能指标之一，根据时间长短的不同可分为长期频率稳定度、短期频率稳定度和瞬时频率稳定度。影响频率稳定度的原因有很多，应根据不同的原因采取相应的措施来提高频率稳定度。

4．LC 振荡器根据反馈元件的不同可分为电感三端式振荡器、电容三端式振荡器和变压器耦合式振荡器，其振荡频率近似等于 LC 并联谐振回路的谐振频率。LC 振荡器起振时，放大电路工作在小信号工作状态；而振荡处于平衡状态时，电路工作在大信号工作状态，它是利用放大器工作在非线性区来实现稳幅的。三端式振荡电路的一般组成原则为：与三极管发射极相连的两个电抗元件X_1、X_2必须为同性质，不与发射极相连的另一个电抗元件X_3必须与X_1（X_2）为异性质。

5．LC 振荡器的振荡频率主要取决于谐振回路的参数，也与其他电路元件参数相关。引起振荡频率变化的原因既有外因（温度、电源电压负载、机械振动等变化），也有内因（谐振回路元件参数变化）。提高频率稳定度的基本措施有：①提高谐振回路元件的标准性；②减小三极管对振荡频率的影响；③减小负载对振荡回路的影响；④尽量减小各种外界因素对振荡回路的影响。

6．石英晶体振荡器是由石英晶体构成的振荡器，其振荡频率的稳定度很高。石英晶体振荡器有并联型和串联型两种。在并联型石英晶体振荡器中，石英晶体的作用相当于一个大电感；而在串联型石英晶体振荡中，利用石英晶体的串联谐振特性，石英晶体以低阻抗（或短路元件）接入电路中。

习题 4

一、填空题

1．反馈型正弦波振荡器主要由________、________、________和________四部分组成。

2．设放大电路的放大倍数为$\dot{A}$，反馈系数为$\dot{F}$，则正弦波振荡器的振幅平衡条件是________，相位平衡条件是________。

3．在由三极管构成的三端式振荡器电路中，谐振回路必须由________个电抗元件组成，在交流通路中接于发射极的两个电抗元件必须具有________性质，不与发射极相连的两个电抗元件必须具有________性质，才能满足振荡器的相位条件。

4．在并联型石英晶体振荡器中，石英晶体等效为________元件；在串联型石英晶体振荡器中，石英晶体等效为________元件。

二、单项选择题

1．正弦波振荡器的作用是在（　　）情况下，产生一定频率和振幅的正弦波信号。

A．外加输入信号　　B．没有外加输入信号

C．没有直流电源电压　　D．没有反馈信号

2．在反馈型正弦波振荡器的振幅起振条件是（　　）。

A．$|\dot{A}\dot{F}|<1$　　B．$|\dot{A}\dot{F}|=0$　　C．$|\dot{A}\dot{F}|=1$　　D．$|\dot{A}\dot{F}|>1$

3．在反馈型正弦波振荡器中，振荡频率主要由（　　）决定。

A．放大倍数　　B．反馈系数

C．稳幅电路参数　　D．选频网络参数

4．在常用的正弦波振荡器中，频率稳定度最高的是（　　）振荡器。

A．RC 桥式　　B．电感三端式

C．改进型电容三端式　　D．石英晶体

5．通常用（　　）振荡器产生音频信号。

A．RC 桥式　　B．电感三端式

C．改进型电容三端式　　D．石英晶体

6．下列说法正确的是（　　）。

A．电感三端式振荡器输出波形最好　　B．电容三端式振荡器改变频率方便

C．石英晶体振荡器的频率稳定度高　　D．RC 振荡器可产生高频信号

7．电容三端式振荡器与电感三端式振荡器相比，其主要优点是（　　）。

A．电路简单且易起振　　B．输出波形好

C．改变频率不影响反馈系数　　D．工作频率较低

三、判断题

1．正弦波振荡器用于产生一定频率和振幅的信号，所以振荡器工作时不需要接入直流电源。（　　）

2．电路中存在正反馈，会产生正弦波信号。（　　）

3．选频网络采用 LC 并联谐振回路的振荡器，称为 LC 振荡器。（　　）

4．RC 振荡器主要用来产生高频信号。（　　）

5．如果正弦波振荡器中没有选频网络，就不能引起自激振荡。（　　）

6．在串联型石英晶体振荡器电路中，石英晶体相当于一个电感元件。（　　）

7．电感三端式振荡器的输出波形比电容三端式振荡器的输出波形好。（　　）

四、分析计算题

1．图 4.17 所示为变压器耦合式振荡器，画出高频交流等效电路，并注明变压器电感线圈的同名端。

2．一个由三个 LC 并联谐振回路构成的三端式振荡器的交流等效电路，如图 4.18 所示。设有下列四种情况：

（1）$L_1C_1>L_2C_2>L_3C_3$；（2）$L_1C_1<L_2C_2<L_3C_3$；

（3）$L_1C_1=L_2C_2>L_3C_3$；（4）$L_1C_1>L_2C_2=L_3C_3$。

试分析在上述四种情况下，该电路能否振荡？若能振荡，属于哪种类型的振荡器？

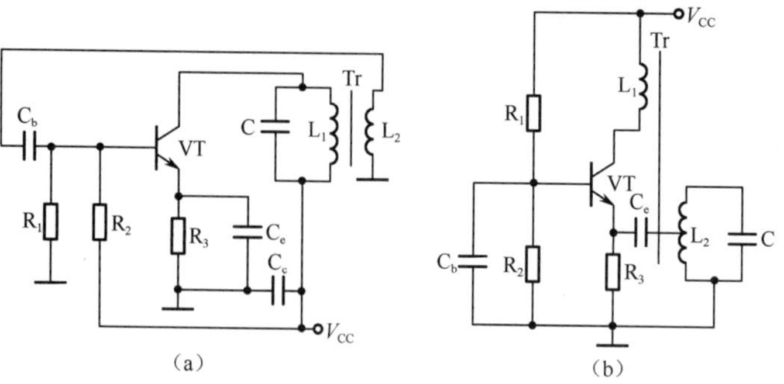

图 4.17　变压器耦合式振荡器

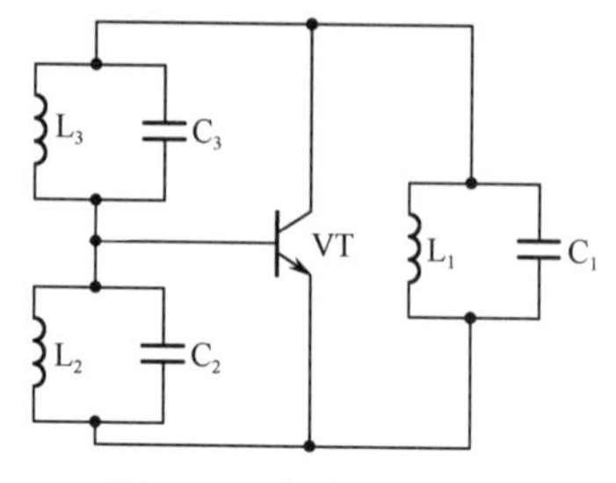

图 4.18　交流等效电路

3．振荡电路如图 4.19 所示，画出交流等效电路，并判断它是什么类型的振荡器？有何优点？计算其振荡频率。

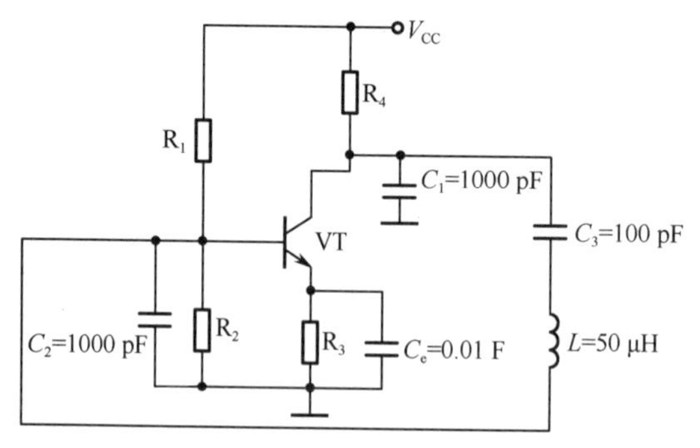

图 4.19　振荡电路

4．某一西勒振荡器如图 4.20 所示，已知 $C_1 = C_2 = 100\ \mathrm{pF}$， $C_3 = 10\ \mathrm{pF}$， $L = 5\ \mu\mathrm{H}$， $f_0 = 10 \sim 15\ \mathrm{MHz}$。试求 C_4 的取值范围。

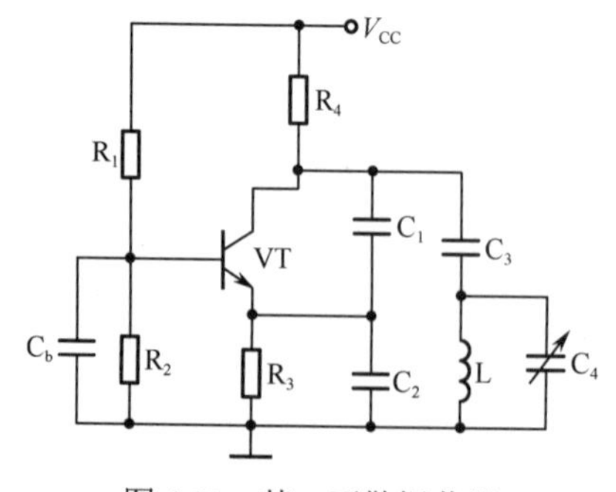

图 4.20　某一西勒振荡器

5．LC 振荡电路图如图 4.21 所示。试分析该电路，判断该振荡电路的类型，并求出其振荡频率。

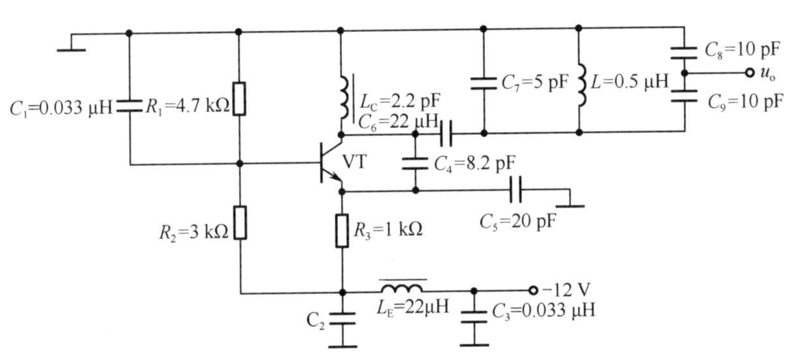

图 4.21　LC 振荡电路图

6．石英晶体振荡器电路图如图 4.22 所示，试画出交流等效电路。若 f_1 为 L_1C_1 回路的谐振频率，f_2 为 L_2C_2 回路的谐振频率，该电路能否产生自激振荡？若能振荡，指出振荡频率 f 与 f_1、f_2 的关系。

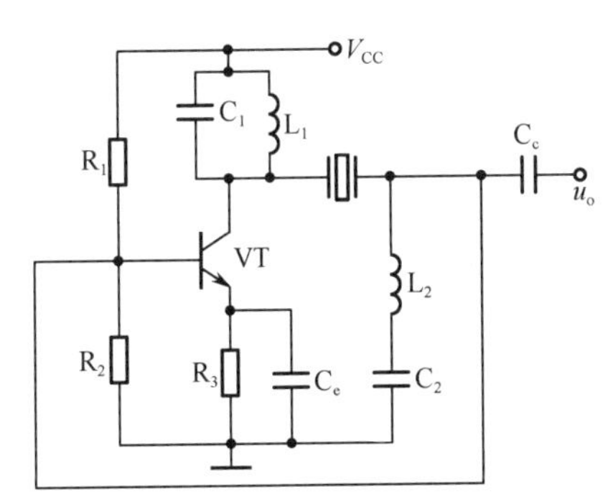

图 4.22　晶体振荡器电路图

7．图 4.23 所示为石英晶体振荡器电路图，指出它们属于哪种类型的石英晶体振荡器，并说明石英晶体在电路中的作用。

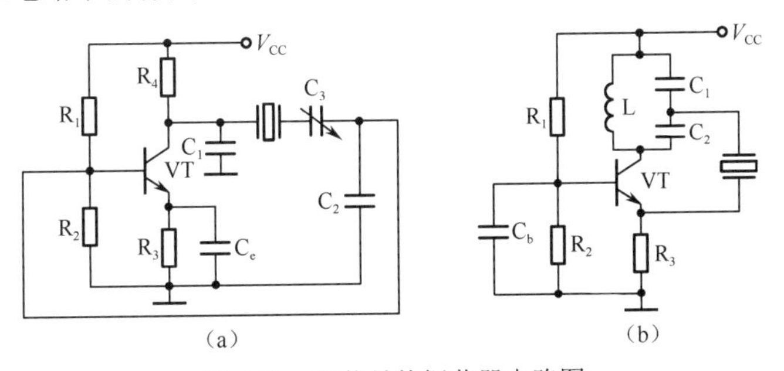

图 4.23　石英晶体振荡器电路图

8．在并联型石英晶体振荡器中，为什么把石英晶体作为电感元件使用？说明石英晶体振荡器频率稳定度高的原因。

第5章 振幅调制器、振幅解调器与混频器

振幅调制器、振幅解调器与混频器是通信设备中重要的组成部分，在其他电子设备中也得到了广泛应用。所谓调制器，是指用待传输的低频调制信号来控制高频载波信号参数的电路，它分为振幅调制和角度调制两大类。解调是调制的逆过程，从高频已调信号中还原出原低频调制信号的电路称为解调器。把已调信号的载波频率变换成另一载波频率的电路称为混频器，如前面介绍的超外差式接收机就用到了混频器。调制是将信号由低频搬到高频，解调是将信号由高频搬回低频，混频是将信号由高频搬到中频。因此，调制器、解调器及混频器都是用来对输入信号进行频谱变换的电路，它们均采用具有频率变换作用的电路来实现。

频率变换电路可分为线性频率变换电路和非线性频率变换电路。本章介绍的振幅调制器、振幅解调器与混频器均属于频谱线性搬移电路，即线性频率变换电路，它们的作用是将输入信号频谱沿频率轴进行不失真的搬移；角度调制电路及解调电路属于非线性频率变换电路，它们的作用是将输入信号进行特定的非线性变换。相乘器是一种能够实现线性频率变换的电路，利用相乘器可以实现振幅调制、解调与混频。

5.1 模拟相乘器

相乘器也叫乘法器，它作为基本的功能单元电路被广泛应用于各种信号处理和变换电路中。模拟相乘器（简称相乘器）是指能实现两个模拟信号相乘功能的非线性频率变换电路。模拟相乘器通常有两个模拟信号的输入通道，分别叫 x 通道和 y 通道。

模拟相乘器的相乘功能可用如下数学表达式描述：

$$u_{\mathrm{o}} = A_{\mathrm{m}} u_{\mathrm{x}} u_{\mathrm{y}} \tag{5-1}$$

式中，A_m 称为模拟相乘器的增益系数，也称为相乘增益，其单位为 V^{-1}。如果模拟相乘器的输出电压与两个输入电压在同一时刻瞬时值的乘积成正比，并且输入信号的波形、极性、振幅、频率是任意的，这样的相乘器称为四象限相乘器，也称为理想相乘器。当理想相乘器的一个输入信号或两个输入信号为零时，其输出为零；当其中一个输入信号为直流信号时，模拟相乘器相当于一个线性模拟放大器。

5.1.1　模拟相乘器的特性

模拟相乘器的模型如图 5.1 所示。假设输入信号 $u_x = U_{xm}\cos(\omega_x t)$，$u_y = U_{ym}\cos(\omega_y t)$，根据式（5-1）可知，输出电压为

$$
\begin{aligned}
u_o &= A_m U_{xm}\cos(\omega_x t) U_{ym}\cos(\omega_y t) \\
&= \frac{1}{2} A_m U_{xm} U_{ym}[\cos(\omega_x t + \omega_y t) + \cos(\omega_x t - \omega_y t)]
\end{aligned}
\tag{5-2}
$$

由式（5-2）可知，两输入信号的频率成分有两个，分别是 ω_x 和 ω_y，而输出信号的频率却变为 $\omega_x + \omega_y$ 和 $\omega_x - \omega_y$。显然，模拟相乘器的输出信号的频率与输入信号的频率不相同，产生了新的频率分量，这说明模拟相乘器具有频率变换作用。实际的模拟相乘器都是由非线性器件构成的一种电子线路，常用的非线性器件有二极管、三极管。一般来说，非线性器件的相乘作用是不理想的，在实际使用时需要满足一定的条件或对电路进行改进，使其相乘特性接近于理想的相乘特性。

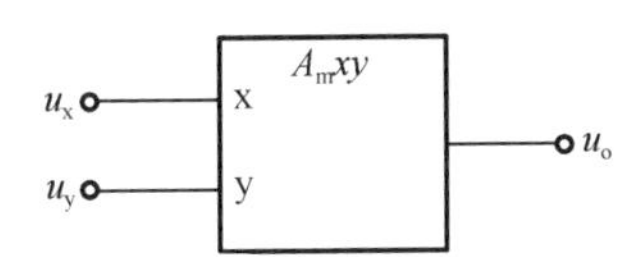

图 5.1　模拟相乘器的模型

5.1.2　二极管相乘器电路

1. 二极管的相乘原理

二极管电路如图 5.2 所示，其中 U_Q 是用来确定静态工作点的，工作点尽量设置在二极管的伏安特性曲线上非线性最强的地方；u_1 和 u_2 为两个输入的交流模拟电压信号。

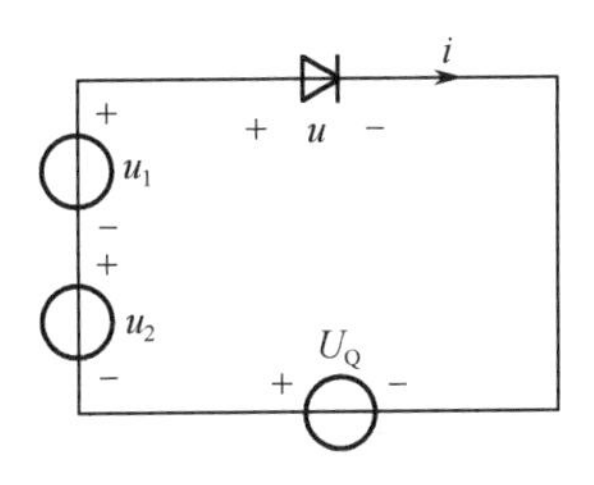

图 5.2　二极管电路

因为二极管是一个非线性器件，流过二极管的电流与加到二极管上的电压是一个非线性函数，所以流过二极管的电流可表示为

$$
i = f(u) \tag{5-3}
$$

式中，$u = U_Q + u_1 + u_2$。伏安特性可以表示为

$$i = f(U_Q + u_1 + u_2) \tag{5-4}$$

如果这个函数在静态工作点Q的各阶导数都存在，则可以用傅里叶级数展开成$(u - U_Q)$的幂级数，即

$$i = a_0 + a_1(u - U_Q) + a_2(u - U_Q)^2 + \cdots + a_n(u - U_Q)^n \tag{5-5}$$

将$u = U_Q + u_1 + u_2$代入式（5-5）可得

$$i = a_0 + a_1(u_1 + u_2) + a_2(u_1 + u_2)^2 + \cdots + a_n(u_1 + u_2)^n \tag{5-6}$$

式中，$a_0 = I_Q$是$u = U_Q$时的电流值，为直流分量；a_n为

$$a_n = \frac{1}{n!}\frac{\mathrm{d}^n f(u)}{\mathrm{d}u^n}\bigg|_{u=U_Q} \tag{5-7}$$

将式（5-6）中的各幂级数展开得

$$i = a_0 + a_1u_1 + a_1u_2 + a_2u_1^2 + a_2u_2^2 + 2a_2u_1u_2 + a_3u_1^3 + a_3u_2^3 + 3a_3u_1u_2^2 + \cdots \tag{5-8}$$

由式（5-8）可以看出，第六项为$2a_2u_1u_2$，实现了两个模拟信号的相乘功能，但是除了我们需要的相乘项，还有无数项是我们不需要的。所以，如果我们能够把多余无关项去掉，那么二极管就是一个相乘器。在时域中，我们没有办法把相乘项选出来，但是在频域中，我们可以把各项区分出来。因此，我们把式（5-8）在频域中分析一下。

设$u_1 = U_{1m}\cos(\omega_1 t)$，$u_2 = U_{2m}\cos(\omega_2 t)$，代入式（5-8）得

$$\begin{aligned} i = {} & a_0 + a_1U_{1m}\cos(\omega_1 t) + a_1U_{2m}\cos(\omega_2 t) + a_2U_{1m}^2\cos^2(\omega_1 t) + a_2U_{2m}^2\cos^2(\omega_2 t) + \\ & a_2U_{1m}U_{2m}\cos[(\omega_1 + \omega_2)t] + a_2U_{1m}U_{2m}\cos[(\omega_1 - \omega_2)t]\cdots \end{aligned} \tag{5-9}$$

把式（5-8）与式（5-9）进行比较发现，u_1对应的频率成分为ω_1；u_2对应的频率成分为ω_2；u_1^2对应的项为$\cos^2(\omega_1 t)$，用三角公式展开为$\frac{\cos(2\omega_1 t)+1}{2}$，其频率成分为$2\omega_1$。

同理，u_2^2对应的频率成分为$2\omega_2$，u_1u_2对应的频率成分为$\omega_1 \pm \omega_2$，u_1^3对应的频率成分为$3\omega_1$。以此类推，$u_1^2u_2$对应的频率成分为$2\omega_1 \pm \omega_2$，所以流过二极管的电流所含的频率成分表示为

$$\omega_{p\times q} = |p\omega_1 \pm q\omega_2| \tag{5-10}$$

显然，根据式（5-10）可知，只有$p = q = 1$时的频率成分才能实现相乘功能，称为相乘项，而其他项都是多余的。利用滤波器滤除多余项，剩下相乘项，这样二极管就实现了相乘功能。

根据上面的分析，二极管可以实现相乘功能，但是实现相乘功能需要滤除太多无用的频率成分，无用的频率成分越多，实现理想相乘功能就越困难。为了减少流过二极管的电流中无用的频率成分，我们常常让二极管工作在开关状态。二极管开关电路如图5.3所示。

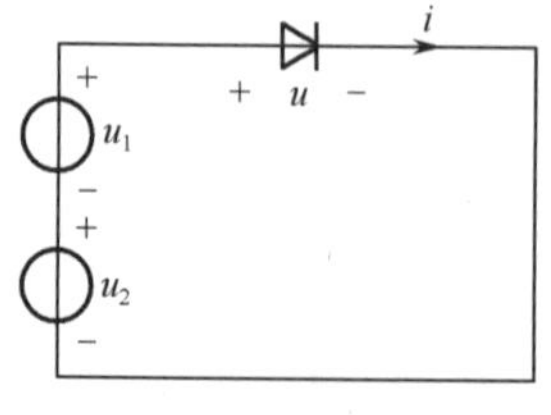

图5.3　二极管开关电路

在图 5.3 中，二极管上加两个交流电压信号，其中u_1为大信号，当其正半周单独到来时，二极管会导通；u_2为小信号，当其正半周单独到来时，二极管截止。二极管的导通与截止主要取决于大信号u_1，u_1正半周到来，二极管导通；u_1负半周到来，二极管截止。因此，二极管可以等效为受u_1控制的一个开关，用开关函数$S(\omega_1 t)$来表示。二极管开关等效电路如图 5.4 所示。

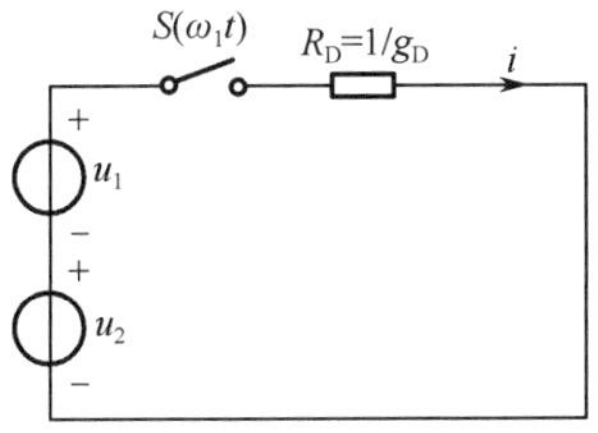

图 5.4　二极管开关等效电路

R_D为二极管导通时的等效电阻，g_D为二极管导通时的等效电导，开关函数表达式为

$$S(u_1)\begin{cases}1 & u_1>0\\0 & u_1<0\end{cases}$$

由于u_1是角频率为ω_1的周期性的函数，所以$S(\omega_1 t)$也为周期性函数，其波形如图 5.5 所示。

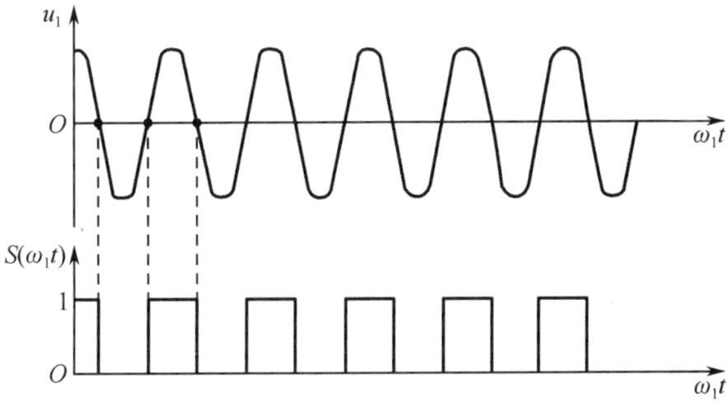

图 5.5　开关函数的波形

把开关函数$S(\omega_1 t)$用傅里叶级数展开为

$$S(\omega_1 t)=\frac{1}{2}+\frac{2}{\pi}\cos(\omega_1 t)-\frac{2}{3\pi}\cos(3\omega_1 t)+\frac{2}{5\pi}\cos(5\omega_1 t)-\cdots \tag{5-11}$$

在图 5.4 中，流过二极管的电流为

$$i=S(\omega_1 t)\frac{u_1+u_2}{R_D}=S(\omega_1 t)g_D(u_1+u_2) \tag{5-12}$$

把开关函数的傅里叶级数展开式和$u_1=U_{1m}\cos(\omega_1 t)$，$u_2=U_{2m}\cos(\omega_2 t)$代入式（5-12）可得

$$\begin{aligned}i&=g_D\left[\frac{1}{2}+\frac{2}{\pi}\cos(\omega_1 t)-\frac{2}{3\pi}\cos(3\omega_1 t)+\cdots\right][U_{1m}\cos(\omega_1 t)+U_{2m}\cos(\omega_2 t)]\\&=\frac{1}{2}g_D[U_{1m}\cos(\omega_1 t)+U_{2m}\cos(\omega_2 t)]+g_D\frac{2}{\pi}U_{1m}\cos^2(\omega_1 t)+\frac{2}{\pi}g_D U_{2m}\cos(\omega_1 t)\cos(\omega_2 t)-\\&\quad\frac{2}{3\pi}g_D U_{1m}\cos(3\omega_1 t)\cos(\omega_1 t)+\frac{2}{3\pi}g_D U_{2m}\cos(3\omega_1 t)\cos(\omega_2 t)\end{aligned} \tag{5-13}$$

分析式（5-13）可知，流过二极管的电流的频率成分为ω_1、$2\omega_1$、$4\omega_1$、…、$2n\omega_1$；ω_2、$(\omega_1 \pm \omega_2)$、$(3\omega_1 \pm \omega_2)$、$(5\omega_1 \pm \omega_2)$、…、$[(2n+1)\omega_1 \pm \omega_2]$。由此可见，二极管工作在开关状态时，流过二极管的电流中的无用频率成分减少了很多项，更容易用滤波器选出我们需要的相乘项$(\omega_1 \pm \omega_2)$，以实现二极管的相乘功能。

2. 二极管平衡相乘器

由前面的分析可知，让二极管工作在开关状态减少了流过二极管的电流中的无用频率成分，为了进一步减少二极管中的无用频率成分，我们用两个二极管来构成相乘器电路，称为二极管平衡相乘器，其电路如图 5.6 所示。

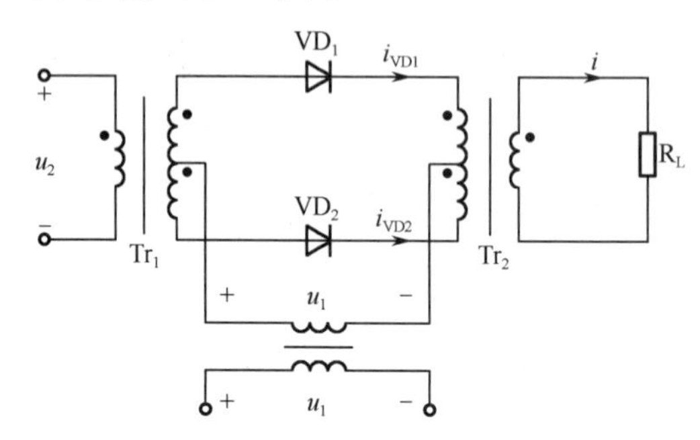

图 5.6　二极管平衡相乘器的电路

在图 5.6 中，两个二极管均为理想二极管，并且性能完全相同。u_1为大信号，且$u_1 = U_{1m}\cos(\omega_1 t)$；$u_2$为小信号，且$u_2 = U_{2m}\cos(\omega_2 t)$。两个二极管均工作在开关状态。$Tr_1$是具有次级抽头的低频变压器，$Tr_2$是具有初级抽头的高频变压器。如果我们忽略输出电压的反作用，则加到两个二极管 VD_1 和 VD_2 上的电压分别为

$$u_{VD1} = u_1 + u_2 \tag{5-14}$$

$$u_{VD2} = u_1 - u_2 \tag{5-15}$$

由于加到两个二极管上的电压u_1是相同的，因此两个二极管的导通、截止时间是相同的，其时变电导也是相同的。只有两个二极管同时导通（开关函数为 1），才有电流流过二极管，因此流过两个二极管的电流i_{VD1}、i_{VD2}分别为

$$i_{VD1} = S(\omega_1 t)\frac{u_1 + u_2}{R_D} = S(\omega_1 t)g_D(u_1 + u_2) \tag{5-16}$$

$$i_{VD2} = S(\omega_1 t)\frac{u_1 - u_2}{R_D} = S(\omega_1 t)g_D(u_1 - u_2) \tag{5-17}$$

由图 5.6 可知，流过VD_1、VD_2的电流均流过变压器Tr_2，但是两个二极管中电流的方向相反，所以流过变压器Tr_2的总电流为

$$i = i_{VD1} - i_{VD2} \tag{5-18}$$

把式（5-16）和式（5-17）代入式（5-18）得

$$i = 2S(\omega_1 t)g_D u_2$$

把开关函数的傅里叶级数展开式和$u_2 = U_{2m}\cos(\omega_2 t)$代入上式得

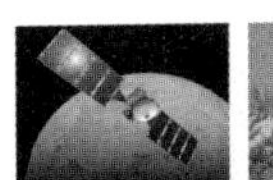

$$i = g_D U_{2m}\cos(\omega_2 t) + \frac{2}{\pi} g_D U_{2m}\cos(\omega_1+\omega_2)t + \frac{2}{\pi} g_D U_{2m}\cos(\omega_1-\omega_2)t - \frac{2}{3\pi} g_D U_{2m}(3\omega_1+\omega_2)t - \frac{2}{3\pi} g_D U_{2m}(3\omega_1-\omega_2)t \tag{5-19}$$

总输出电流所含有的频率成分为 ω_2、$(\omega_1 \pm \omega_2)$、$(3\omega_1 \pm \omega_2)$、$(5\omega_1 \pm \omega_2)$、…、$[(2n+1)\omega_1 \pm \omega_2]$，与单个二极管电路相比，无用的频率成分进一步减少，更容易实现两个模拟信号的相乘。在实际应用中，我们通常要考虑负载电阻 R_L 通过变压器阻抗变换到变压器初级的阻抗对二极管中电流的影响。

3. 二极管环形相乘器

在前面的分析中，我们为了减少流过二极管的电流中无用的组合频率成分，采用两个二极管工作在开关状态下。在实际应用中，为了获得理想的相乘功能，必须进一步减少无用的组合频率成分，通常采用由四个二极管构成的二极管双平衡相乘器，也称为环形相称器，其电路如图 5.7 所示。

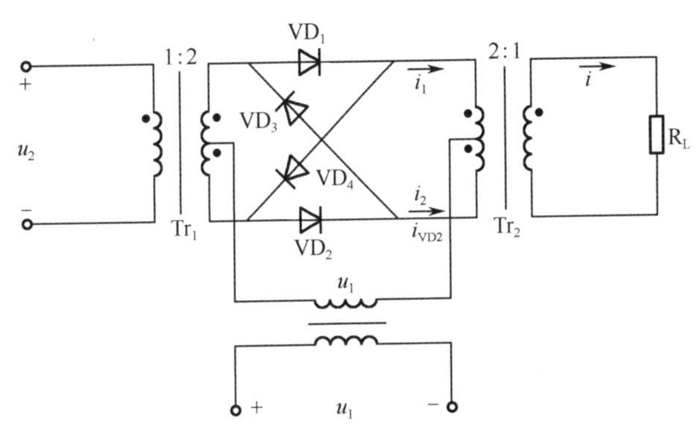

图 5.7　二极管环形相乘器的电路

在图 5.7 中，四个二极管 VD_1、VD_2、VD_3、VD_4 均是理想二极管，$u_1 = U_{1m}\cos(\omega_1 t)$ 为大信号；$u_2 = U_{2m}\cos(\omega_2 t)$ 为小信号，它对二极管的导通与截止没有影响。两个信号都为模拟信号，二极管工作在 u_1 控制的开关状态，Tr_1 是具有次级抽头的低频变压器，Tr_2 是具有初级抽头的低频变压器，它们上下严格对称。

当 u_1 的正半周到来时，二极管 VD_1、VD_2 因正向偏置而导通，二极管 VD_3、VD_4 因反向偏置而截止。由 VD_1、VD_2 组成的平衡相乘器电路如图 5.8 所示。

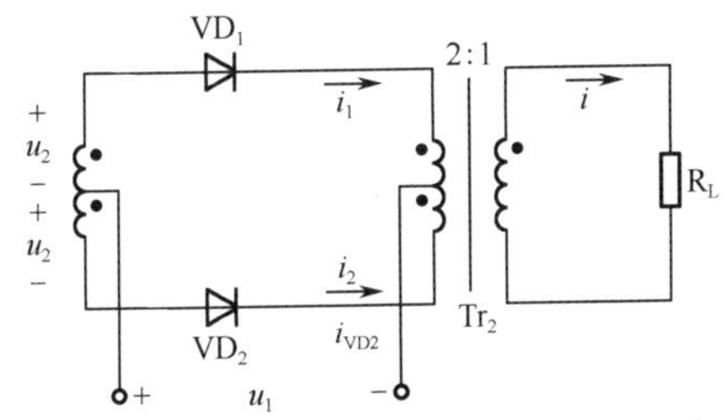

图 5.8　由 VD_1、VD_2 组成的平衡相乘器电路

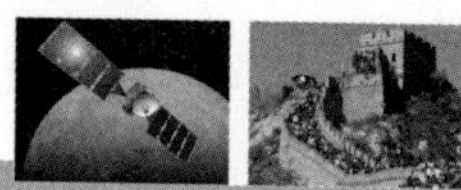

如果忽略负载对二极管电路的反作用，则流过二极管 VD_1、VD_2 的电流为

$$i_1 = g_D S(\omega_1 t)(u_1 + u_2)$$
$$i_2 = g_D S(\omega_1 t)(u_1 - u_2)$$

由于 i_1、i_2 流过 Tr_2 的初级线圈时电流的方向相反，所以输出电流为

$$i_1 - i_2 = 2g_D u_2 S(\omega_1 t) \tag{5-20}$$

当 u_1 的负半周到来时，二极管 VD_3、VD_4 因正向偏置而导通，二极管 VD_1、VD_2 因反向偏置而截止。由 VD_3、VD_4 组成的平衡相乘器电路如图 5.9 所示。

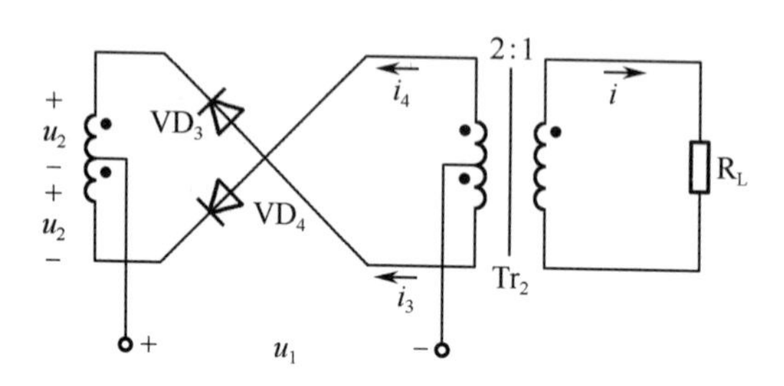

图 5.9　由 VD_3、VD_4 组成的平衡相乘器电路

由于二极管 VD_3、VD_4 的导通时间比二极管 VD_1、VD_2 的导通时间滞后半个周期，其开关函数为 $S(\omega_1 t - \pi)$，同样忽略负载对二极管电路的反作用，流过二极管 VD_3、VD_4 的电流为

$$i_3 = g_D S(\omega_1 t - \pi)(-u_1 - u_2)$$
$$i_4 = g_D S(\omega_1 t - \pi)(-u_1 + u_2)$$

由于 i_3、i_4 流过 Tr_2 的初级线圈时电流的方向相反，所以输出电流为

$$i_3 - i_4 = -2g_D u_2 S(\omega_1 t - \pi) \tag{5-21}$$

在图 5.9 所示的环形相乘器中，一个周期的输出电流应该等于前半个周期的输出电流与后半个周期的输出电流之和，所以一个周期的输出电流为

$$\begin{aligned} i &= (i_1 - i_2) + (i_3 - i_4) \\ &= 2g_D u_2 [S(\omega_1 t) - S(\omega_1 t - \pi)] \end{aligned} \tag{5-22}$$

由于

$$S(\omega_1 t) = \frac{1}{2} + \frac{2}{\pi}\cos(\omega_1 t) - \frac{2}{3\pi}\cos(3\omega_1 t) + \frac{2}{5\pi}\cos(5\omega_1 t) - \cdots$$

所以

$$\begin{aligned} S(\omega_1 t - \pi) &= \frac{1}{2} + \frac{2}{\pi}\cos(\omega_1 t - \pi) - \frac{2}{3\pi}\cos(3\omega_1 t) + \frac{2}{5\pi}\cos(5\omega_1 t) - \cdots \\ &= \frac{1}{2} + \frac{2}{\pi}\cos(\omega_1 t) + \frac{2}{3\pi}\cos(3\omega_1 t) + \cdots \end{aligned}$$

则有

$$S(\omega_2 t) = S(\omega_1 t) - S(\omega_1 t - \pi) = \frac{4}{\pi}\cos(\omega_1 t) - \frac{4}{3\pi}\cos(\omega_1 t - \pi) \tag{5-23}$$

由两个开关函数合成的一个双向开关函数的波形如图 5.10 所示。

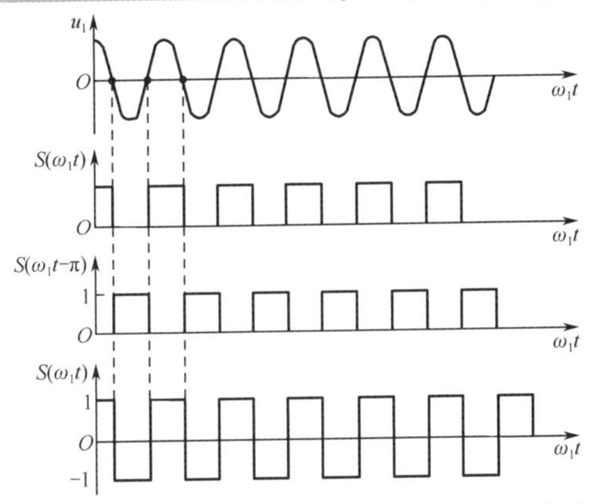

图 5.10　由两个开关函数合成的一个双向开关函数的波形

把 $u_2 = U_{2m}\cos(\omega_2 t)$ 和式（5-23）代入式（5-22）可得环形相乘器的输出电流的表达式，即

$$
\begin{aligned}
i &= 2g_D u_2[S(\omega_1 t) - S(\omega_1 t - \pi)] = 2g_D U_{2m}\cos(\omega_2 t)\left[\frac{4}{\pi}\cos(\omega_1 t) - \frac{2}{3\pi}\cos(3\omega_1 t) + \cdots\right] \\
&= \frac{4}{\pi} g_D U_{2m}[\cos(\omega_1 + \omega_2)t + \cos(\omega_1 - \omega_2)t] - \\
&\quad \frac{4}{3\pi} g_D U_{2m}[\cos(3\omega_1 + \omega_2)t + \cos(3\omega_1 - \omega_2)t] + \cdots
\end{aligned}
\tag{5-24}
$$

把式（5-24）与二极管平衡相乘器的输出电流的表达式比较，其无用的频率成分又减少了，而且无用的频率成分与实现相乘项的频率成分在频谱图上相隔甚远，很容易用滤波器滤除无用的频率成分，从而实现理想的相乘功能。因此，环形相乘器在现实中得到了广泛应用。

5.1.3　三极管相乘器电路

1. 双差分对模拟相乘器的基本工作原理

实现两个电压相乘的方法有很多种，其中可变跨导相乘器最易集成，而且它的频带宽、线性好、价格低、使用方便。它由两个差分放大器交叉耦合，并用第三个差分放大器作为发射极电流源。这个电路是由吉尔伯特（Gilbert）提出的，叫 Gilbert 相乘器，又叫双差分对模拟相乘器，它是大多数集成相乘器的基础。双差分对模拟相乘器电路如图 5.11 所示。

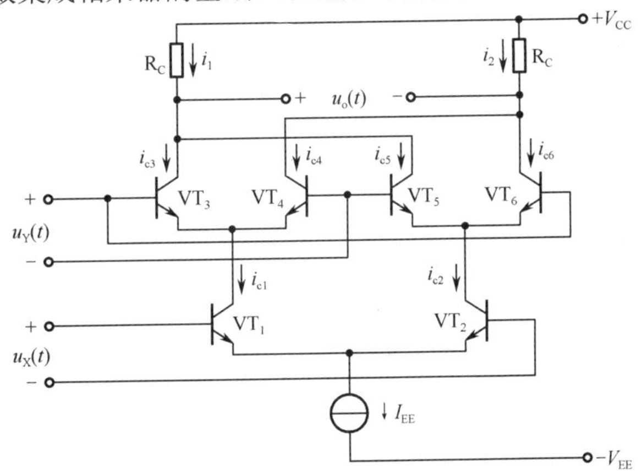

图 5.11　双差分对模拟相乘器电路

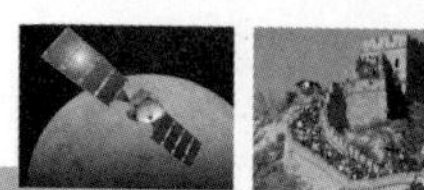

由图 5.11 可知，电流源I_{EE}为VT_1、VT_2提供偏置电流，而VT_1为VT_3、VT_4提供偏置电流，VT_2为VT_5、VT_6提供偏置电流。输入信号$u_Y(t)$交叉加到VT_1、VT_2和VT_3、VT_4两个差分对管的输入端，$u_X(t)$加到了差分对管VT_1、VT_2的输入端。由于电路完全对称，所以在静态时有

$$I_{c1}=I_{c2}=\frac{I_{EE}}{2},\quad I_{c3}=I_{c4}=\frac{I_{c1}}{2},\quad I_{c5}=I_{c6}=\frac{I_{c2}}{2}$$

$$I_1=I_{c3}+I_{c5},\quad I_2=I_{c4}+I_{c6}$$

根据差分电路的工作原理可以证明

$$i_{c3}-i_{c4}=i_{c1}\mathrm{th}\frac{u_Y(t)}{2U_T} \tag{5-25}$$

$$i_{c6}-i_{c5}=i_{c2}\mathrm{th}\frac{u_Y(t)}{2U_T} \tag{5-26}$$

$$i_{c1}-i_{c2}=I_{EE}\mathrm{th}\frac{u_X(t)}{2U_T} \tag{5-27}$$

式中，U_T为温度电压当量，当$T=300\text{ K}$时，$U_T=26\text{ mV}$；$\mathrm{th}\frac{u_Y(t)}{2U_T}$为双曲正切函数。由图 5.11 可知，相乘器的输出电流为两差分对管的集电极电流之差，即

$$i=i_1-i_2=(i_{c3}+i_{c5})-(i_{c4}+i_{c6})=(i_{c3}-i_{c4})-(i_{c6}-i_{c5}) \tag{5-28}$$

把式（5-25）、式（5-26）、式（5-27）代入式（5-28）得

$$i=i_{c1}\mathrm{th}\frac{u_Y(t)}{2U_T}-i_{c2}\mathrm{th}\frac{u_Y(t)}{2U_T}=\mathrm{th}\frac{u_Y(t)}{2U_T}(i_{c1}-i_{c2})=I_{EE}\mathrm{th}\frac{u_Y(t)}{2U_T}\mathrm{th}\frac{u_X(t)}{2U_T} \tag{5-29}$$

在式（5-29）中，如果$u_X(t)$、$u_Y(t)$都是小信号，且都满足$u_X(t)\leqslant U_T$、$u_Y(t)\leqslant U_T$，则有

$$\mathrm{th}\frac{u_X(t)}{2U_T}=\frac{u_X(t)}{2U_T}$$

$$\mathrm{th}\frac{u_Y(t)}{2U_T}=\frac{u_Y(t)}{2U_T}$$

把以上两式代入式（5-29）可得

$$i=I_{EE}\frac{u_X(t)}{2U_T}\frac{u_Y(t)}{2U_T}=\frac{I_{EE}}{4U_T^2}u_X(t)u_Y(t) \tag{5-30}$$

由此可见，如果双差分对模拟相乘器的两个输入信号都是小信号，则能实现理想的相乘功能。但在实际应用中，两个信号都是小信号的要求限制了双差分对模拟相乘器的使用范围，所以为了使双差分对模拟相乘器能得到更广泛的应用，就必须扩展输入信号。

2. MC1496/MC1596 集成模拟相乘器

集成模拟相乘器是根据双差分对模拟相乘器的基本原理制成的，其内部电路图如图 5.12（a）所示，其集成块的引脚排列如图 5.12（b）所示。

在图 5.12 中，三极管VT_7和VT_8、电阻 R、二极管 VD 组成电流源电路，为差分对管提供偏置电流，直接接在VT_7的基极电阻 R 上，主要用于调节电流$\frac{I_0}{2}$的大小，因为

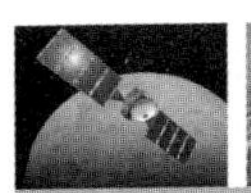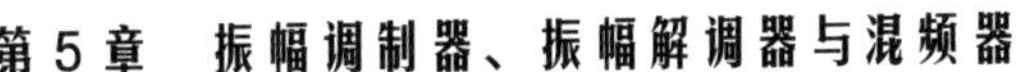

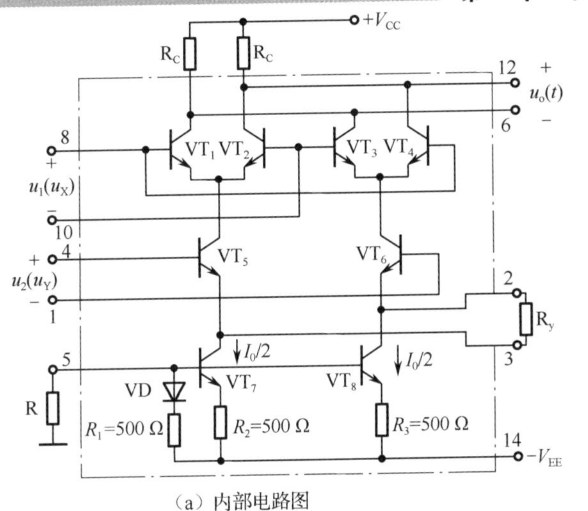

（a）内部电路图

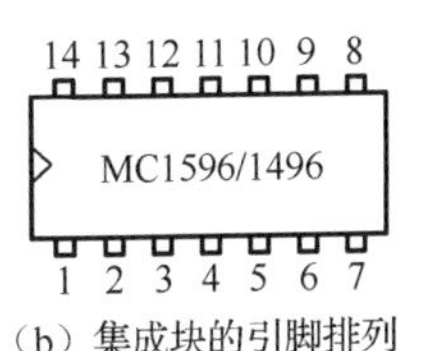

（b）集成块的引脚排列

图 5.12　MC1496/MC1596 集成模拟相乘器

$\dfrac{I_0}{2} \approx (U_{EE} - U_{BE})/(R + 500)$。使用时需要在 VT_5 与 VT_6 的发射极之间外接一个 $1\,\text{k}\Omega$ 的电阻 R_y 用以扩展输入电压 u_2 的动态范围，从而扩展 MC1496 集成模拟相乘器的使用范围。

在 u_2 信号的输入回路中，由于两个发射极导通时的结电阻很小，且远小于扩展电阻 R_y 的阻值，可以近似地认为 u_2 全部压降在 R_y 上。所以有

$$i_{E5} = \frac{I_0}{2} + \frac{u_2}{R_y}$$

$$i_{E6} = \frac{I_0}{2} - \frac{u_2}{R_y}$$

差分对管 VT_5、VT_6 的输出电流的差值为

$$i_{c5} - i_{c6} = i_{E5} - i_{E6} = \frac{2u_2}{R_y} \tag{5-31}$$

根据式（5-31）可知，图 5.12 中的输出电流为

$$i = (i_{c5} - i_{c6})\text{th}\frac{u_1}{2U_T} = \frac{2u_2}{R_y}\text{th}\frac{u_1}{2U_T} \tag{5-32}$$

由此可见，u_2 的动态范围得到了有效扩展，可以证明其动态范围与 R_y 的关系为

$$-\left(\frac{1}{4}I_0R_y + U_T\right) \leqslant u_2 \leqslant \left(\frac{1}{4}I_0R_y + U_T\right) \tag{5-33}$$

MC1496 / MC1596 集成模拟相乘器具有工作频率高（可达 300 MHz）、调制频率高（可达 80 MHz）、电路转换率大等优点，但也存在电路输出信号的功率小等缺点。

3. MC1495/MC1595 集成模拟相乘器

MC1496/MC1596 集成模拟相乘器的 u_1 的动态范围很小，为了进一步扩大它的使用范围，我们需要将 u_1 的动态范围进行扩展，扩展后的集成模拟相乘器就是 MC1495/MC1595 集成模拟相乘器，它们是具有四象限相乘功能的通用集成器件。MC1495/MC1595 集成模拟相

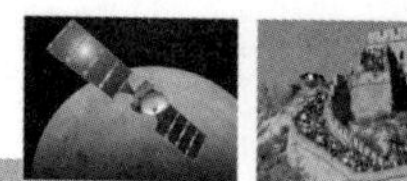

乘器的内部电路如图 5.13 所示。

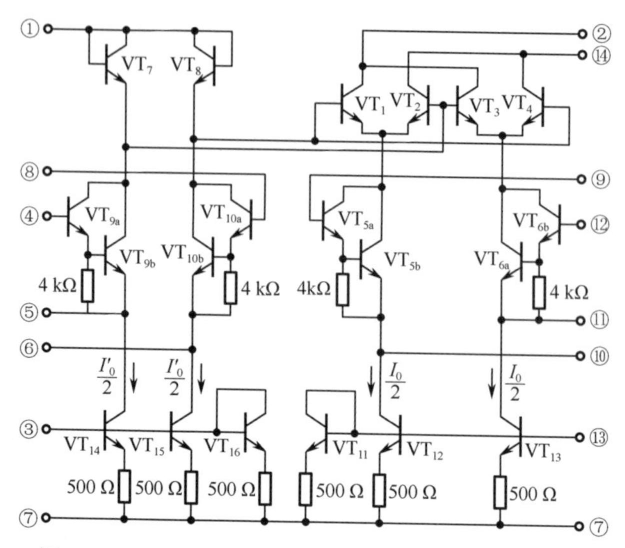

图 5.13　MC1495/MC1595 集成模拟相乘器的内部电路

MC1495/MC1595 集成模拟相乘器的两个输入电压 u_1、u_2 都有动态范围扩展电路，其原理与 MC1496 集成模拟相乘器的输入电压 u_2 的动态范围的扩展原理相似，分别通过外加 R_x 和 R_y 进行扩展。为了方便分析，将三极管 VT_7～VT_{10} 组成的补偿电路简化为如图 5.14 所示的形式。

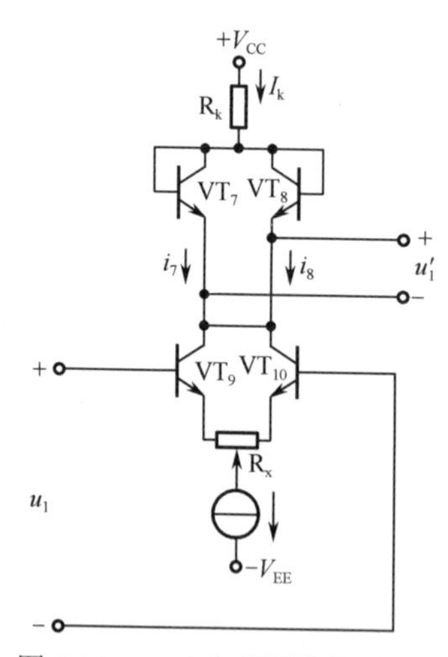

图 5.14　u_1 动态范围的扩展电路

由图 5.14 可知，当三极管 VT_7～VT_{10} 的 β 值足够大时，$i_7 \approx i_9$、$i_8 \approx i_{10}$、$I_k \approx I_0'$。又因为

$$U_{BE7} - u_1' - U_{BE8} = 0$$

所以有

$$U_{BE7} - U_{BE8} = u_1'$$

根据前面的差分电路的特性可知

$$i_7 - i_8 = i_9 - i_{10} = I_k \mathrm{th}\left(\frac{U_{BE7} - U_{BE8}}{2U_T}\right) = I_0' \mathrm{th}\left(\frac{u_1'}{2U_T}\right)$$

所以有

$$u_1' = 2U_T \mathrm{arcth}\frac{i_9 - i_{10}}{I_0'} = 2U_T \mathrm{arcth}\left(\frac{2u_1}{I_0' R_x}\right)$$

式中，u_1' 即图 5.12 中的 u_1。把 u_1' 代入式（5-32）可得

$$u_0 = \frac{4R_C}{I_0' R_x R_y} u_x u_y = A_m u_x u_y \tag{5-34}$$

由此可见，MC1495/ MC1595 集成模拟相乘器实现了两个模拟信号的真正相乘。MC1595 集成模拟相乘器的外接电路如图 5.15 所示。

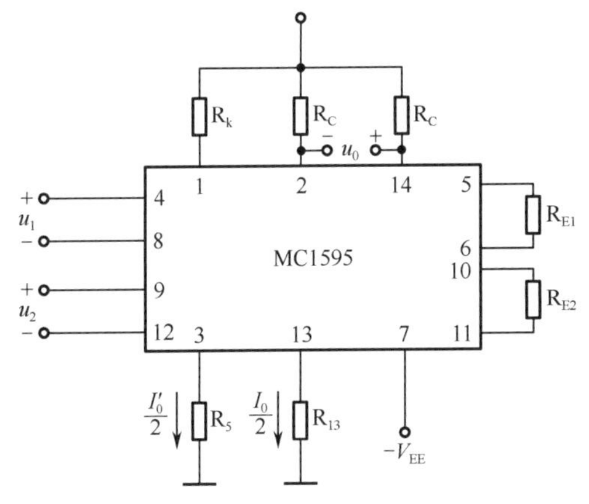

图 5.15　MC1595 集成模拟相乘器的外接电路

为了方便分析电路，在本章中分析模拟相乘器实现的各种电路时，都将相乘器当作理想的模拟相乘器。

5.2　振幅调制器

振幅调制是指把要传输的低频信息加载到高频载波信号的振幅上，按照调幅的方式可分为普通调幅、双边带调幅、单边带调幅；按照已调波的功率大小可分为高电平调幅和低电平调幅。高电平调幅电路输出的调幅波的功率足够大，可以直接向自由空间发射电磁波。高电平调幅通常是在高频丙类谐振功率放大器上实现调幅的，将振幅调制和功率放大合二为一。高电平调幅有两种电路，即基极调幅电路和集电极调幅电路。低电平调幅是指将调制信号与载波信号在时域中通过模拟相乘器实现，低电平调幅电路输出的功率较小，在发射前还需要专门的高频功率放大器放大到足够的功率再发射到自由空间中。高电平调幅电路主要用来实现普通调幅，低电平调幅电路主要用来实现双边带调幅和单边带调幅。

5.2.1 普通调幅的原理及典型电路

1. 普通调幅的原理

1）单频调制

普通调幅是指用低频调制信号来控制高频载波信号的振幅，使高频载波信号的振幅随着调制信号的瞬时值的变化而发生线性变化，并且载波的频率和初相保持不变。调幅电路属于频谱的线性变换电路，能实现线性变换功能的是模拟相乘器。产生普通调幅波的电路模型如图 5.16 所示。

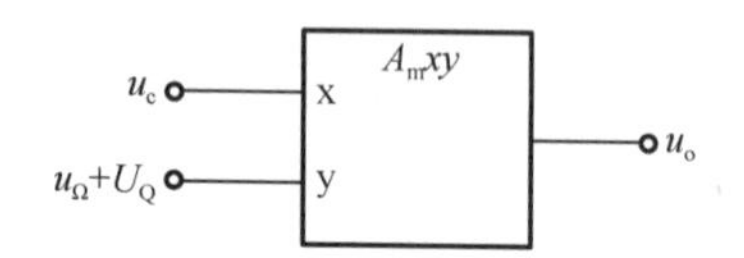

图 5.16 产生普通调幅波的电路模型

由图 5.16 可知，普通调幅电路有两个输入端子，一个端子输入高频等幅的正弦波信号 $u_c(t)=U_{cm}\cos(\omega_c t)=U_{cm}\cos(2\pi f_c t)$，称为载波信号；另一个端子的输入信号为低频调制信号叠加一个直流电压 U_Q，调制信号为 $u_\Omega(t)=U_{\Omega m}\cos(\Omega t)=U_{\Omega m}\cos(2\pi Ft)$。式中，$\omega_c=2\pi f_c$ 为载波角频率；f_c 为载波频率；$\Omega=2\pi F$ 为调制信号的角频率；F 为调制信号的频率，并且 $f_c \gg F$。

根据理想模拟相乘器的原理，模拟相乘器的输出电压为

$$\begin{aligned}u_o(t)&=A_m[U_Q+u_\Omega(t)]\,U_{cm}\cos(\omega_c t)\\&=[A_mU_QU_{cm}+A_mU_{cm}u_\Omega(t)]\cos(\omega_c t)\\&=[U_{m0}+k_au_\Omega(t)]\cos(\omega_c t)\end{aligned} \tag{5-35}$$

式中，$U_{m0}=u_{m0}$ 为载频分量电压的振幅，是一个常数；$k_a=A_mU_{cm}$ 是由模拟相乘器和载波电压的振幅决定的一个比例常数，称为调幅灵敏度。由式（5-35）可知，模拟相乘器所输出的信号只改变了载波的振幅，载波的频率和相位保持不变，且其振幅随调制信号 $u_\Omega(t)$ 呈线性变化，从而实现了调幅。

把调制信号 $u_\Omega(t)=U_{\Omega m}\cos(\Omega t)$ 代入式（5-35）可得

$$\begin{aligned}u_o(t)&=[U_{m0}+k_aU_{\Omega m}\cos(\Omega t)]\cos(\omega_c t)\\&=U_{m0}\left[1+\frac{k_aU_{\Omega m}}{U_{m0}}\cos(\Omega t)\right]\cos(\omega_c t)\\&=U_{m0}[1+m_a\cos(\Omega t)]\cos(\omega_c t)\end{aligned} \tag{5-36}$$

式（5-36）是普通调幅波的标准表达式，其中 $m_a=\dfrac{k_aU_{\Omega m}}{U_{m0}}$，称为调幅系数或调振幅，它反映了载波振幅受调制信号 $u_\Omega(t)$ 控制的程度。把 $k_a=A_mU_{cm}$ 和 $U_{m0}=A_mU_QU_{cm}$ 代入 $m_a=\dfrac{k_aU_{\Omega m}}{U_{m0}}$ 可得

$$m_a=\frac{A_mU_{cm}U_{\Omega m}}{A_mU_QU_{cm}}=\frac{U_{\Omega m}}{U_Q} \tag{5-37}$$

所以，当调制信号 $u_{\Omega}(t)$ 一定时，只要调节直流电压 U_{Q} 就可以改变调幅波的调幅系数。普通调幅波的波形图如图 5.17 所示。

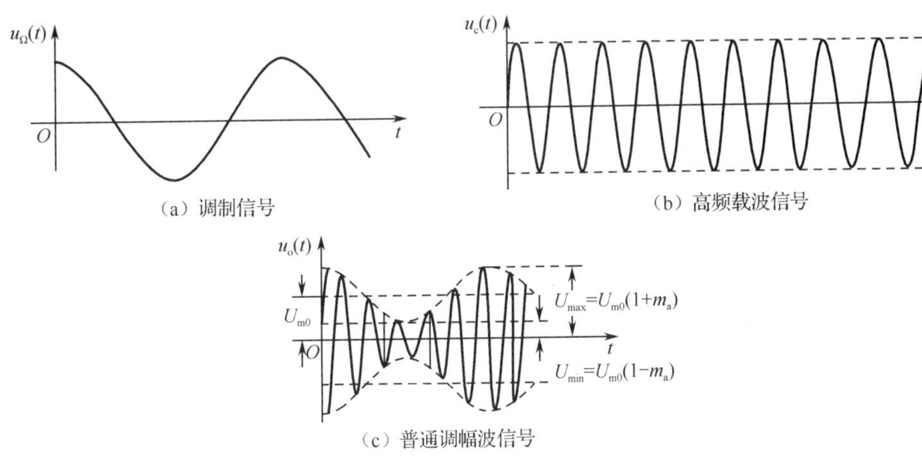

图 5.17　普通调幅波的波形图

在式（5-36）中，$u_{mo}(t)=U_{m0}[1+m_{a}\cos(\Omega t)]$ 是高频调幅信号，它反映了调制信号的变化规律，称为调幅波的包络。由式（5-37）可知，调幅系数 m_{a} 与调制信号的振幅 $U_{\Omega m}$ 成正比，所以 $U_{\Omega m}$ 越大，m_{a} 就越大，调制信号控制载波的程度就越深。由图 5.17（c）可知，调幅波的最大振幅为 $U_{max}=U_{m0}(1+m_{a})$，最小振幅为 $U_{min}=U_{m0}(1-m_{a})$。当 $m_{a}<1$ 时，最小振幅大于零，波形如图 5.17（c）所示；当 $m_{a}=1$ 时，最小振幅等于零，其调幅波如图 5.18 所示。

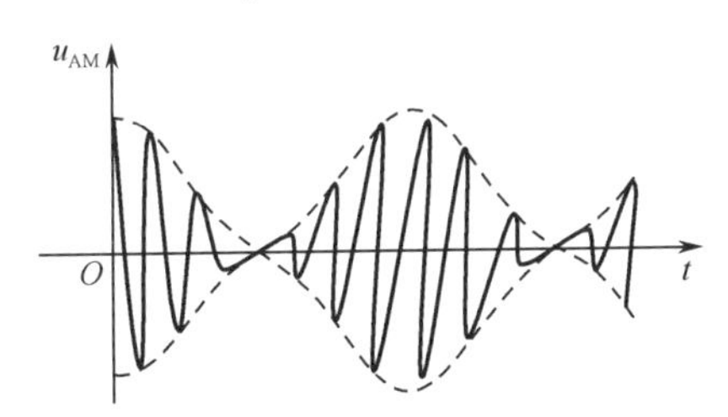

图 5.18　$m_{a}=1$ 的调幅波

当 $m_{a}>1$ 时，理想的调幅波如图 5.19（a）所示。但是实际上，在 $t_{1}\sim t_{2}$ 内由于三极管发射结加反偏电压而截止，使 $U_{AM}(t)=0$，即出现包络部分中断。此时调幅波将产生失真，称为过调幅失真，实际的调幅波如图 5.19（b）所示。$m_{a}>1$ 时的调幅称为过调幅。因此，为了避免出现过调幅失真，应使调幅系数 $m_{a}\leqslant 1$。

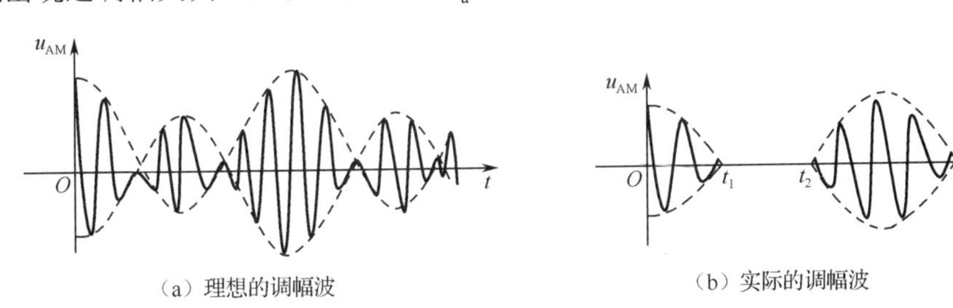

图 5.19　$m_{a}>1$ 的调幅波

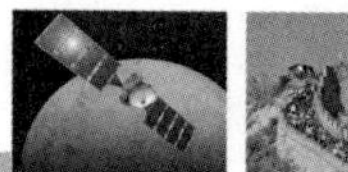

把式（5-36）用三角函数公式展开可得

$$u_{AM}(t)=U_{m0}\cos(\omega_c t)+\frac{1}{2}m_a U_{m0}\cos[(\omega_c+\Omega)t]+\frac{1}{2}m_a U_{m0}\cos[(\omega_c-\Omega)t] \tag{5-38}$$

式（5-38）表明，单频正弦信号调制的调幅波是由三个频率分量构成的，第一项为载频分量；第二项的频率为 f_c-F （或 $\omega_c-\Omega$ ），称为下边频（下边带）分量，其振幅为 $\frac{1}{2}m_a U_{m0}$；第三项的频率为 f_c+F （或 $\omega_c+\Omega$ ），称为上边频（上边带）分量，其振幅也为 $\frac{1}{2}m_a U_{m0}$。分析式（5-38）的频率成分，除了载波频率分量，还出现了两个新的频率分量，即和频分量与差频分量。因此，我们可以画出相应的调幅波的频谱，单频调幅波的频谱图如图 5.20 所示。

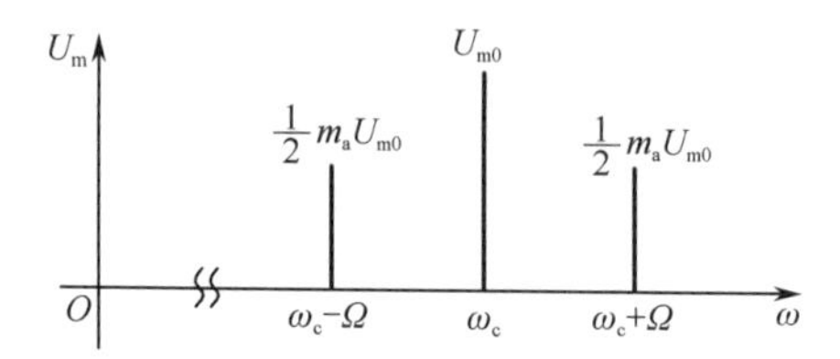

图 5.20　单频调幅波的频谱图

由图 5.20 可知，上、下边频分量对称地排列在载频分量的两侧，当横坐标为频率 f 时，载频为 f_c，上边频为 f_c+F，下边频为 f_c-F，普通调幅波所占频带的宽度 $BW_{0.7}$ 为

$$BW_{0.7}=(f_c+F)-(f_c-F)=2F \tag{5-39}$$

由以上分析可知，普通调幅波的特点为：①从时域来看，当 $m_a\leqslant 1$ 时，普通调幅波的振幅包络反映了低频调制信号的变化规律；②从频域来看，普通调幅波的频带为调制信号频率的两倍；③上边频和下边频都能独立地反映调制信号的频谱结构。由单频调幅波的频谱图可以看出，调制过程实质上是一种线性频谱搬移过程。经过调制后，调制信号的频谱由低频对称地搬移到载频附近，以载频为中心对称的两边成为上、下边频。

例 5.1　在如图 5.16 所示的电路模型中，已知 $A_m=0.1\,\text{V}^{-1}$，$u_c(t)=2\cos(2\pi\times10^6 t)\text{V}$，$u_\Omega(t)=\cos(2\pi\times10^3 t)\text{V}$，$U_Q=1\text{V}$。试写出输出电压的表达式，求出其调幅系数 m_a，并画出输出电压的波形图及频谱图。

解　由题意可知，载波电压的振幅为 $U_{cm}=2\text{ V}$，则有

$$U_{m0}=A_m U_Q U_{cm}=0.1\,\text{V}^{-1}\times2\text{ V}\times2\text{ V}=0.4\text{ V}$$

调制信号的振幅 $U_{\Omega m}=1\text{V}$，根据式（5-37）可得

$$m_a=\frac{U_{\Omega m}}{U_Q}=\frac{1\text{ V}}{2\text{ V}}=0.5$$

由普通调幅波的标准表达式：

$$u_o(t)=U_{m0}[1+m_a\cos(\Omega t)]\cos(\omega_c t)$$

输出电压的表达式为

$$u_o(t)=0.4[1+0.5\cos(2\pi\times10^3 t)]\cos(2\pi\times10^6 t)\text{V}$$

调幅波的最大振幅为

$$U_{\max}=U_{m0}(1+m_a)=0.4\text{ V}\times(1+0.5)=0.6\text{ V}$$

调幅波的最小振幅为

$$U_{\min}=U_{m0}(1-m_a)=0.4\text{ V}\times(1-0.5)=0.2\text{ V}$$

普通调幅波的波形图如图 5.21 所示。

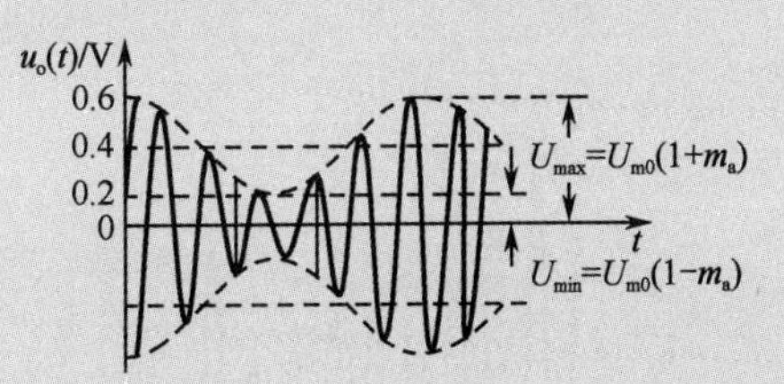

图 5.21 普通调幅波的波形图

由 $\frac{1}{2}m_aU_{m0}=\frac{1}{2}\times0.5\times0.4\text{ V}=0.1\text{ V}$ 可画出频谱图。普通调幅波的频谱图如图 5.22 所示。

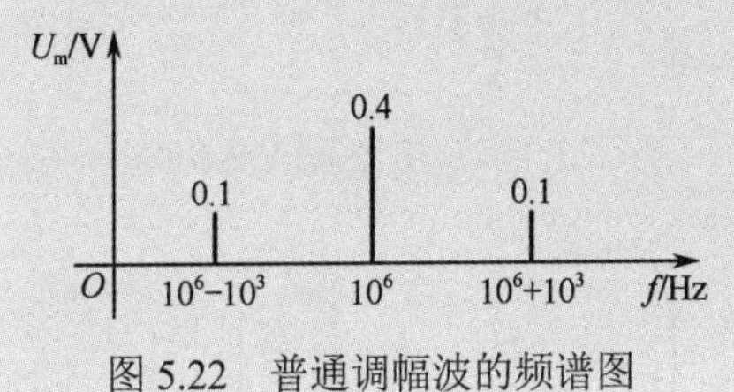

图 5.22 普通调幅波的频谱图

2）多频调制

前面讲述了只有一个频率的待传输信号的调幅原理，但是在实际生活中待传输信号往往是由多个复杂的频率成分组成的，所以真正的调制信号大多是多频信号。例如，调幅广播所传送的语言信号频率约为 20 Hz～3.5 kHz，经调制后，各个语言信号频率产生各自的上边频和下边频，叠加后形成了上边带和下边带。设多频调制信号的数学表达式为

$$\begin{aligned}u_\Omega(t)&=U_{\Omega m1}\cos(\Omega_1t)+U_{\Omega m2}\cos(\Omega_2t)+\cdots+U_{\Omega mn}\cos(\Omega_nt)\\&=U_{\Omega m1}\cos(2\pi F_1t)+U_{\Omega m2}\cos(2\pi F_2t)+\cdots+U_{\Omega mn}\cos(2\pi F_nt)\end{aligned}\tag{5-40}$$

式中，$F_1<F_2<\cdots<F_n\ll f_c$，此时低频调制信号为非正弦的周期信号，则有

$$\begin{aligned}u_{AM}(t)&=U_{m0}[1+m_{a1}\cos(\Omega_1t)+m_{a2}\cos(\Omega_2t)+\cdots+\\&\quad m_{an}\cos(\Omega_nt)]\cos(\omega_ct)\\&=U_{m0}\left(1+\sum_{j=1}^{n}m_{aj}\cos(\Omega_jt)\right)\cos(\omega_ct)\end{aligned}\tag{5-41}$$

在式（5-41）中，因为多频调制时各个低频分量的振幅并不相等，所以调幅指数 m_a 也不相同，对于整个调幅波来说，常引用平均调幅指数的概念。大量相关实验表明，未经加工处理的语言信号的平均调幅系数为 0.2～0.3。如果调制信号的波形如图 5.23（a）所示，则输出的多频调幅波的波形如图 5.23（b）所示。

多频信号调幅波的频谱图如图 5.24 所示，上、下边带对称地排列在载波分量的两侧，由于最低调制频率为 $F_{\min}=F_1$，最高调制频率为 $F_{\max}=F_n$，因此调幅波的带宽为

$$BW_{0.7}=(f_c+F_n)-(f_c-F_n)=2F_n=2F_{\max}$$

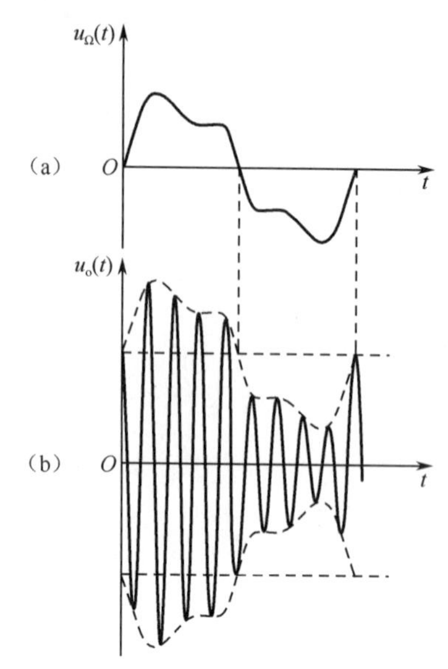

图 5.23　多频信号调幅波的波形

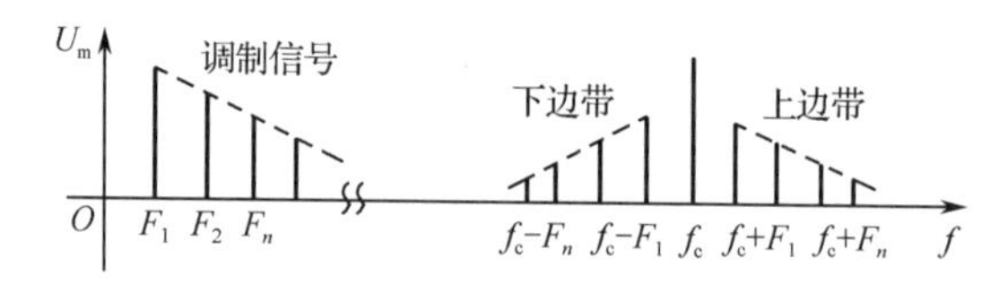

图 5.24　多频信号调幅波的频谱图

综上所述，调幅电路的作用是在时域实现 $u_\Omega(t)$ 和 $u_c(t)$ 相乘，反映在波形上就是将 $u_\Omega(t)$ 不失真地搬移到高频载波的振幅上，而在频域是将 $u_\Omega(t)$ 的频谱不失真地对称搬移到 f_c 的两侧。

2. 普通调幅的典型电路

1）低电平调幅电路

把如图 5.16 所示的电路中的相乘器用实际的相乘器替换后就可以得到普通调幅电路，我们可以用由四个二极管构成的环形相乘器，也可以用集成模拟相乘器 MC1496/MC1596。双差分对集成模拟相乘器实现的相乘功能更理想，所以由其构成的调幅电路的性能也相对好一些。图 5.25 所示是由集成模拟相乘器 MC1596 构成的普通调幅电路，采用双电源供电，其中 R_1、R_3 构成分压电路，为 VT_1～VT_4 提供基极偏置电路。图 5.25 中采用了一个 51Ω 的电阻为⑧引脚提供直流通路。但由于 R_2 的阻值较小，其上的直流压降可忽略不计。集成电路的①④引脚外接电阻网络，为 VT_5、VT_6 提供基极偏置电路，47 kΩ 的可变电阻 R_W 称为平衡电阻，调节①④引脚的直流电压 U_Q，从而实现调幅系数的调节。⑤引脚接 R_B，用以调节电流源 $I_0/2$ 的大小，因为 $I_0/2=(8-U_{BE(on)})/(R_B+500)$。

相乘后的信号从⑥引脚单端输出，输出的信号经过一个带通滤波器，滤除不需要的频率成分，负载 R 上得到的就是普通调幅波信号。

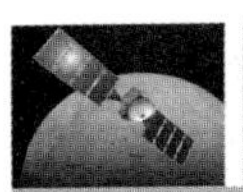

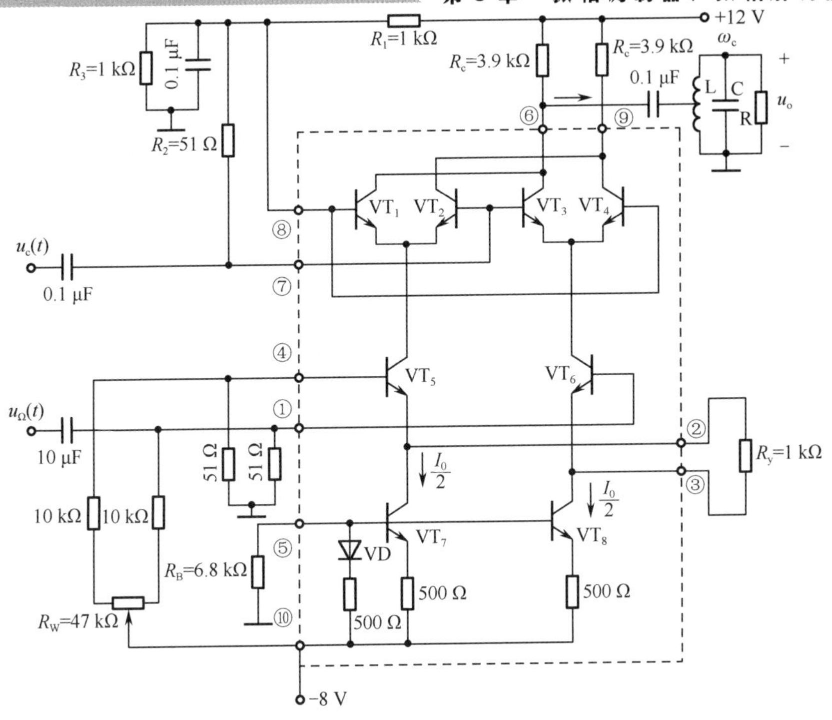

图 5.25 由集成模拟相乘器 MC1596 构成的普通调幅电路

2）普通调幅波的功率分配

普通调幅波的展开表达式为

$$u_{AM}(t)=U_{m0}\cos(\omega_c t)+\frac{1}{2}m_aU_{m0}\cos[(\omega_c+\Omega)t]+\frac{1}{2}m_aU_{m0}\cos[(\omega_c-\Omega)t]$$

如果调幅波电压加到阻值为 R 的负载上，则在负载上消耗的功率有三部分，分别是载频功率、上边频功率和下边频功率，根据功率的表达式 $P=UI=U^2/R$，其中 U、I 为有效值，载频功率为

$$P_C=\frac{\left(\frac{U_{m0}}{\sqrt{2}}\right)^2}{R}=\frac{U_{m0}^2}{2R} \tag{5-42}$$

由于上边频和下边频的电压振幅相等，它们在负载上消耗的功率也相等，上、下边频的功率分别用 $P_上$、$P_下$ 表示，则有

$$P_上=P_下=\frac{1}{2R}\left(\frac{m_aU_{m0}}{2}\right)^2=\frac{m_a^2U_{m0}^2}{8R}=\frac{1}{4}m_a^2P_C \tag{5-43}$$

边频功率为

$$P_边=P_上+P_下=\frac{1}{2}m_a^2P_C \tag{5-44}$$

调幅波在调制信号的一个周期内的平均功率为

$$P_\Sigma=P_C+P_边=\left(1+\frac{1}{2}m_a^2\right)P_C \tag{5-45}$$

式（5-45）表明，调幅波的输出功率随着 m_a 增大而增大，当 $m_a=1$ 时，$P_C=\frac{2}{3}P_\Sigma$，$P_{边}=\frac{1}{3}P_\Sigma$，由于载频分量不包含调制信号信息，调制信号信息只存在于边频功率中，这说明当 $m_a=1$ 时，包含调制信号信息的上边频、下边频的功率之和只占总输出功率的 $\frac{1}{3}$，而不含调制信号信息的载频功率却占了总输出功率的 $\frac{2}{3}$。由于有用的边频功率占整个普通调幅波平均功率的比例很小，所以发射机的效率很低。从能量角度来看，这是一种很严重的资源浪费。实际调幅波的平均调幅指数为 0.3，其能量的浪费更严重，这是普通调幅波固有的缺点。目前这种调制方式仅应用于中、短波无线电广播系统中，而其他通信系统采用另一种调制方式。如果调制信号为多频信号，则调幅波的平均功率等于载波与各个边频的功率之和。

3）高电平调幅电路

高电平调幅电路包括基极调幅电路和集电极调幅电路，将功率放大和振幅调制合二为一，既实现了振幅调制又实现了功率放大。高电平调幅电路是在丙类谐振功率放大器的基础上实现的，主要用来实现普通调幅。

（1）基极调幅电路

基极调幅电路的基本原理是利用丙类谐振功率放大器在电源电压 V_{CC}、输入信号振幅 U_{im}、谐振电阻的阻值 R_P 不变的条件下，在欠压区改变 U_{BE}，其输出电流随 U_{BE} 变化这一特性（基极调制特性）来实现调幅的，其基极调制特性如图 5.26 所示。

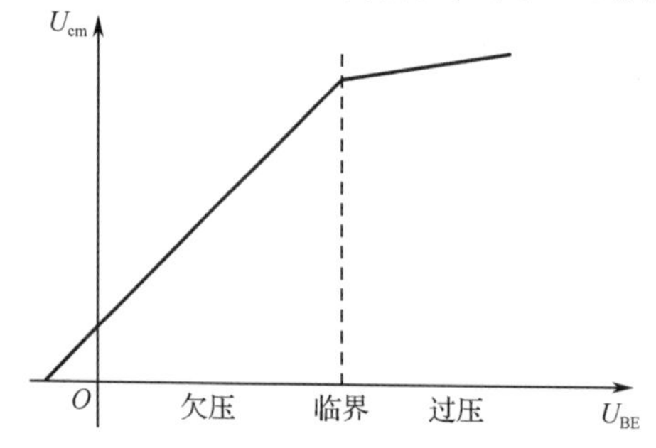

图 5.26　基极调幅电路的基极调制特性

由图 5.26 可知，利用丙类谐振功率放大器的基极调制特性实现普通调幅时，丙类谐振功率放大器应该工作在欠压状态。基极调幅电路如图 5.27 所示。

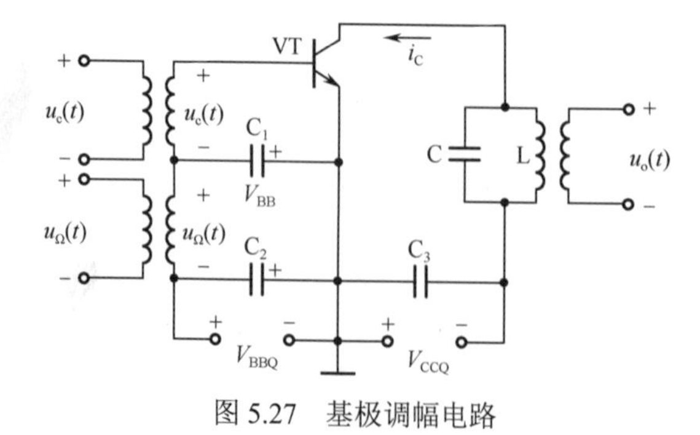

图 5.27　基极调幅电路

由图 5.27 可知，高频载波信号 $u_c(t)$ 通过变压器耦合到三极管的基极，C_1 为其提供交流通路。调制信号 $u_\Omega(t)$ 通过变压器耦合到三极管的基极，C_2 为其提供交流通路。基极直流电源 V_{BBQ} 与调制信号 $u_\Omega(t)$ 叠加后作为基极电源，显然基极电源的变化规律就是调制信号 $u_\Omega(t)$ 的变化规律。根据基极调制特性，高频载波信号 $u_c(t)$ 在被功率放大器放大时，其振幅随基极电源线性变化，从而随调制信号 $u_\Omega(t)$ 线性变化，所以输出电压 $u_o(t)$ 为普通调幅波。基极调幅工作原理波形如图 5.28 所示。

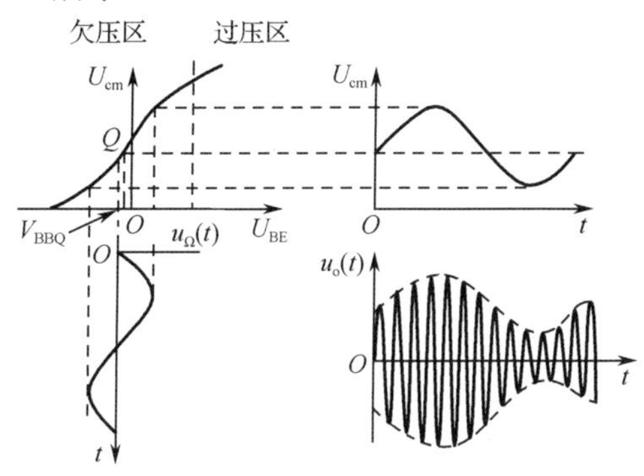

图 5.28　基极调幅工作原理波形

（2）集电极调幅电路

集电极调幅电路的原理是利用丙类谐振功率放大器，当基极偏置 V_{BB} 激励高频载波信号电压振幅 U_{cm}，集电极有效回路阻抗的值 R_P 不变，只改变集电极电源电压 V_{CC} 时，集电极电流脉冲在欠压区被认为不变，而在过压区，集电极电流脉冲振幅随集电极电源电压 V_{CC} 变化的特性（集电极调制特性）来实现调幅的。集电极调制特性如图 5.29 所示。

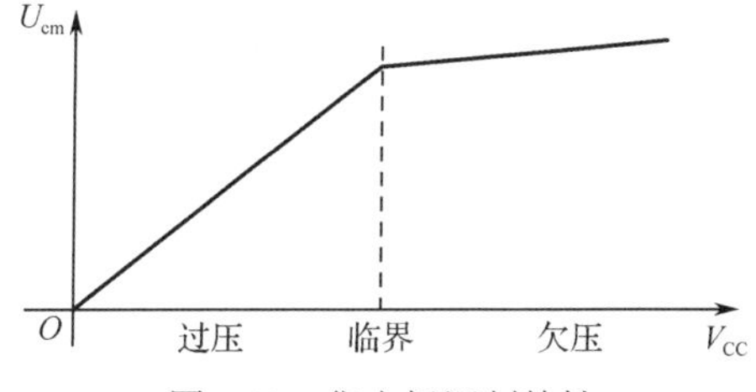

图 5.29　集电极调制特性

由图 5.29 可知，利用丙类谐振功率放大器的集电极调制特性实现普通调幅时，丙类谐振功率放大器应该工作在过压状态。集电极调幅电路如图 5.30 所示。

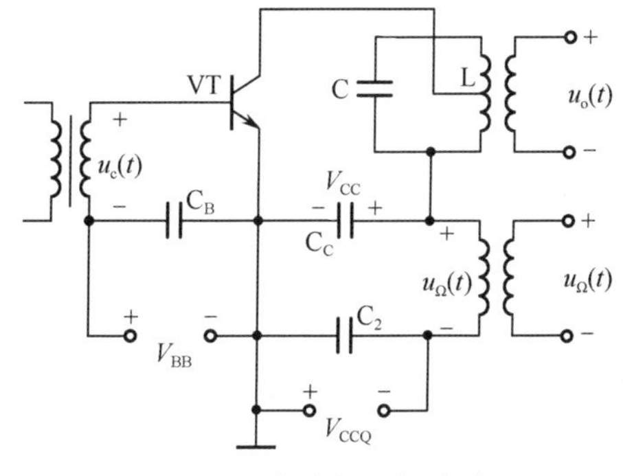

图 5.30　集电极调幅电路

由图 5.30 可知，高频载波信号$u_c(t)$通过变压器耦合到三极管的基极，C_B为其提供交流通路。调制信号$u_\Omega(t)$通过变压器耦合后与直流电压V_{CC}相叠加，C_2为其提供交流通路。集电极电源V_{CCQ}由V_{CC}与调制信号$u_\Omega(t)$叠加而成，显然集电极电源V_{CCQ}的变化规律就是调制信号$u_\Omega(t)$的变化规律。根据集电极调制特性，高频载波信号$u_c(t)$在被功率放大器放大时，其振幅随集电极电源线性变化，从而随调制信号$u_\Omega(t)$线性变化，所以输出电压$u_o(t)$为普通调幅波。集电极调幅工作原理波形如图 5.31 所示。

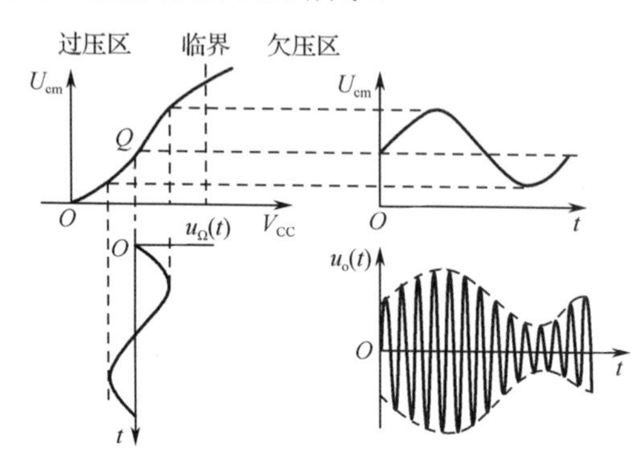

图 5.31　集电极调幅工作原理波形

5.2.2　双边带调幅的原理及典型电路

由普通调幅信号的基本性质可知，占大部分功率的载频分量是无用的，只有上、下边频分量才能反映调制信号的频谱结构，而载频分量通过相乘器仅将调制信号频谱搬移到载频f_c的两侧，本身并不反映调制信号的变化。如果在传输前将载频分量抑制掉，则可以大大节省发射机的发射功率。这种仅传输两个边频（带）的调幅方式被称为抑制载波的双边带调幅，简称双边带调幅（DSB）。双边带调幅的电路模型如图 5.32 所示，相乘器的两个输入端子分别输入高频载波信号$u_c(t)$和调制信号$u_\Omega(t)$，输出的就是双边带信号。

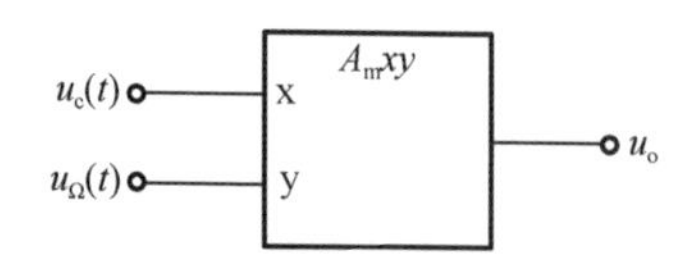

图 5.32　双边带调幅的电路模型

1．双边带调幅波的原理

1）单频调制

由图 5.32 可知，双边带调幅波电路有两个输入端子，一个端子输入高频正弦波信号$u_c(t)=U_{cm}\cos(\omega_c t)=U_{cm}\cos(2\pi f_c t)$，称为载波信号；另一个端子输入低频调制信号$u_\Omega(t)=U_{\Omega m}\cos(\Omega t)=U_{\Omega m}\cos(2\pi Ft)$。式中，$\omega_c=2\pi f_c$为载波角频率；$f_c$为载波频率；$\Omega=2\pi F$为调制信号的角频率；$F$为调制信号的频率，并且$f_c \gg F$。

由图 5.32 可知，双边带调幅波的表达式为

$$u_{DSB}(t)=A_m u_c(t)u_\Omega(t)=A_m U_{cm}\cos(\omega_c t)U_{\Omega m}\cos(\Omega t)=U_m\cos(\omega_c \mathrm{t})\cos(\Omega t)$$

式中，$U_m=u_\Omega(t)=A_m U_{cm}U_{\Omega m}$。把上式用三角函数公式展开可得

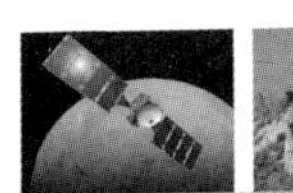 

$$u_{\mathrm{DSB}}(t)=U_{\mathrm{m}}\cos(\omega_{\mathrm{c}}t)\cos(\Omega t)=\frac{1}{2}U_{\mathrm{m}}\cos[(\omega_{\mathrm{c}}+\Omega)t]+\frac{1}{2}U_{\mathrm{m}}\cos[(\omega_{\mathrm{c}}-\Omega)t] \tag{5-46}$$

由式（5-46）可知，双边带调幅信号仅包含两个边频，即上边频和下边频，无载频分量，其频带宽度为调制信号频率的两倍。根据式（5-46）画出双边带调幅波的波形图和频谱图，如图 5.33 所示。

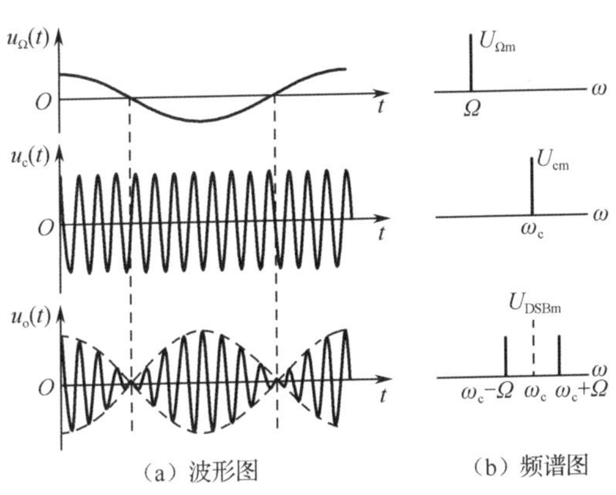

图 5.33　双边带调幅波波的形图及频谱图

由如图 5.33（a）所示的双边带调幅波的波形图可知，双边带信号 $u_{\mathrm{DSB}}(t)$ 的包络是随低频调制信号 $u_\Omega(t)$ 而变化的，但它的包络已不能准确地反映调制信号 $u_\Omega(t)$ 的变化规律。在调制信号 $u_\Omega(t)$ 的正半周，双边带信号 $u_{\mathrm{DSB}}(t)$ 的变化规律与调制信号 $u_\Omega(t)$ 的变化规律相同；在调制信号 $u_\Omega(t)$ 的负半周，双边带信号 $u_{\mathrm{DSB}}(t)$ 的变化规律与调制信号 $u_\Omega(t)$ 的变化规律反相。也就是说，双边带信号 $u_{\mathrm{DSB}}(t)$ 的高频相位在调制信号 $u_\Omega(t)$ 过零点时要突变 180°，其包络已不再反映调制信号 $u_\Omega(t)$ 的变化规律。由如图 5.33（b）所示的双边带调幅波的频谱图可知，双边带调幅的作用是把调制信号 $u_\Omega(t)$ 的频谱不失真地搬移到载波的两侧，是频谱的线性搬移。调幅波的带宽为 $\mathrm{BW}_{0.7}=(f_{\mathrm{c}}+F)-(f_{\mathrm{c}}-F)=2F$，与普通调幅波的带宽的表达式相同。

2）多频调制

当调制信号为多个频率成分时，每一个频率成分都与载波形成上、下边频，所有的上边频就形成上边带，所有的下边频就形成下边带，其双边带调幅表达式为

$$u_{\mathrm{DSB}}(t)=\sum_{j=1}^{n}\frac{1}{2}m_{aj}U_{\mathrm{cm}}\cos[(\omega_{\mathrm{c}}+\Omega_j)t]+\sum_{j=1}^{n}\frac{1}{2}m_{aj}U_{\mathrm{cm}}\cos(\omega_{\mathrm{c}}\Omega_j t) \tag{5-47}$$

多频信号调制时双边带调幅波的频谱图如图 5.34 所示。

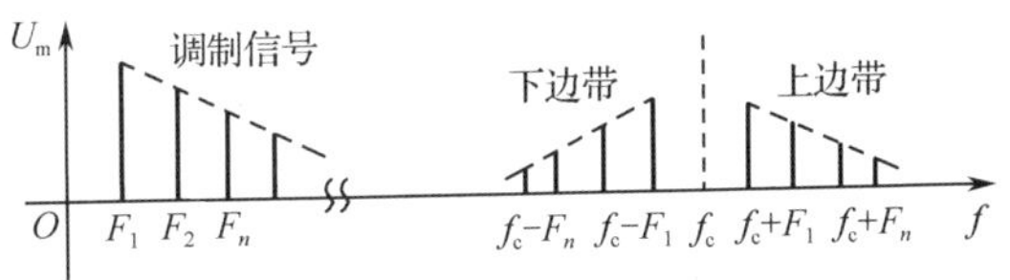

图 5.34　多频信号调制时双边带调幅波的频谱图

由图 5.34 可知，上、下两个边带分量对称地排列在载波分量的两侧，为线性频谱搬移。调幅波的带宽为

$$\mathrm{BW}_{0.7}=(f_{\mathrm{c}}+F_n)-(f_{\mathrm{c}}-F_n)=2F_n=2F_{\max}$$

多频双边带调幅电路的作用是在时域实现$u_{\Omega}(t)$和$u_{c}(t)$相乘，反映在波形上就是将$u_{\Omega}(t)$不失真地搬移到高频振荡的振幅上，而在频域将$u_{\Omega}(t)$的频谱不失真地搬移到载频f_{c}的两侧。

2. 双边带调幅波电路

与普通调幅电路一样，我们只要把双边带调幅电路中的相乘器换成实际的相乘器就可以得到双边带调幅电路，如图 5.35 所示。双边带调幅电路利用集成模拟相乘器MC1596来实现，它也属于低电平调幅电路。

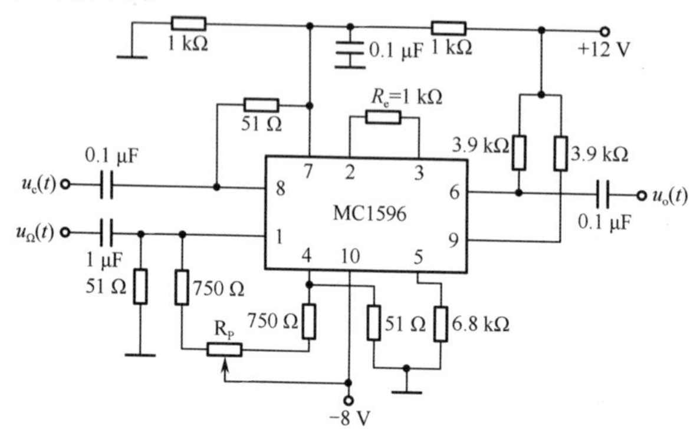

图 5.35　双边带调幅电路

图 5.35 与图 5.25 是相同的，只是图 5.35 没有画出集成模拟相乘器MC1596的内部电路。图 5.35 作为双边带调幅电路时，可变电阻R_P的滑动片处于中间位置，使 1、4 引脚之间的直流电压U_Q为零，输出的调幅波就是抑制了载波的双边带调幅波。

5.2.3　单边带调幅的原理及实现方法

由双边带调制的频谱结构可知，上、下边带都反映了调制信号的频谱结构。两个边带中的任何一个边带已经包含了调制信号的全部信息，为了节省发射功率，提高发射效率，减小频带宽度，可以把其中一个边带抑制掉，只发射一个边带。这种仅传输一个边带（上边带或下边带）的调幅方式被称为抑制载波的单边带调幅，简称单边带调幅（SSB）。

1. 单边带调幅的原理

设调制信号为单频信号$u_{\Omega}(t)=U_{\Omega m}\cos(\Omega t)$，载波信号为$u_{c}(t)=\cos(\omega_{c}t)$，由式（5-46）可得单边带调幅波的表达式为

$$u_{SSB}(t)=\frac{1}{2}U_{m}\cos[(\omega_{c}+\Omega)t] \qquad \text{（上边带）} \qquad (5-48)$$

$$u_{SSB}(t)=\frac{1}{2}U_{m}\cos[(\omega_{c}-\Omega)t] \qquad \text{（下边带）} \qquad (5-49)$$

由式（5-48）和式（5-49）可以看出，单边带调幅信号为等幅波，其频率高于或低于载频。单边带调幅波的波形如图 5.36 所示（以下边带调幅为例）。

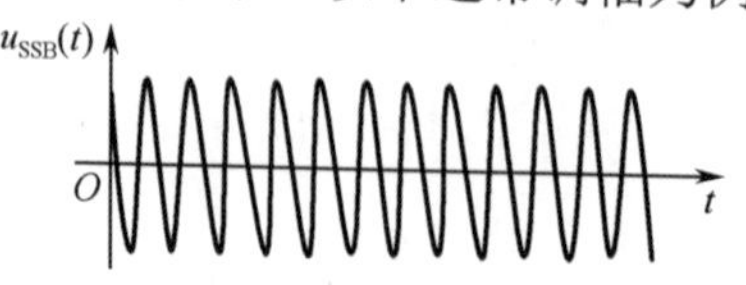

图 5.36　单边带调幅波的波形

根据式（5-48）和式（5-49）可以画出单边带调幅波的频谱图（以上边带调幅为例），如图 5.37 所示。

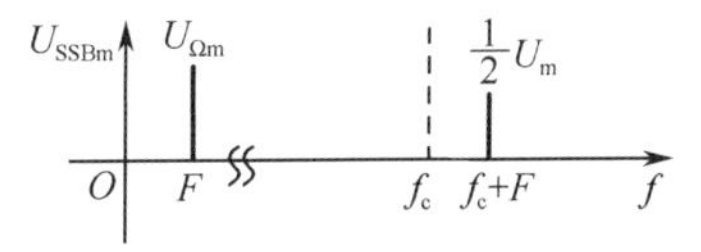

图 5.37　单边带调幅波的频谱图

与普通调幅、双边带调幅相比，单边带调幅不仅节省功率，而且单边带调幅波的频带被压缩了一半，这对于提高短波波段的频带利用率具有重大的现实意义。

2. 单边带调幅的实现方法

单边带调幅电路主要的实现方法有滤波法、移相法。滤波法是从频域角度得到的方法，移相法是从时域角度得到的方法。

1）滤波法

滤波法是指根据单边带调幅信号的频谱特点，先产生双边带调幅信号，再利用带通滤波器取出其中一个边带信号的方法。滤波法的单边带调幅电路模型如图 5.38 所示。

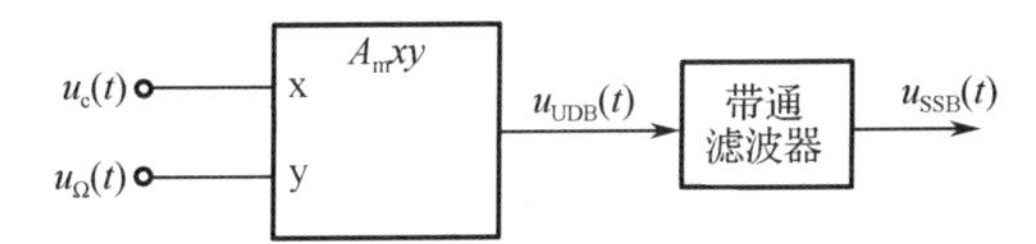

图 5.38　滤波法的单边带调幅电路模型

由图 5.38 可知，在双边带调幅电路的后面接入合适的带通滤波器，以滤除一个边带，只让另一个边带分量输出，这样就可以得到单边带调幅信号。但由于上、下两个边带信号的频率间隔为 $2F_{min}$，所以要求带通滤波器的衰减特性必须十分陡峭，这种获取单边带调幅波的关键在于带通滤波器的性能。

2）移相法

移相法的单边带调幅电路模型如图 5.39 所示。

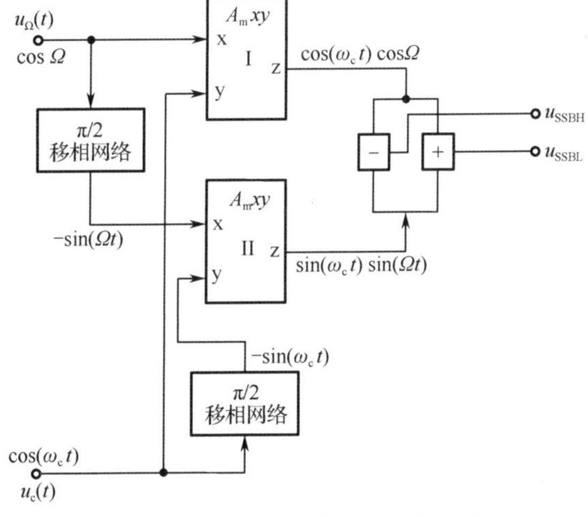

图 5.39　移相法的单边带调幅电路模型

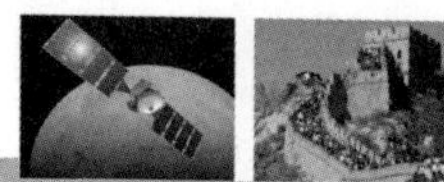

设低频调制信号为$u_{\Omega}(t)=U_{\Omega m}\cos(\Omega t)$，高频载波信号为$u_{c}(t)=U_{cm}\cos(\omega_{c}t)$，相乘器 I 的输出电压为

$$u_{o1}(t)=A_{m}U_{\Omega m}U_{cm}\cos(\Omega t)\cos(\omega_{c}t)=\frac{1}{2}A_{m}U_{\Omega m}U_{cm}\{\cos[(\omega_{c}+\Omega)t]+\cos[(\omega_{c}-\Omega)t]\} \quad (5-50)$$

相乘器 II 的输出电压为

$$\begin{aligned}u_{o2}(t)&=A_{m}U_{\Omega m}U_{cm}\cos\left(\Omega t-\frac{\pi}{2}\right)\cos\left(\omega_{c}t-\frac{\pi}{2}\right)\\&=\frac{1}{2}A_{m}U_{\Omega m}U_{cm}\{\cos[(\omega_{c}-\Omega)t]-\cos[(\omega_{c}+\Omega)t]\}\end{aligned} \quad (5-51)$$

将$u_{o1}(t)$与$u_{o2}(t)$相加，可得

$$u_{o1}(t)+u_{o2}(t)=\frac{1}{2}A_{m}U_{\Omega m}U_{cm}\cos[(\omega_{c}-\Omega)t]$$

实现了下边带调制。

将$u_{o1}(t)$与$u_{o2}(t)$相减，可得

$$u_{o1}(t)-u_{o2}(t)=\frac{1}{2}A_{m}U_{\Omega m}U_{cm}\cos[(\omega_{c}+\Omega)t]$$

实现了上边带调制。

用移相法获取单边带调幅的优点是省去了要求较高的带通滤波器，并且对单频信号进行 90° 相移比较简单。但是当对一个包含许多频率分量的一般调制信号进行 90° 相移时，要保证每个频率分量都准确相移 90° 是很困难的。

5.3 振幅解调器

从调幅波信号中取出低频调制信号的过程称为振幅解调（又称检波），是振幅调制的逆过程。它的作用是从已调制的高频信号中恢复出原来的低频调制信号。从频谱上看，检波就是指将振幅调制波中的边带信号不失真地从载波频率附近搬移到低频率附近。完成这种解调作用的电路称为振幅解调器，也称检波器。因此，检波器属于线性频谱搬移电路。检波器的原理框图如图 5.40 所示。

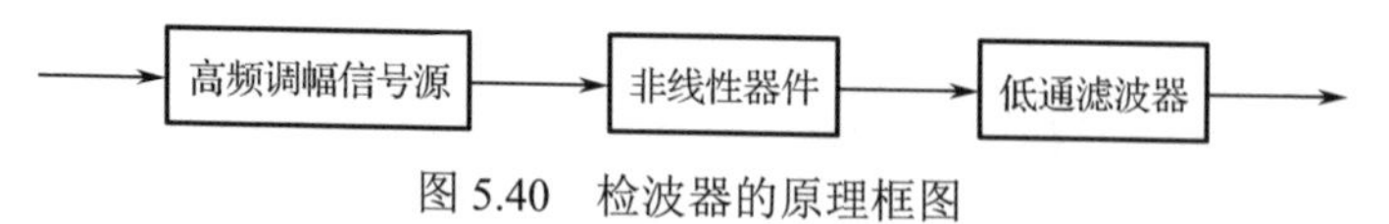

图 5.40　检波器的原理框图

由图 5.40 可知，检波器的组成包括三部分：高频调幅信号源、非线性器件、低通滤波器。调幅信号的频谱由载频分量和边频分量组成，不包含调制信号本身的频率分量，但包含调制信号的信息。为了解调出原调制信号，检波器必须有非线性器件，以使调幅信号通过它产生新的频率分量，其中包含所需要的分量，然后由低通滤波器滤除不需要的高频分量，取出所需要的低频调制信号。

根据输入调幅波信号的不同特点，检波器可分为两大类：包络检波器和同步检波器。包络检波是指检波器的输出电压直接反映输入的高频调幅波振幅包络变化规律的一种检波方式。根据调幅波的波形特点，包络检波器只适合于普通调幅波的解调。同步检波器主要应用于双边带调幅波和单边带调幅波的解调。因为双边带调幅波和单边带调幅波的频谱缺少一个载波频率分量，不能用包络检波器解调，必须在检波器输入端加一个本地载波信号的同步检波器来实现解调。

5.3.1　二极管包络检波器

普通调幅波可用包络检波器进行检波，目前应用广泛的是二极管包络检波器。由于二极管包络检波器的检波电路结构简单、效率高、性能优越，在普通接收机中应用非常广泛。

1. 工作原理

二极管包络检波器根据电路结构可以分为串联型二极管包络检波器和并联型二极管包络检波器。二极管与电阻串联构成的检波电路称为串联型检波电路，二极管与电阻并联构成的检波电路称为并联型检波电路。本节主要介绍串联型二极管包络检波电路，如图 5.41 所示。由工作在受输入信号控制的开关工作状态的检波二极管 VD 和 R_LC 低通滤波器串联组成的电路，称为串联型二极管包络检波电路，也称为大信号检波器，又称为串联型二极管峰值包络检波器。该电路主要由检波二极管 VD、检波负载电阻 R_L、高频旁路电容 C 组成。R_L 和 C 构成低通滤波器；$u_s(t)$ 为普通调幅波输入信号，要求输入信号的振幅在 0.5 V 以上。

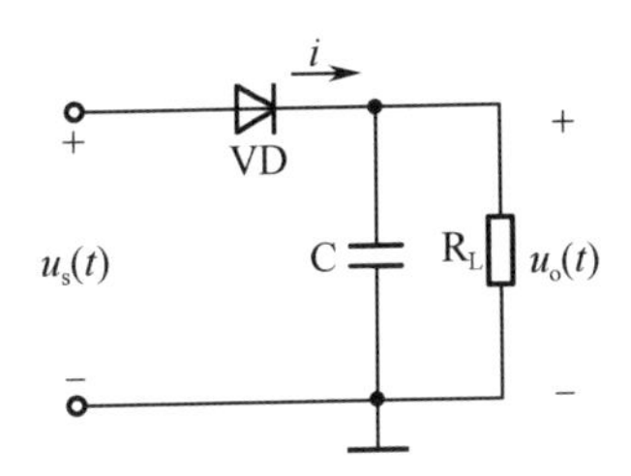

图 5.41　串联型二极管包络检波电路

设输入电压为等振幅的正弦波 $u_s(t)$，二极管为理想器件，由于二极管具有单向导电性，当调幅波 $u_s(t)$ 的正半周到来时，二极管 VD 导通，$u_s(t)$ 通过二极管向电容充电，由于二极管的正向导通电阻的阻值 r_D 很小，所以充电时间非常短，充电速度很快；当调幅波 $u_s(t)$ 的负半周到来时，二极管 VD 截止，电容 C 通过负载电阻 R_L 放电，由于 $r_D \ll R_L$，所以放电速度比充电速度慢得多。由于充电快，放电慢，所以输出电压 u_o 会在充放电过程中逐渐增加。由于负载的反作用，加到二极管两端的电压为 $u_s - u_o$，只有当 $u_s > u_o$ 时，二极管才导通。随着 u_o 的逐渐增加，二极管在每个周期内的导通时间越来越短，而截止时间逐渐增长，这就使得电容在每个周期内的充电电荷量逐渐减少，放电电荷量逐渐增加，最终充电电荷量等于放电电荷量，充放电达到动态平衡，输出电压就稳定在某一个值并按照角频率 ω_c 做锯齿状的等幅波动。二极管包络检波的原理波形图如图 5.42（a）所示。

如果输入的 $u_s(t)$ 为普通调幅波，其工作过程与等幅正弦波的工作过程一样，其波形图如图 5.42（b）和图 5.42（c）所示。

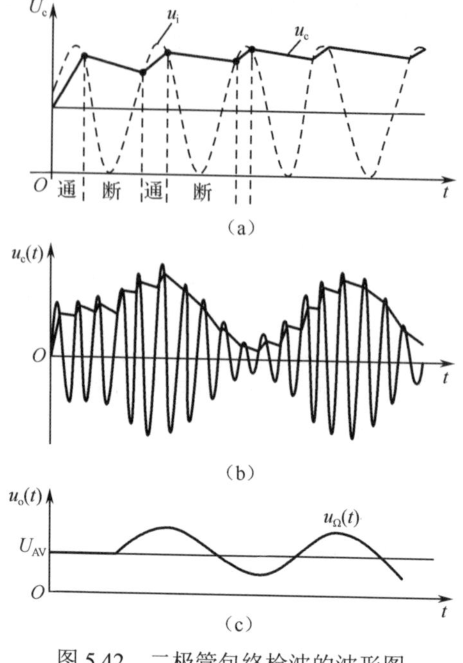

图 5.42　二极管包络检波的波形图

2. 性能指标

二极管包络检波器的性能指标主要有检波效率、输入电阻、惰性失真和负峰切割失真等。

1）检波效率

检波效率是指检波电路的输出电压和输入高频电压的振幅之比，用符号 η_d 表示。

设 $u_s(t)=U_{m0}[1+m_a\cos(\Omega t)]\cos(\omega_c t)$，其振幅为 $U_{m0}[1+m_a\cos(\Omega t)]$，由图 5.41（c）可知，检波输出电压可表示为 $U_{AV}+U_{\Omega m}\cos(\Omega t)$，所以有 $U_{AV}=\eta_d U_{m0}$，$U_{\Omega m}=\eta_d m_a U_{m0}$。

2）输入电阻

由于二极管在大部分时间处于截止状态，只有在输入高频信号的峰值附近才导通，所以检波器的瞬时输入电阻是变化的。检波器的前级谐振回路通常是一个调谐在载频的高 Q 值谐振回路，检波器相当于此谐振回路的负载，如图 5.43（a）所示。为了研究检波器对前级谐振回路的影响，定义检波器等效输入电阻的阻值 R_i 为

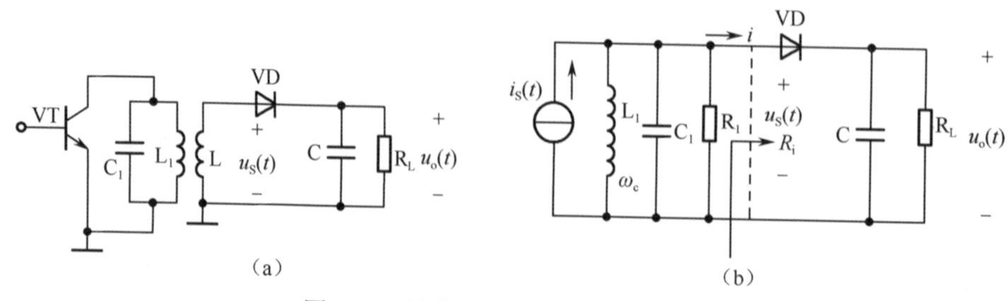

图 5.43　放大器和检波器级联的电路

$$R_{\mathrm{i}}=\frac{U_{\mathrm{im}}}{I_{\mathrm{im}}}$$

式中，U_{im} 是输入等幅高频载波信号的振幅。若输入的是等幅高频载波信号，则流经二极管的电流应该是高频尖顶余弦脉冲序列，U_{im} 为基波分量的振幅，而输出电压应该是电平为 u_{o} 的直流电压。显然，检波器对前级谐振回路的影响是并联了一个阻值为 R_{i} 的电阻，图 5.43（b）为其等效电路。

由图 5.43（b）可知，输出电压的有效值约为输入的幅值，根据能量守恒定律有

$$\frac{U_{\mathrm{im}}^2}{2R_{\mathrm{i}}}=\frac{U_{\mathrm{im}}^2}{R_{\mathrm{L}}}$$

所以有

$$R_{\mathrm{i}}\approx\frac{1}{2}R_{\mathrm{L}}$$

3. 二极管包络检波的失真

由上述分析可知，当输入信号为普通调幅波，包络二极管工作在大信号检波时，二极管包络检波器具有较理想的线性解调功能，输出电压能够不失真地反映输入调幅波的包络变化规律。但是，如果二极管包络检波器的参数选择不当，则有可能产生惰性失真和负峰切割失真。

1）惰性失真

在调幅波包络线下降部分，若电容放电速率过慢，导致 u_{o} 的下降速率比包络线的下降速率慢，则在其后紧接的一个或几个高频周期内二极管为负电压，不能导通，造成 u_{o} 波形跟不上调幅信号振幅包络线的下降速率。由于这种失真来源于电容来不及放电的惰性，所以称为惰性失真，又称为对角线切割失真。图 5.44 所示为惰性失真的波形图，在调幅信号振幅包络线负峰值附近出现了惰性失真。为了避免惰性失真，要保证电容电压的减小速率在任何一个高频周期内都大于或等于包络线的下降速率。由图 5.44 可知，普通调幅波的包络为

$$u(t)=U_{\mathrm{m0}}[1+m_{\mathrm{a}}\cos(\Omega t)]$$

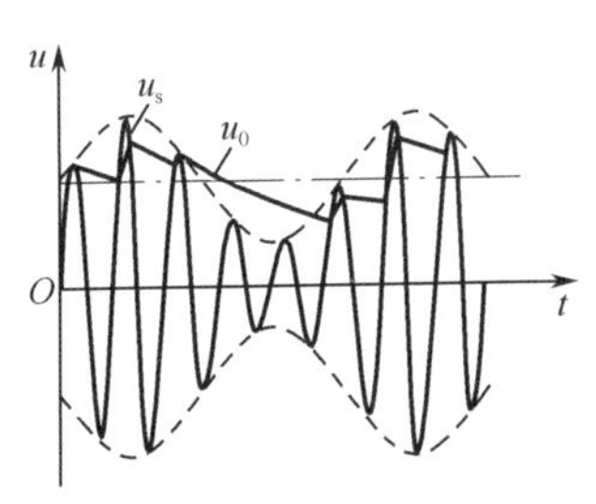

图 5.44　惰性失真的波形图

包络的变化速率为

$$\frac{\mathrm{d}U(t)}{\mathrm{d}t}=-U_{\mathrm{m0}}m_{\mathrm{a}}\sin(\Omega t)$$

电容放电时，电压 $u_{\mathrm{c}}(t)$ 和电流 i_{c} 的关系为

$$i_{\mathrm{c}}=-C\frac{\mathrm{d}u_{\mathrm{c}}(t)}{\mathrm{d}t}$$

$$u_c(t) = -i_c R$$

放电速率为

$$\frac{\mathrm{d}u_c(t)}{\mathrm{d}t} = -\frac{i_c}{C} = -\frac{u_c(t)}{RC}$$

式中，$u_c(t) = U_{m0}[1 + m_a\cos(\Omega t)]$。

为了保证二极管包络检波器的输出电压不失真，电容放电的速率要大于或等于包络的变化速率，即

$$\left|\frac{\mathrm{d}u_c(t)}{\mathrm{d}t}\right| \geqslant \left|\frac{\mathrm{d}U(t)}{\mathrm{d}t}\right|$$

所以有

$$1 - m_a\sqrt{1 + (RC\Omega)^2} \geqslant 0$$

实际上，调制信号往往是由多个频率成分组成的，即 $\Omega = \Omega_{min} \sim \Omega_{max}$。$m_a$ 和 Ω 越大，二极管包络检波电路越容易产生惰性失真。为了保证不产生惰性失真，二极管包络检波电路必须满足：

$$1 - m_a\sqrt{1 + (RC\Omega_{max})^2} \geqslant 0$$

或者

$$RC \leqslant \frac{\sqrt{1 - m_a^{\ 2}}}{\Omega_{max} m_a} \tag{5-52}$$

2）负峰切割失真

二极管包络检波器的检波输出要送给下一级低频放大器，假设低频放大器的输入电阻为 R_{i2}，则 R_{i2} 为检波输出的负载，带负载的检波电路如图 5.45（a）所示。图 5.45（b）所示是二极管检波器输入信号，即普通调幅信号。

耦合电容 C_C 对低频信号是短路的，对直流信号是断路的，所以这个电路的直流负载为 R_L，交流负载为 $R_L // R_{i2}$，显然检波电路的交流负载和直流负载不相等，这样会产生检波失真，这种失真通常是由检波输出的负半周被切割掉一部分造成的，称为负峰切割失真，如图 5.45（c）所示。

耦合电容 C_C 的值很大，可认为它对调制频率 Ω 交流短路，电路达到稳态时，其两端电压为 $U_C \approx U_{im}$。此时 C_C 相当于一个电压为 U_{im} 的直流电源，R_L 和 R_{i2} 会对它进行分压，R_L 分得的电压为

$$U_{RL} = \frac{R_L}{R_L + R_{i2}} U_{im} \tag{5-53}$$

这个电压始终加到检波二极管的负极。如果输入电压的包络电压比这个电压还小，那么二极管会截止，小于 U_{RL} 部分的输入电压的包络没有输出，使得输出电压的负半周峰值被切割掉一部分，其波形如图 5.45（c）所示。

显然，为了避免产生负峰切割失真，只要输入包络的最小值大于 U_{RL} 就可以了，即

$$U_{im}(1 + m_a) \geqslant R_L \tag{5-54}$$

把式（5-53）代入式（5-54）可得不产生负峰切割失真的条件，即

$$\frac{R_L//R_{i2}}{R_L} \geqslant m_a \tag{5-55}$$

由式（5-55）可知，交、直流负载电阻的阻值越悬殊，m_a 越大，越容易发生负峰切割失真。

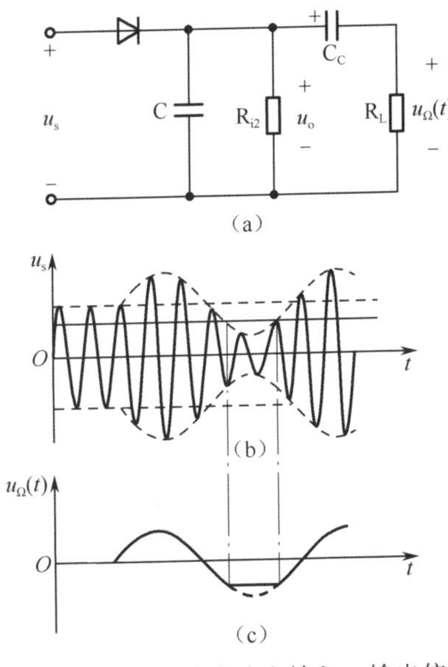

图 5.45　带负载的检波电路和输入、输出信号波形

例 5.2　二极管包络检波器的电路图如图 5.46 所示。已知 $C = 6800\ \text{pF}$，$C_C = 20\ \mu\text{F}$，$u_s(t) = [2\cos(2\pi \times 465 \times 10^3 t) + 0.3\cos(2\pi \times 469 \times 10^3 t) + 0.3\cos(2\pi \times 461 \times 10^3 t)]\text{V}$，$R = 5.1\ \text{k}\Omega$，$R_L = 3\ \text{k}\Omega$。试问：（1）该电路会不会产生惰性失真和负峰切割失真？

（2）若检波效率 $\eta_d \approx 1$，按对应关系画出 A、B、C 三点处的电压波形，并标出电压的大小。

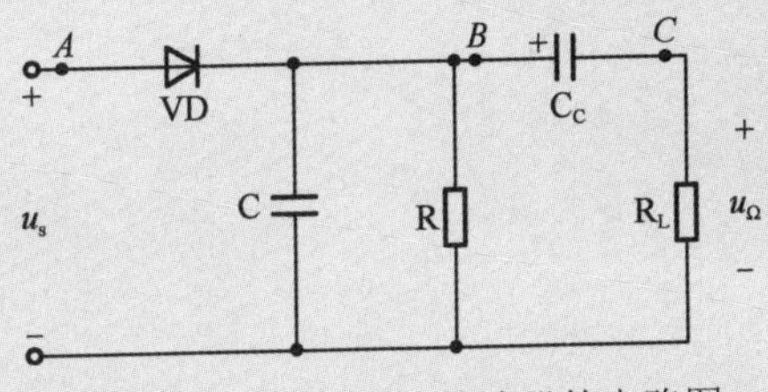

图 5.46　二极管包络检波器的电路图

解　（1）由 $u_s(t)$ 可知

$$f_c = 465\ \text{kHz}, \quad \Omega = 2\pi F = 2\pi \times 4 \times 10^3\ \text{rad/s}, \quad m_a = 0.3$$

由于

$$RC = 5.1 \times 10^3 \times 6800 \times 10^{-12}\ \text{s} = 34.7 \times 10^{-6}\ \text{s}$$

并且

$$\frac{\sqrt{1-m_a^2}}{m_a \Omega} = \frac{\sqrt{1-0.3^2}}{0.3 \times 2\pi \times 4 \times 10^3}\text{s} = 127 \times 10^{-6}\text{s} > 34.7 \times 10^{-6}\ \text{s}$$

所以该电路不会产生惰性失真。

又由于

$$\frac{R_{\mathrm{L}}}{R}=\frac{R_{\mathrm{L}}//R}{R}=\frac{RR_{\mathrm{L}}}{R+R_{\mathrm{L}}}\times\frac{1}{R}=\frac{3}{5.1+3}>m_{\mathrm{a}}=0.3$$

所以电路也不会产生负峰切割失真。

（2）根据$u_{\mathrm{s}}(t)$和$\eta_{\mathrm{d}}\approx 1$可知，点$A$的电压信号表达式为

$$u_A(t)=u_{\mathrm{s}}(t)=2[1+0.3\cos(2\pi\times 4\times 10^3 t)]\cos(2\pi\times 465\times 10^3 t)\mathrm{V}$$

点B的电压信号表达式为

$$u_B(t)=\eta_{\mathrm{d}}2[1+0.3\cos(2\pi\times 4\times 10^3 t)]\mathrm{V}$$
$$=2[1+0.3\cos(2\pi\times 4\times 10^3 t)]\mathrm{V}$$

点C的电压信号表达式为

$$u_C(t)=0.6\cos(2\pi\times 4\times 10^3 t)\mathrm{V}$$

根据A、B、C三点的电压信号表达式画出其波形图并标出电压大小，如图5.47（a）、图5.47（b）、图5.47（c）所示。

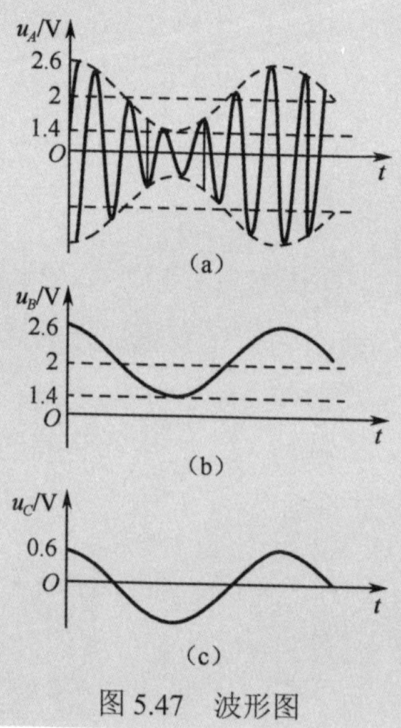

图5.47　波形图

5.3.2　同步检波器

二极管包络检波器只能对普通调幅信号进行解调，而不能对双边带信号和单边带信号进行检波。因此，我们采用另一种检波器，即同步检波器。同步检波器主要用于对载波被抑制的双边带或单边带信号进行解调。它的特点是必须外加一个频率和相位与载波相同的电压，即同步参考信号。同步检波器有两种，一种是乘积型同步检波器，另一种是叠加型同步检波器。

1．乘积型同步检波器

利用相乘器实现的同步检波电路称为乘积型同步检波器。乘积型同步检波器适合于双边带调幅波和单边带调幅波的检波，其电路模型如图5.48所示。

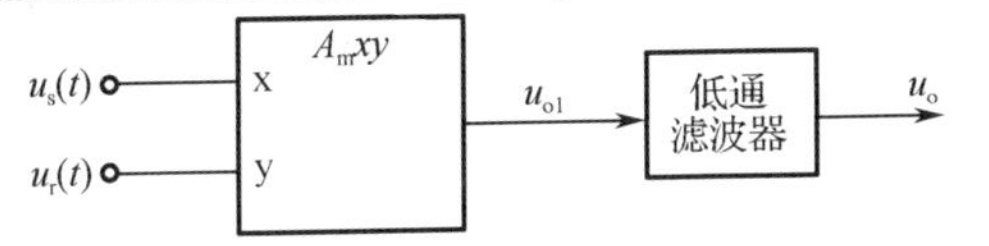

图 5.48　乘积型检波器的电路模型

$u_s(t)$ 为输入的调幅波信号，$u_r(t)$ 为与高频载波同频同相的同步信号。设 $u_s(t)=U_{sm}\cos(\Omega t)\cos(\omega_c t)$ 为双边带信号，同步信号 $u_r(t)=U_{rm}\cos(\omega_c t)$，则相乘器的输出电压为

$$u_{o1}(t)=u_s(t)u_r(t)=[U_{sm}\cos(\Omega t)\cos(\omega_c t)]U_{rm}\cos(\omega_c t)=U_{sm}U_{rm}\cos(\Omega t)\frac{\cos(2\omega_c t)+1}{2}$$

$$=\frac{1}{2}U_{sm}U_{rm}\cos(\Omega t)+\frac{1}{4}U_{sm}U_{rm}\cos[(2\omega_c+\Omega)t]+\frac{1}{4}U_{sm}U_{rm}\cos[(2\omega_c-\Omega)t] \tag{5-56}$$

由式（5-56）可知，相乘器输出的信号有三个频率成分，Ω 为调制信号的频率，$2\omega_c\pm\Omega$ 属于高频信号的频率，经过低通滤波器之后，输出的只有低频调制信号 $u_\Omega(t)$，并且

$$u_o=\frac{1}{2}U_{sm}U_{rm}\cos(\Omega t) \tag{5-57}$$

这样就实现了检波。

图 5.49 所示为由双差分对集成模拟相乘器 MC1596 构成的同步检波电路，电源采用 12 V 单电源供电；调幅信号 u_s 通过 0.1 μF 耦合电容加到 1 引脚，其有效值在几毫伏至 100 毫伏范围内都能不失真解调；同步信号 u_r 通过 0.1 μF 耦合电容加到 8 引脚；电平大小只要求使双差分对管工作于开关状态（50～500 mV）；输出端 9 引脚接一个 π 形 RC 低通滤波器和一个 1 μF 耦合电容，以得到低频调制信号。

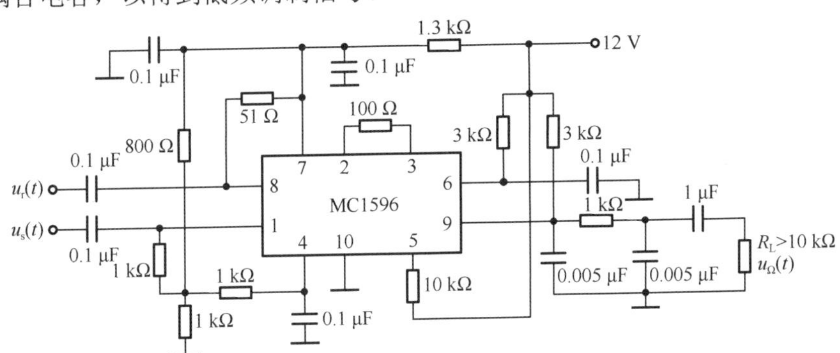

图 5.49　由双差分对集成模拟相乘器 MC1596 构成的同步检波电路

2. 叠加型同步检波器

叠加型同步检波器是将双边带信号或单边带信号叠加成一个载波信号，使之成为或近似为普通调幅信号，再利用包络检波器将调制信号恢复出来。它只适合双边带信号和单边带信号的检波，其电路模型如图 5.50（a）所示，叠加型同步检波器的电路如图 5.50（b）所示。

设 $u_s(t)=U_{sm}\cos(\Omega t)\cos(\omega_c t)$ 为双边带信号，$u_r(t)=U_{rm}\cos(\omega_c t)$ 为同步参考信号，两个信号相叠加后为

$$u(t)=u_r(t)+u_s(t)=U_{rm}\cos(\omega_c t)+U_{sm}\cos(\Omega t)\cos(\omega_c t)$$

$$=U_{rm}\left[1+\frac{U_{sm}}{U_{rm}}\cos(\Omega t)\right]\cos(\omega_c t) \tag{5-58}$$

若$U_{rm}>U_{sm}$，$m_a<1$，则会合成不失真的普通调幅信号，可通过包络检波器进行检波。

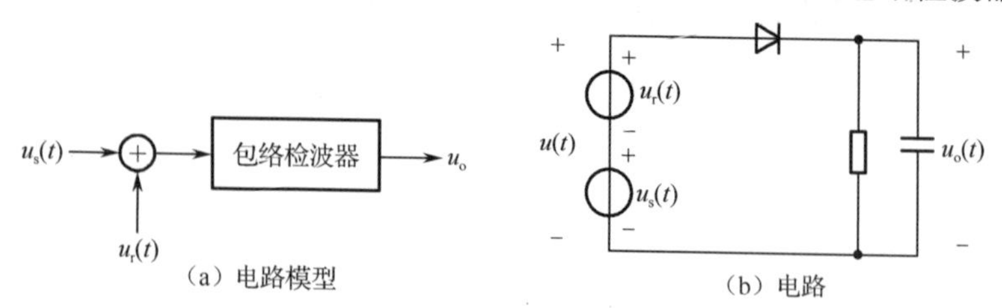

图 5.50　叠加型同步检波器的电路模型及电路

5.4　混频器与混频干扰

混频器又称变频器，它的作用是把已调信号的载波频率变换为另一载波频率，而其调制类型及调制参数不变。混频器是通信系统中的超外差式接收设备的重要组成部分，它将波段内的已调信号变为与输入载波无关的、具有固定载频的中频信号，使后级中频放大器具有增益高、选择性好、稳定性高等特性，从而使接收机的灵敏度和选择性得到很大的提高。频率合成器常常需要完成频率的加减运算，从而由基本频率信号得到不同于原频率的新信号。混频器原理框图如图 5.51 所示。

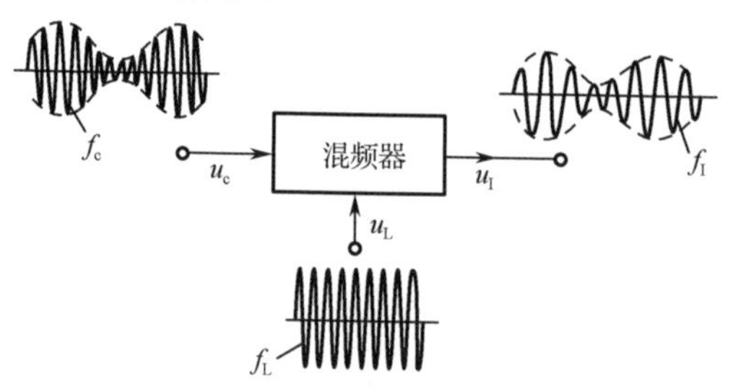

图 5.51　混频器原理框图

由图 5.51 可知，在混频器的两个输入电压中，一个是载频为f_c的已调波，另一个是频率为f_L的本振信号，其输出信号的载波频率为f_I，称为中频已调信号。如果中频信号的频率等于两个输入信号的频率之和，则称为上混频；如果中频信号的频率等于两个输入信号的频率之差，则称为下混频。如果本振信号由外部其他电路提供，则称为变频电路，也称他激式混频器，简称混频器；如果本振信号是由变频电路自身产生的，则称为自激式混频器，简称变频器。混频器的频谱变换过程如图 5.52 所示。混频器将高频已调信号转换为中频已调信号，是频谱的线性搬移电路。

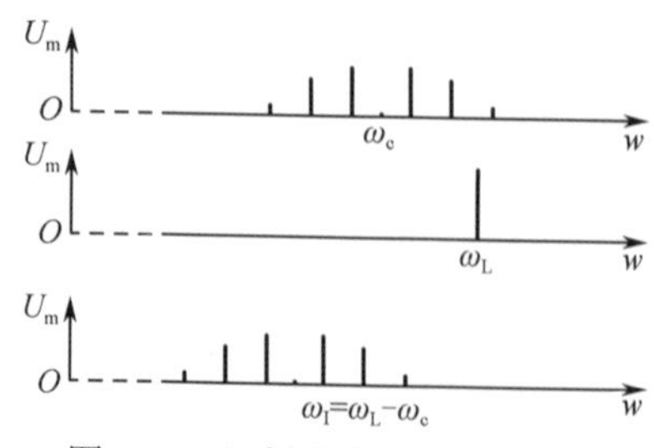

图 5.52　混频器的频谱变换过程

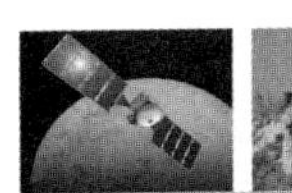

5.4.1　混频器的主要性能指标

1. 混频增益

混频增益是表征混频器将输入信号转化成输出中频有用信号的能力的技术指标，定义为混频器的中频输出电压振幅 U_{I} 与高频输入信号电压振幅 U_{S} 之比，即

$$K_{\mathrm{vc}}=\frac{U_{\mathrm{I}}}{U_{\mathrm{S}}} \tag{5-59}$$

2. 噪声系数

噪声系数主要用于表征混频器对噪声的抑制能力，噪声系数越小，说明混频器抑制噪声的能力越强。混频器的噪声系数定义为

$$N_{\mathrm{F}}=\frac{\text{输入信噪比（信号频率）}}{\text{输出信噪比（中频频率）}}$$

3. 失真与干扰

混频器的失真分为频率失真和非线性失真。除此之外，混频器还会产生各种非线性干扰，如组合频率、交叉调制、互相调制、阻塞等干扰。所以，混频器不仅需要频率特性好，而且需要工作在非线性不太严重的区域，以便既能完成频率变换，又能抑制各种干扰。

4. 选择性

混频器的中频输出应该只有所要接收的有用信号（中频已调信号），即 $f_{\mathrm{I}}=f_{\mathrm{L}}-f_{\mathrm{c}}$，而不应该有其他不需要的干扰信号。但由于各种原因，在混频器的输出中总会混杂很多与中频接近的干扰信号。

5.4.2　混频器电路

1. 集成模拟相乘混频器

从频谱的角度分析，混频器属于频谱线性搬移电路。混频器电路可以用具有频谱线性搬移功能的相乘器来构成，其电路组成框图如图 5.53 所示。

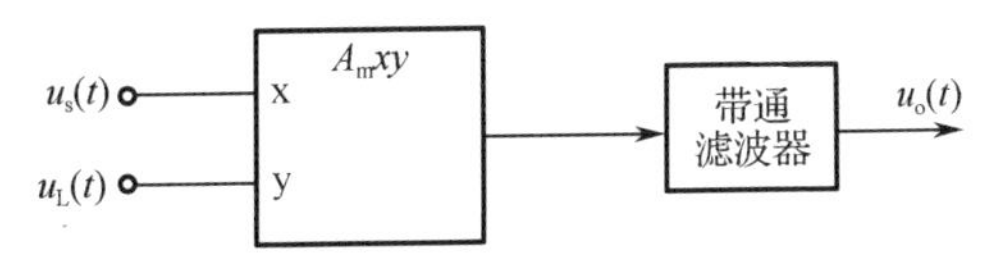

图 5.53　集成模拟相乘混频器的电路组成框图

设输入信号为普通调幅波，即 $u_{\mathrm{s}}(t)=U_{\mathrm{sm}}[1+m_{\mathrm{a}}\cos(\Omega t)]\cos(\omega_{\mathrm{c}}t)$，本振信号为 $u_{\mathrm{L}}(t)=U_{\mathrm{Lm}}\cos(\omega_{\mathrm{L}}t)$，$A_{\mathrm{m}}$ 为相乘器的增益系数，则相乘器的输出电压为

$$\begin{aligned}u_{\mathrm{o}}'=&\frac{1}{2}U_{\mathrm{sm}}U_{\mathrm{Lm}}[1+m_{\mathrm{a}}\cos(\Omega t)]\cos[(\omega_{\mathrm{c}}+\omega_{\mathrm{L}})t]+\\&\frac{1}{2}U_{\mathrm{sm}}U_{\mathrm{Lm}}[1+m_{\mathrm{a}}\cos(\Omega t)]\cos[(\omega_{\mathrm{c}}-\omega_{\mathrm{L}})t]\end{aligned} \tag{5-60}$$

经中心频率为 f_{I}、带宽为 $2F$ 的带通滤波器滤波后，可得

$$u_o = \frac{1}{2}U_{sm}U_{Lm}[1 + m_a\cos(\Omega t)]\cos[(\omega_c - \omega_L)t] \quad (5\text{-}61)$$

由此可见，若混频器输入的是普通调幅波，载频为ω_c，混频器输出的依然为普通调幅波，载频为中频，即$|\omega_L - \omega_c|$。

由集成模拟相乘器MC1595构成的混频电路如图 5.54 所示。如果本振电压u_L、高频信号电压u_s分别从 4、9 引脚输入，MC1595的输出端 2、14 引脚接 LC 并联谐振回路进行滤波，则输出的就是我们需要的中频u_I。

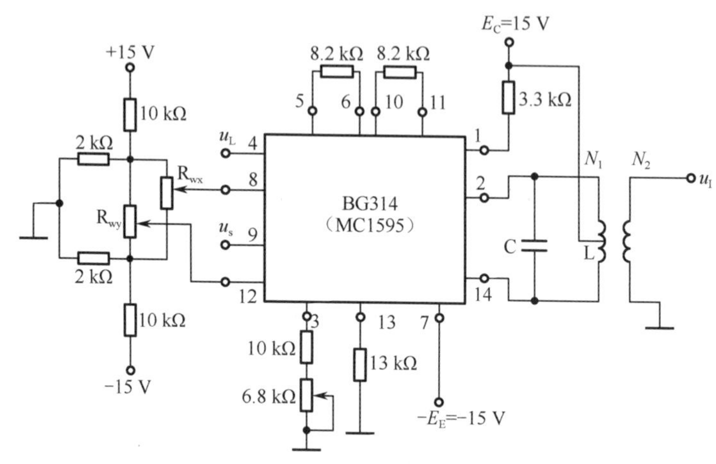

图 5.54　由集成模拟相乘器 MC1595 构成的混频电路

集成模拟相乘混频器的优点如下：一是混频输出电流的频谱纯净，组合频率分量少，用于接收机时可大大减少寄生通道干扰；二是对本振电压的大小无严格限制，混频时，本振电压振幅基本与输出失真无关，但会影响中频变频增益；三是当本振电压振幅一定时，中频输出电压振幅与输入信号电压振幅呈线性关系，并且允许输入信号的动态范围较大，有利于减少交调和互调失真。

2. 二极管环形混频器

二极管相乘器可以构成混频器，在通信设备中广泛采用二极管环形相乘器构成混频器，称为二极管环形混频器。它主要用于通信系统的微波波段，其电路如图 5.55 所示。

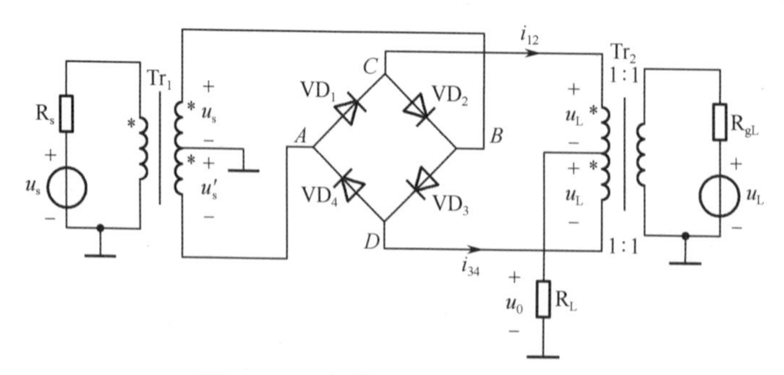

图 5.55　二极管环形混频器的电路

在图 5.55 中，Tr_1、Tr_2为中心抽头的宽频带变压器。为了让二极管工作在开关状态，通常要求本振信号的功率必须足够大。该电路的主要优点是工作频带宽（可达几千兆赫

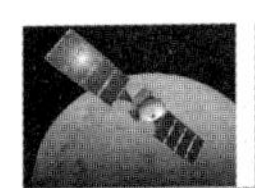  

兹），噪声系数小，动态范围大；其主要缺点是混频增益小于 1。

3. 三极管混频器

三极管属于非线性器件，所以可以利用三极管的非线性来实现混频，其混频原理图如图 5.56 所示。

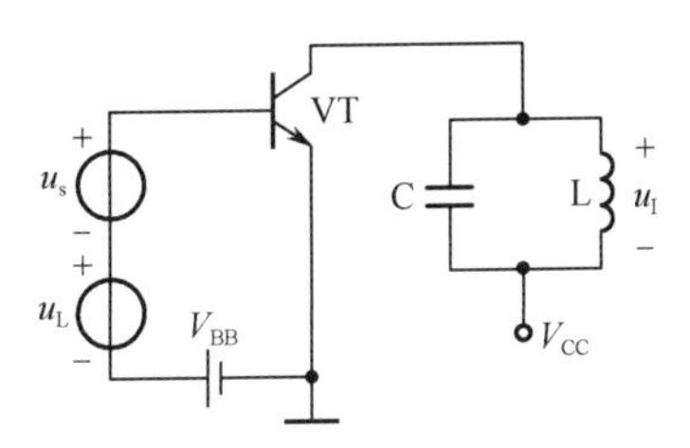

图 5.56　三极管的混频原理图

在图 5.56 中，本振电压 u_L、高频信号电压 u_s 和直流电压 V_{BB} 相加后，作用在三极管的发射极，并利用三极管的集电极电流 i_C 与 u_{BE} 之间的非线性实现混频。因为三极管的发射极相当于一个二极管，由二极管的相乘特性可知，流过三极管的基极电流中一定有 u_s 和 u_L 的基波分量、和频分量、差频分量。因此，三极管的集电极电流中也有 u_s 和 u_L 的基波分量、和频分量、差频分量，通过 LC 并联谐振回路选出我们需要的差频分量 $f_L - f_c$（中频）信号，从而实现了混频。

在三极管混频器中，本振电压的注入方式有发射极注入和基极注入两种，如图 5.57 所示。基极注入时，u_L 本振功耗较小，但 u_s 与 u_L 两回路耦合较紧，不利于各自电源电路的隔离，如调谐信号源谐振回路时会对本振谐振回路的谐振频率产生影响。

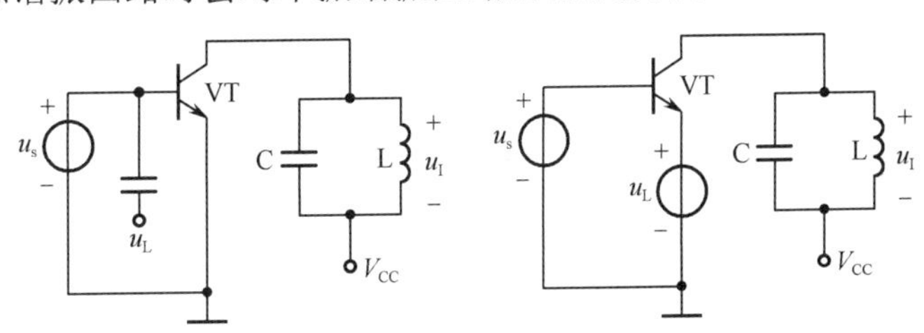

图 5.57　三极管混频器的本振电压注入方式

因为各个广播电台的节目信号的载频都不相同，对同一个收音机来说，不同频率的信号的放大倍数是不同的，甚至有的广播电台的节目载频可能落在收音机中放大器的通频带外，无法接收节目信号。因此，需要一个电路来把所接收的节目载频转换为同一中频（465 kHz），这样所有的节目信号被接收后都能落在放大器的通频带内，而且都能得到同等的放大倍数，这个电路就是变频电路，即混频器。图 5.58 所示为中波调幅收音机的变频电路，该电路的混频和本振放大是由三极管完成的，没有独立的本振信号，所以又称为变频电路，输出中频固定为 465 kHz。

C_{1b}、C_0 和变压器 Tr_1（由 L_1 和 L_2 组成）的初级线圈构成收音机的调谐回路，用于选出所要接收的节目信号，选出来的节目信号通过变压器 Tr_1 耦合传输到三极管的基极作为输入电压 u_s。变压器 Tr_2（由 L_3 和 L_4 组成）的次级线圈与电容 C_{1b}、C_3、C_5 一起构成 LC 电感三端式振荡器的选频回路，该选频回路与三极管一起构成 LC 电感三端式振荡器，产生混频

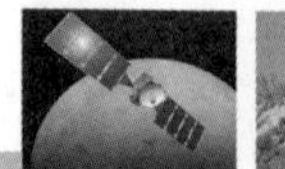

所需要的本振信号u_L，本振信号通过C_2在电阻R_3上产生压降，从发射极注入本振信号。三极管既是振荡器的三极管，也是混频器件，所以信号u_s和u_L在三极管中混频，三极管集电极的电流中就有u_s和u_L的和频分量和差频分量。C_4与Tr_3（由L_5和L_6组成）构成中频谐振回路，谐振频率为 465 kHz，选出需要的中频信号，并通过耦合传输给下一级功率放大器进行放大。

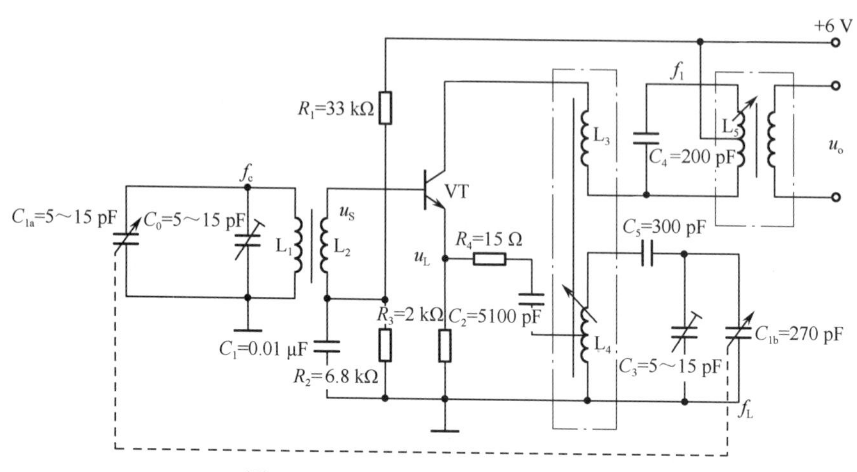

图 5.58　中波调幅收音机的变频电路

C_{1a}、C_{1b}是一个双联电容，在改变接收信号的载频f_c（选台）时，同时改变本地振荡器的振荡频率f_L，从而保证了$f_L - f_c$始终等于 465 kHz。

5.4.3　混频干扰

由于混频器是非线性器件，其非线性在混频过程中会产生一定的干扰，这些干扰主要有有用信号与本振信号在混频器中混频产生的干扰、干扰信号与有用信号在混频器中生成的新的频率干扰、干扰信号与干扰信号在混频器中产生的新的频率干扰等。这些干扰的频率落在接收机中的中频放大器的通频带内，被中频放大器放大后送到检波器，检波后在输出级引起串音、啸叫和其他噪声，严重影响接收机对所需信号的接收。

1. 组合频率干扰

组合频率干扰是在无输入干扰和噪声的情况下，仅由有用信号u_s和本振信号u_L通过频率变换通道形成的组合频率干扰。混频时我们需要的是中频$f_L - f_c = f_I$，但是在有用信号与本振信号混频时，由于非线性特性，会产生很多组合频率$|\pm pf_L \pm qf_c|$。如果$f_L - f_c = f_I$以外的组合频率也等于f_I，或者落在中频通道的通频带内，在输出端一定会形成干扰，证明如下：

$$\frac{f_c}{f_I} \approx \frac{p \pm 1}{q - p} \tag{5-62}$$

如果找到满足式（5-62）的p和q的整数，则会形成组合频率干扰。如果满足式（5-62）的p和q的整数较大，则形成的干扰会很小，因为p和q越大，组合频率分量就越弱。例如，调幅广播接收机的中频频率为 465 kHz，某电台的发射频率为$f_c = 927$ kHz，

$\Delta f_{0.7}=4\,\text{kHz}$， $f_L=f_c+f_I=1392\,\text{kHz}$ 。显然，最小的无用组合干扰点发生在 $p=1$ 、 $q=2$ ，即 $2f_c-f_L=2\times927-1392=462(\text{kHz})\approx f_I$ ，与中频频率 465 kHz 相差 3 kHz，在中频通频带内。462 kHz 的载波与 465 kHz 的中频信号同时加到检波器上，将会产生由其与载频信号产生的具有差频频率为 465 kHz − 462 kHz = 3 kHz 的信号输出，即出现音频频率范围内的啸叫。

频率干扰由有用信号产生，与外界干扰信号无关，它不能靠提高前端电路的选择性来减少干扰。通常采取的措施有：①合理进行中频和本振频率的安排，提高最低干扰点的阶数（ $p+q$ 的值）；②优化混频电路，使有用信号强度增强，无用信号强度减弱，分量减少。

2. 组合副波道干扰

组合副波道干扰是指外来干扰电压 u_n 与本振电压 u_L 在混频非线性作用下形成的中频信号（ $pf_L-qf_n=f_I$ 或 $qf_n-pf_L=f_I$ ），这个中频信号不是我们需要的。显然，组合副波道干扰是由于接收机前端的选择性不好，外界干扰信号窜入而引起的干扰，其中最强的组合副波道干扰为中频干扰和镜像干扰。

1）中频干扰

在 $qf_n-pf_L=f_I$ 中，当 $p=0$ 、 $q=1$ 时， $f_n=f_I$ 。显然，当一种接近中频的干扰信号进入混频器时，可以直接通过混频器进入中放电路，并被放大、解调后在输出端形成干扰。为了抑制这种干扰，通常采取的措施是提高混频器前级的选择性；在混频器前级增加中频吸收电路；合理选择中频数值，中频选在工作波段之外。

2）镜像干扰

当干扰信号频率 f_n 与有用信号频率 f_c 关于本振信号频率 f_L 对称时，干扰信号与本振信号经混频后刚好产生等于中频频率 f_I 的干扰信号，这种干扰叫镜像干扰。镜像干扰的频率关系如图 5.59 所示。

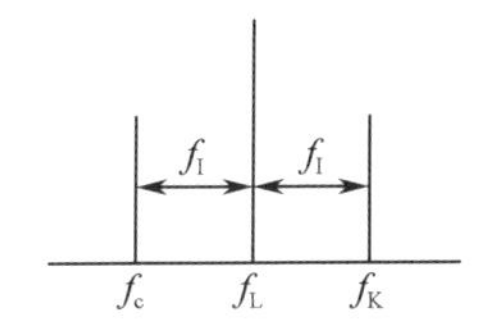

图 5.59　镜像干扰的频率关系

抑制镜像干扰的方法有两种：一是提高混频前级的选择性；二是提高中频频率，使镜像干扰频率远离有用信号频率。例如，某电台节目的载频为 $f_c=639\,\text{kHz}$ ，收音机在接收此节目时的本振频率为 $f_L=f_I+f_c=639\,\text{kHz}+465\,\text{kHz}=1104\,\text{kHz}$ ，如果来自其他电台的频率为 $f_n=f_L+f_I=1104\,\text{kHz}+465\,\text{kHz}=1569\,\text{kHz}$ 的信号在混频之前没有被抑制，则该信号进入混频器混频后，可得 $f_n-f_L=465\,\text{kHz}$ 的中频信号，该中频信号将被选出进入后级输出而形成镜像干扰，产生串台及啸叫。

3. 交叉调制干扰

交叉调制干扰（交调干扰）是指当有用信号与干扰信号一起作用于混频器时，由于混频器的非线性作用，将干扰的调制信号调制到了中频载波上，即将干扰的调制信号转移到

有用信号的载波上而形成的一种干扰。在混频器中，除了非线性器件的四次方项，更高的偶次方项也可以形成交调干扰，但幅值较小，一般可以不考虑。由于混频器正常工作的中频是由二次方项产生的，其中本振电压占了一阶，所以习惯上将四次方项产生的交调称为三阶交调。

交调干扰的特点如下。

① 交调干扰与有用信号并存，通过有用信号产生作用，一旦有用信号为零，交调干扰就会消失。

② 与干扰的载频无关，任何频率的强干扰都可能形成交调干扰，所以交调干扰是危害较大的一种干扰。

③ 在混频器中，除了非线性特性的四次方项，更高的偶次方项也可以产生交调干扰，但一般由于幅值较小，可以不考虑。

抑制交调干扰的措施如下：一是提高前级电路的选择性；二是选择合适的器件和合适的工作点，使不需要的非线性项（四次方项）尽可能小，以减少组合分量。

4. 互相调制干扰

两个（或两个以上）干扰信号同时加到混频器输入端，由于混频器的非线性作用，两干扰信号与本振信号相互混频，若产生的组合频率分量接近于中频，则它将能顺利通过中频放大器，经检波器检波后产生干扰。把这种与两个（或多个）干扰信号有关的干扰称为互相调制干扰，简称互调干扰。

例如，接收机调整为接收 1200 kHz 信号的状态，这时本振频率为 f_L =1665 kHz （中频频率为 465 kHz），频率分别为 1190 kHz 和 1180 kHz 的两个干扰信号也加到混频器的输入端，经过混频获得的组合频率为[1665−(2×1190−1180)]kHz=(1665−1200)kHz=465 kHz。此频率恰好为中频频率，因此它可经过中频放大器而形成干扰。

本章小结

1．振幅调制是将要传输的低频信息加载到高频载波上，振幅调制的实质是频谱的线性搬移，将低频线性地搬移到高频的一侧或两侧。振幅调制按照调制的方式可以分为普通调幅（AM）、双边带调幅（DSB）和单边带调幅（SSB）。普通调幅的包络反映了调制信号的规律，所以可以利用二极管包络检波电路进行解调，但要求普通调幅波的振幅要大于0.5V。双边带调幅和单边带调幅的包络不再反映调制信号的规律，所以双边带调幅和单边带调幅可以采用乘积型同步检波或叠加型同步检波。普通调幅电路的结构简单，但是功率浪费较严重，所占的频带较宽。双边带调幅电路的结构与普通调幅电路的结构相当，但是比普通调幅电路节省发射功率；其所占频带与普通调幅波所占频带一样，等于调制信号的两倍 $2F\,(2F_{max})$。单边带调幅电路的结构复杂，但是其发射效率在双边带调幅电路的基础上进一步提高，并且所占频带宽度只有双边带调幅波所占频带宽度的一半，提高了频带的利用率。

2．按照调制后的功率大小来分，调幅电路可以分为高电平调幅电路和低电平调幅电路。高电平调幅电路是在功率放大的同时进行调幅的，只能实现普通调幅。它不需要专门的功率放大器，调制后就可以立即通过天线向自由空间发射电磁波，通常放在无线电通信发送设备的末级。低电平调幅电路由于载波被调制时处于低电平状态，调制后的功率很小，需要专门的功率放大器放大后才能进行发射，通常放在无线电通信系统的发送设备的前面。

3．振幅解调是指将高频载波所携带的信息取出来的过程，也是频谱的线性搬移过程，只不过是把低频调制信号从调制后的高频段线性搬移到低频段，还原它原来的频谱。振幅解调主要有二极管包络检波和同步检波（乘积型同步检波和叠加型同步检波），二极管包络检波器只适合于大信号的普通调幅波的解调；乘积型同步检波器适合于三种调幅波的解调；叠加型同步检波器适合于双边带调幅波和单边带调幅波的解调。

4．混频器是将输入信号的频率变换成需要的频率，它只改变输入信号的频率，不改变输入信号的波形，混频器也属于频谱的线性搬移电路。如果混频器没有独立的本地振荡器，则称为变频器。混频干扰主要有三种，分别是组合频率干扰、组合副波道干扰和交叉调制干扰。减少混频干扰的方法主要有提高混频前级电路的选择性、提高非线性器件的相乘性、优化混频电路等。

5．无论是调幅电路、检波电路，还是混频电路，其实质都是频谱的线性搬移，非线性器件具有频谱的线性搬移功能。实际上，我们通常把由非线性器件构成的相乘器作为线性频谱搬移的主要工具。

习题 5

一、填空题

1．振幅调制、振幅解调与混频电路在频域上都称为频谱的________搬移电路，它们采用________器件构成。

2．用低频调制信号改变高频载波信号________的过程，称为调幅。普通调幅信号的特点是：已调信号振幅的包络变化与________信号的变化规律相同，它包含________分量、________分量和________分量。

3．单边带调幅信号产生的方法有________和________。

4．普通调幅信号的振幅最大值为15 V，振幅最小值为5 V，则该调幅信号的载频分量振幅为________ V，调幅系数为________，边频分量振幅为________ V。

5．高电平调幅电路包括________和________两种，它只能用来产生________调幅信号。

6．从高频调幅信号中取出原低频调制信号的过程，称为________。常用的振幅解调电路有________和________两种，其中________只能用来解调普通调幅信号，________主要用来解调单边带调幅信号和双边带调幅信号。

7．在二极管包络检波电路中，产生负峰切割失真的原因是________。

8．假设差频的混频器输入信号为 $u_s(t)=0.1[1+0.3\cos(2\pi\times10^3 t)]\cos(2\pi\times10^6 t)\text{V}$，本振信号为 $u_L(t)=\cos(2\pi\times1.465\times10^6 t)\text{V}$，则混频器输出信号的中频载频为________Hz，调幅系数为________，频带宽度为________Hz。

9．混频器由________、________和________三部分组成。

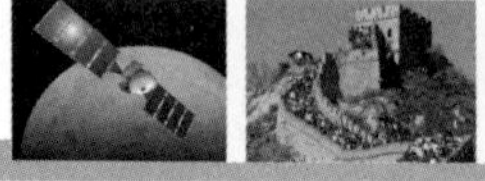

二、单项选择题

1．低频调制信号为$u_{\Omega}(t)=U_{\Omega m}\cos(\Omega t)$，高频载波信号为$u_{c}(t)=U_{cm}\cos(\omega_{c}t)$，在下列表达式中，单边带调幅信号是（　　）。

A．$u(t)=U_{m}[1+m_{a}\cos(\Omega t)]\cos(\omega_{c}t)$

B．$u(t)=U_{m}\cos(\Omega t)\cos(\omega_{c}t)$

C．$u(t)=U_{m}\cos(\omega_{c}+\Omega)t$

D．$u(t)=U_{\Omega m}\cos(\Omega t)+U_{cm}\cos(\omega_{c}t)$

2．低频调制信号的频率范围为$F_{1}\sim F_{n}$，用来进行调幅，产生的普通调幅波的带宽为（　　）。

A．$2F_{1}$　　B．$2F_{n}$　　C．$F_{n}-F_{1}$　　D．$F_{n}+F_{1}$

3．已知普通调幅波在调制信号一周期内的平均功率为$P_{AV}=15\text{ W}$，$m_{a}=1$，则其中一个边频分量的功率为（　　）W。

A．15　　B．10　　C．5　　D．2.5

4．当低频调制信号为单音频信号时，普通调幅信号的频谱为（　　）。

A．上、下两个边频　　B．载频和无数对边频

C．载频和上、下两个边频　　D．无数对上、下边频

5．为了避免普通调幅调制产生失真，要求其调幅系数为（　　）。

A．≥1　　B．≤1　　C．≥0　　D．≤0

6．二极管混频器具有（　　）功能。

A．放大　　B．振荡　　C．相乘　　D．选频

7．在二极管包络检波电路中，产生惰性失真的主要原因是（　　）。

A．输入信号过大　　B．输入信号的调幅系数过小

C．RC过大　　D．R_{L}过大

8．在二极管包络检波电路中，如果交、直流负载差异过大，则会出现（　　）失真。

A．频率失真　　B．负峰切割失真　　C．惰性失真　　D．非线性失真

9．在检波器的输入信号中，如果所含有的频率成分为ω_{c}、$\omega_{c}+\Omega$、$\omega_{c}-\Omega$，则在理想情况下输出信号中含有的频率成分为（　　）。

A．ω_{c}　　B．$\omega_{c}+\Omega$　　C．$\omega_{c}-\Omega$　　D．Ω

10．调幅波解调电路中的滤波器应采用（　　）。

A．带通滤波器　　B．低通滤波器　　C．高通滤波器　　D．带阻滤波器

11．某超外差式接收机的中频为$f_{I}=465\text{ kHz}$，输入信号的载波频率为$f_{c}=810\text{ kHz}$，本振信号的频率为（　　）kHz。

A．2085　　B．1275　　C．1275或345　　D．345

12．调幅信号经过混频后，（　　）将发生变化。

A．调幅系数　　B．频带宽度　　C．载波频率　　D．振幅变化规律

三、判断题

1．器件的非线性在放大电路中是有害的，在频率变换电路中是有利的。　　（　　）

2．非线性器件的伏安特性为 $i = a_0 + a_1 u + a_3 u^3$，可用来混频。（　　）

3．二极管环形混频器除了可以实现混频，还可以实现振幅调制和解调。（　　）

4．在同步检波电路中，同步信号必须与调幅信号的载波信号严格同频同相。（　　）

5．混频电路是一种非线性频谱搬移电路。（　　）

6．双边带调幅波所包含的频率成分有载频和上、下边频。（　　）

四、计算题

1．设某一广播电台的节目信号为 $u_s(t) = 20(1 + 0.3\cos 6280t)\cos(6.28\times10^6 t)\text{mV}$，此节目信号是采用什么调制方式的调幅信号？载波频率 f_c 是多少？调制信号频率 F 是多少？

2．在如图 5.60 所示的电路模型中，已知 $u_c(t) = \cos(2\pi\times10^7 t)\text{V}$，$u_\Omega(t) = \cos(2\pi\times10^3 t)\text{V}$，$A_m = 0.1\,\text{V}^{-1}$，$U_Q = 2\,\text{V}$。试写出输出电压的表示式，求出调幅系数 m_a，并画出输出电压的波形图及频谱图。

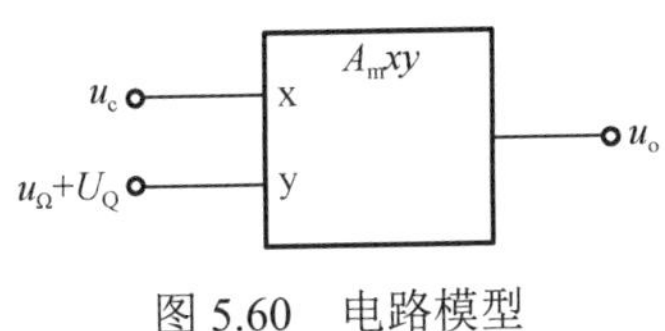

图 5.60　电路模型

3．已知调幅信号为 $u(t) = \{\cos(2\pi\times10^6 t) + 0.2\cos[2\pi\times(10^6 + 10^3)t] + 0.2\cos[2\pi\times(10^6 - 10^3)t]\}\text{V}$。试分析该调幅信号是什么类型的调幅信号，求出其调幅系数 m_a，并画出它的波形图和频谱图。

4．调幅波的频谱图和波形如图 5.61 所示。试分别写出它们的表示式。

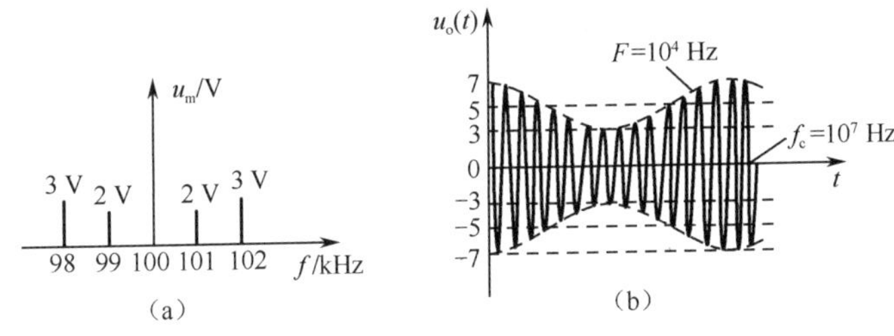

图 5.61　调幅波的频谱图和波形

5．在负载 $R_L = 100\,\Omega$ 的条件下，某发射机的输出信号为 $u_s(t) = 4[1 + 0.5\cos(\Omega t)]\cos(\omega_c t)\text{V}$。试求总功率、边频功率和每一边频的功率。

6．二极管包络检波电路如图 5.62 所示。已知输入已调波的载频为 $f_c = 465\,\text{kHz}$，调制信号频率为 $F = 5\,\text{kHz}$，调幅系数为 $m_a = 0.3$，负载电阻为 $R = 5\,\text{k}\Omega$。为了避免产生惰性失真，试求滤波电容 C 的值，并求出检波器的输入电阻 R_i 的值。

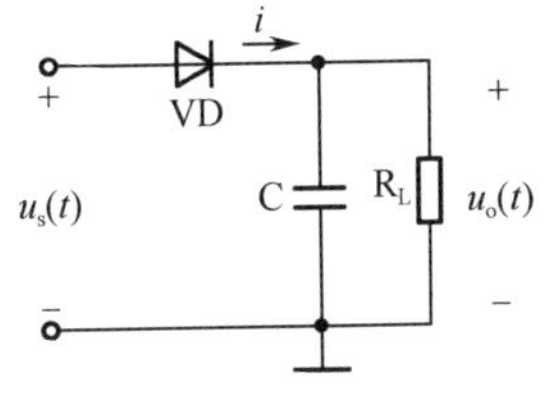

图 5.62　二极管包络检波电路

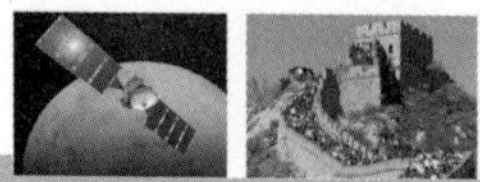

7．三极管混频电路如图 5.63 所示。已知中频为 $f_I = 465\,\text{kHz}$，输入信号为 $u_s(t) = 5[1 + 0.5\cos(2\pi\times10^3 t)]\cos(2\pi\times10^6 t)\text{mV}$。试分析该电路的工作原理，并说明 L_1C_1、L_2C_2、L_3C_3 三谐振回路调谐在什么频率上；画出 F、G、H 三点对地电压波形并指出其特点。

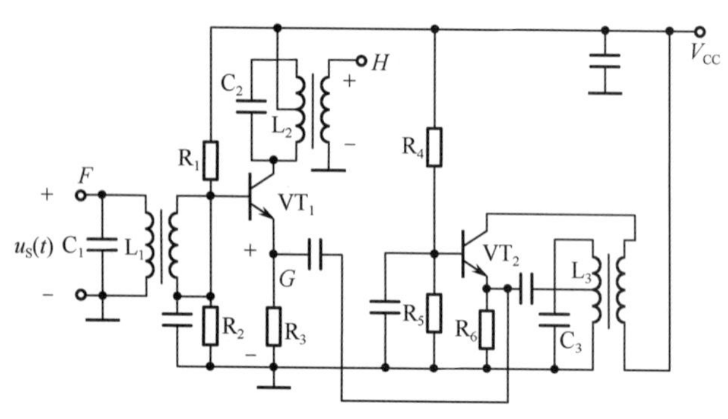

图 5.63　三极管混频电路

8．广播超外差式接收机的中频为 $f_I = f_L - f_c = 465\,\text{kHz}$，工作频段为535～1605 kHz。试分析下列现象分别属于何种干扰：（1）当调谐到929 kHz时，可听到啸叫；（2）当收听频率为535 kHz时，还能听到频率为1530 kHz的电台节目；（3）当收听频率为1300 kHz时，还能听到频率为560 kHz的电台节目；（4）当调谐到 $f_c = 720\,\text{kHz}$ 时，进入混频器的节目信号频率分别为798 kHz和894 kHz，它们会产生干扰吗？

角度调制是用低频调制信号来控制高频载波信号的频率或相位而实现的调制。如果载波信号的频率随调制信号呈线性变化，则称频率调制（简称调频）；如果载波信号的相位随调制信号呈线性变化，则称相位调制（简称调相）。调频和调相表现为载波信号的瞬时相位受到低频调制信号的影响而改变，故两者统称为角度调制，简称调角。

在振幅调制系统中，调制的结果是实现了频谱的线性搬移。在角度调制系统中，调制的结果是实现了频谱的非线性搬移。属于非线性频率变换的角度调制比属于线性频率变换的振幅调制与解调在原理和电路实现上要困难一些。由于角度调制信号在抗干扰方面比振幅调制信号要好得多，因此，虽然它占用的带宽更多，但是仍然得到了广泛应用。其中，在模拟通信方面，调频比调相更加优越，故大都采用调频。

本章主要讨论角度调制的基本原理、调频与解调电路的工作原理。

6.1 角度调制的基本原理

6.1.1 瞬时角频率与瞬时相位的基本概念

为了方便理解瞬时角频率和瞬时相位的概念，应用旋转矢量图来说明，如图 6.1 所示。设旋转矢量长度为$U_{\rm m}$，围绕原点逆时针旋转，旋转的角速度为$\omega(t)$，也称瞬时角频率。当$t=0$时，矢量与实轴之间的夹角为φ_0。矢量与实轴之间的夹角$\varphi(t)$也称瞬时相位，矢量在实轴上的投影代表某一正弦波信号，即

$$u(t)=\int_0^t U_{\rm m}\cos\varphi(t){\rm d}t \tag{6-1}$$

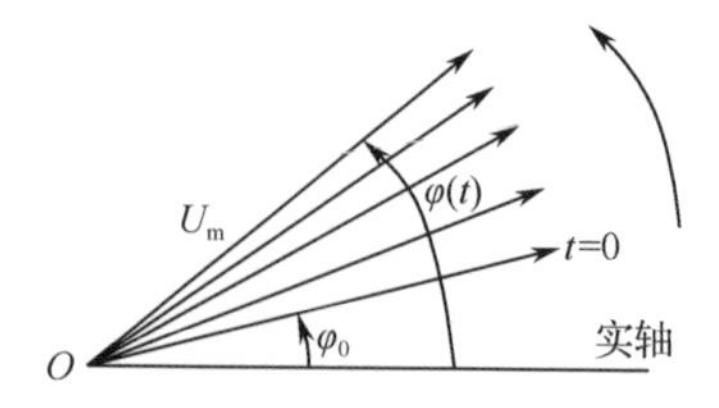

图 6.1　瞬时角频率和瞬时相位的旋转矢量图

瞬时相位 $\varphi(t)$ 等于矢量在 t 时间内所旋转过的角度与初相角 φ_0 之和，即

$$\varphi(t)=\int_0^t \omega(t)\mathrm{d}t+\varphi_0 \tag{6-2}$$

在式（6-2）中，等式右边第一项是矢量在 $0\sim t$ 时间间隔内所转过的角度。若 $\omega(t)=\omega_c$ 为常数，则瞬时相位为

$$\varphi(t)=\omega_c t+\varphi_0 \tag{6-3}$$

瞬时角频率 $\omega(t)$ 和瞬时相位 $\varphi(t)$ 的关系为

$$\omega(t)=\frac{\mathrm{d}\varphi(t)}{\mathrm{d}t} \tag{6-4}$$

6.1.2　角度调制信号的基本性质

1. 调频、调相（统称调角）

调频（FM）：用调制信号来控制高频载波信号频率，使高频载波信号的瞬时角频率随调制信号规律线性变化的过程。

调相（PM）：用调制信号来控制高频载波信号的相位，使高频载波信号的瞬时相位随调制信号规律线性变化的过程。

2. 角度调制信号的特点

（1）角度调制不改变载波的振幅，角度调制信号是等幅信号。

（2）角度调制及解调属于频谱的非线性变换电路。

（3）角度调制抗干扰能力强、信号传输保真度高、功放管利用率高。

（4）角度调制的主要缺点是有效带宽大，只适合在超短波或频率更高的波段使用。

6.1.3　调频原理

1. 调频信号的数学表达式

设高频载波为 $u_c(t)=U_{cm}\cos(\omega_c t)$，调制信号为 $u_\Omega(t)=U_{\Omega m}\cos(\Omega t)$。根据定义，调频波的瞬时角频率为

$$\omega_c(t)=\omega_c+k_f u_\Omega(t) \tag{6-5}$$

式中，k_f 为由调制电路确定的比例系数，单位是 $\mathrm{rad/(s\cdot V)}$ ，即单位电压引起的角频率的变化量。

调频波的瞬时相位为

$$\varphi(t)=\int_0^t \omega(t)\mathrm{dt}=\int_0^t[\omega_c+k_f u_\Omega(t)]\mathrm{d}t=\omega_c t+k_f\int_0^t u_\Omega(t)\mathrm{d}t \tag{6-6}$$

瞬时角频率为

$$\omega_c = \omega_c + k_f U_{\Omega m}\cos(\Omega t) = \omega_c + \Delta\omega_m \cos(\Omega t) \tag{6-7}$$

瞬时角频率偏移（瞬时角频偏）为

$$\Delta\omega(t) = \Delta\omega\cos(\Omega t) \tag{6-8}$$

最大角频偏为

$$\Delta\omega_m = k_f U_{\Omega m} \tag{6-9}$$

瞬时相位为

$$\varphi(t) = \omega_c t + k_f \int_0^t U_{\Omega m}\cos(\Omega t)\mathrm{d}t = \omega_c t + \frac{k_f U_{\Omega m}}{\Omega}\sin(\Omega t) \tag{6-10}$$

瞬时相偏为

$$\Delta\varphi(t) = \frac{k_f U_{\Omega m}}{\Omega}\sin(\Omega t) \tag{6-11}$$

最大相偏为

$$\Delta\varphi_m = \frac{k_f U_{\Omega m}}{\Omega} \tag{6-12}$$

调频指数为

$$m_f = \Delta\varphi_m = \frac{k_f U_{\Omega m}}{\Omega} = \frac{\Delta\varphi_m}{\Omega} = \frac{\Delta f_m}{F} \tag{6-13}$$

调频波的数学表达式为

$$u_{FM}(t) = U_{cm}\cos\varphi(t) = U_{cm}\cos\left[\omega_c t + k_f\int_0^t u_\Omega(t)\mathrm{d}t\right] = U_{cm}\cos[\omega_c t + m_f\sin(\Omega t)] \tag{6-14}$$

2. 调频信号波形

调频信号的波形图如图 6.2 所示。

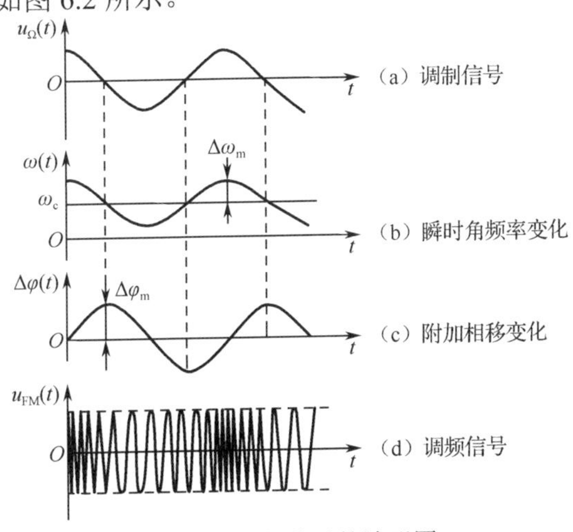

图 6.2　调频信号的波形图

6.1.4　调相原理

1. 调相信号的数学表达式

设高频载波为 $u_c(t) = U_{cm}\cos(\omega_c t)$，调制信号为 $u_\Omega(t) = U_{\Omega m}\cos(\Omega t)$，根据定义，调相波

的瞬时相位为

$$\varphi(t)=\omega_c t+k_p u_\Omega(t) \tag{6-15}$$

式中，k_p 为由调相电路确定的比例系数，单位是rad/V，表示单位电压引起的相位变化量。

调相波的瞬时角频率为

$$\omega(t)=\frac{\mathrm{d}\varphi(t)}{\mathrm{d}t}=\omega_c+k_p\frac{\mathrm{d}u_\Omega(t)}{\mathrm{d}t} \tag{6-16}$$

瞬时相位为

$$\varphi(t)=\omega_c t+k_p U_{\Omega m}\cos(\Omega t) \tag{6-17}$$

瞬时相偏为

$$\Delta\varphi(t)=k_p U_{\Omega m}\cos(\Omega t) \tag{6-18}$$

最大相偏为

$$\Delta\varphi_m=k_p U_{\Omega m} \tag{6-19}$$

瞬时角频率为

$$\omega(t)=\omega_c+k_p\frac{\mathrm{d}u_\Omega(t)}{\mathrm{d}t}=\omega_c-k_p U_{\Omega m}\sin(\Omega t) \tag{6-20}$$

瞬时角频偏为

$$\Delta\omega(t)=k_p U_{\Omega m}\sin(\Omega t) \tag{6-21}$$

最大角频偏为

$$\Delta\omega_m=k_p U_{\Omega m}\Omega \tag{6-22}$$

调相指数为

$$m_p=\Delta\varphi_m=k_p U_{\Omega m}=\frac{\Delta\omega_m}{\Omega}=\frac{\Delta f_m}{F} \tag{6-23}$$

调相波的数学表达式为

$$\begin{aligned}u_{PM}(t)&=U_{cm}\cos\varphi(t)=U_{cm}\cos[\omega_c t+k_p u_\Omega(t)]\\&=U_{cm}\cos[\omega_c t+m_p\cos(\Omega t)]\end{aligned} \tag{6-24}$$

2. 调相信号波形

调相信号波形图如图6.3所示。

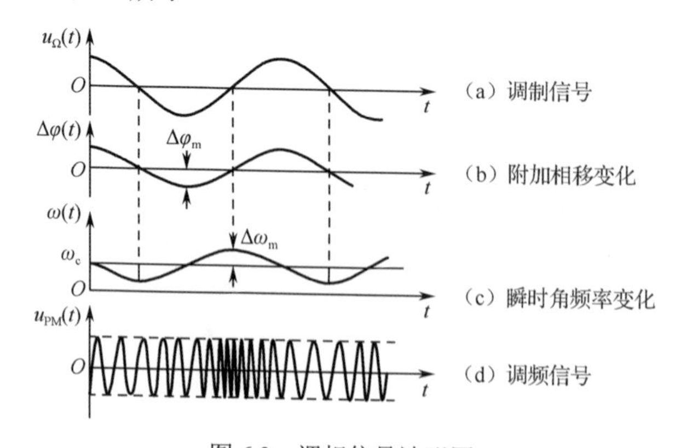

图6.3　调相信号波形图

例 6.1　已知低频调制信号为 $u_{\Omega}(t)=5\cos(2\pi\times10^{3}t)\mathrm{V}$，调角信号表达式为 $u_{o}(t)=10\cos[(2\pi\times10^{6}t+10\cos(2\pi\times10^{3}t)]\mathrm{V}$。该调角信号是调频信号还是调相信号？调制指数、载波频率、载波振幅及最大频偏各为多少？

解　由调角信号表达式可知

$$\varphi(t)=\omega_{c}t+\Delta\varphi(t)=2\pi\times10^{6}t+10\cos(2\pi\times10^{3}t)$$

调角信号的附加相移 $\Delta\varphi(t)=10\cos(2\pi\times10^{3}t)$ 与调制信号 $u_{\Omega}(t)$ 的变化规律相同，均为余弦变化规律，故可判断该调角信号为调相信号。

调相指数为 $m_{p}=10\,\mathrm{rad}$，载波频率为 $f_{c}=10^{6}\,\mathrm{Hz}$，角度调制不改变载波的振幅，所以载波振幅 $U_{cm}=10\,\mathrm{V}$，最大频偏为

$$\Delta f_{m}=m_{p}F=10\times10^{3}\,\mathrm{Hz}=10\,\mathrm{kHz}$$

3. 调频信号和调相信号的关系

瞬时角频率和瞬时相位之间存在一定的关系，即瞬时相位是瞬时角频率的积分，瞬时角频率是瞬时相位的微分。无论是调频信号还是调相信号，其瞬时角频率和瞬时相位都是随时间发生变化的，只是它们的变化规律不同。调频信号的瞬时角频率的变化与调制信号的瞬时值成正比，瞬时相位的变化与调制信号的积分值成正比；调相信号的瞬时相位的变化与调制信号的瞬时值成正比，瞬时角频率的变化与调制信号的微分值成正比，这一特点预示了调频和调相可以相互转换。

如果将调制信号 $u_{\Omega}(t)$ 先经微分处理后，再对载波进行调频，那么所得到的已调信号是以 $u_{\Omega}(t)$ 为调制信号的调相信号；如果将调制信号 $u_{\Omega}(t)$ 先经积分处理后，再对载波进行调相，那么所得到的已调信号是以 $u_{\Omega}(t)$ 为调制信号的调频信号。

6.1.5　调角信号的频谱与带宽

1. 调角信号的频谱

调频波和调相波的数学表达式基本上是一样的，由调制信号引起的附加相移是正弦变化还是余弦变化并没有根本差别，两者只是在相位上相差 $\pi/2$。所以只要用调制指数 m 代替相应的 m_{f} 或 m_{p}，它们就可以写成统一的调角表达式，即

$$u_{o}(t)=U_{cm}\cos[\omega_{c}t+m\sin(\Omega t)] \tag{6-25}$$

根据三角函数公式可转换为

$$\begin{aligned}u_{o}(t)&=U_{cm}\cos[\omega_{c}t+m\sin(\Omega t)]\\&=U_{cm}\cos[m\sin(\Omega t)]\cos(\omega_{c}t)-U_{cm}\sin[m\sin(\Omega t)]\sin(\omega_{c}t)\end{aligned} \tag{6-26}$$

在贝塞尔函数理论中，存在下列关系：

$$\cos[m\sin(\Omega t)]=J_{0}(m)+2\sum_{n=1}^{\infty}J_{2n}(m)\cos(2n\Omega t) \tag{2-27}$$

$$\sin[m\sin(\Omega t)]=2\sum_{n=1}^{\infty}J_{2n+1}(m)\sin[(2n+1)\Omega t] \tag{6-28}$$

式中，$J_{n}(m)$ 是 n 阶第一类贝塞尔函数，其曲线如图 6.4 所示。

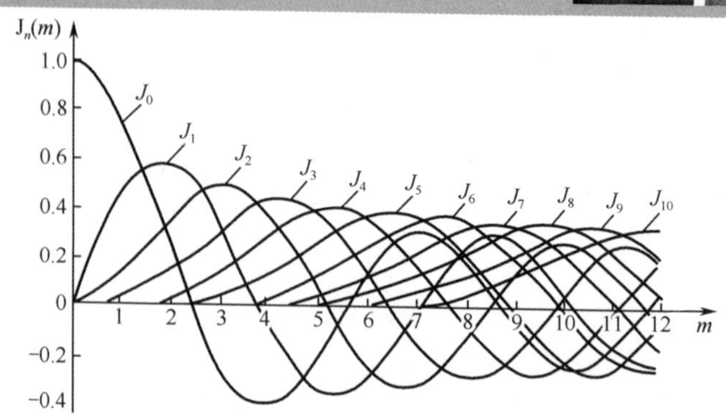

图 6.4　n 阶第一类贝塞尔函数曲线图

$$\begin{aligned}u_{\mathrm{o}}(t)=&U_{\mathrm{cm}}\mathrm{J}_0(m)[\cos(\omega_{\mathrm{c}}t)-2\mathrm{J}_1(m)\sin(\Omega t)\cos(\omega_{\mathrm{c}}t)]+\\&U_{\mathrm{cm}}\mathrm{J}_1(m)\{\cos[(\omega_{\mathrm{c}}+\Omega)t]-\cos[(\omega_{\mathrm{c}}-\Omega)t]\}+\\&U_{\mathrm{cm}}\mathrm{J}_2(m)\{\cos[(\omega_{\mathrm{c}}+2\Omega)t]-\cos[(\omega_{\mathrm{c}}-2\Omega)t]\}+\\&U_{\mathrm{cm}}\mathrm{J}_3(m)\{\cos[(\omega_{\mathrm{c}}+3\Omega)t]-\cos[(\omega_{\mathrm{c}}-3\Omega)t]\}+\\&U_{\mathrm{cm}}\mathrm{J}_4(m)\{\cos[(\omega_{\mathrm{c}}+4\Omega)t]-\cos[(\omega_{\mathrm{c}}-4\Omega)t]\}+\\&U_{\mathrm{cm}}\mathrm{J}_5(m)\{\cos[(\omega_{\mathrm{c}}+5\Omega)t]-\cos[(\omega_{\mathrm{c}}-5\Omega)t]\}+\cdots\end{aligned}\qquad(6\text{-}29)$$

由式（6-29）可得如下结论。

① 单频率调制的调角波有无穷多对边频分量，对称地分布在载频两侧，各频率分量的间隔为 F 。所以调频、调相实现的是调制信号频谱的非线性搬移。

② 各边频分量振幅为 $U_{\mathrm{cm}}\mathrm{J}_n(m)$，由对应的贝塞尔函数确定。奇数次分量的上、下边频分量振幅相等，相位相反；偶数次分量的上、下边频分量振幅相等，相位相同。

③ 由贝塞尔函数的特性可知，对应于某些 m 值，载频和某些边频分量为零，利用这一点，可以将载频功率转移到边频分量上去，使传输效率提高。

当调制信号为单音频余弦波时，调幅波仅有两个边频分量，边频分量的数目不会因调幅指数 m_{a} 的改变而变化。而调角波不同，它的频谱结构与调制指数 m 关系密切，m 越大，具有较大振幅的边频分量数目越多，这是调角波频谱的主要特点。调角波频谱图如图 6.5 所示，载频分量的振幅可以为零，但载频分量的振幅不一定是最大的。对于一定的 m ，$\mathrm{J}_n(m)$ 值的大小虽有起伏，但总趋势是减小的，这表明离载频较远的边频振幅很小。

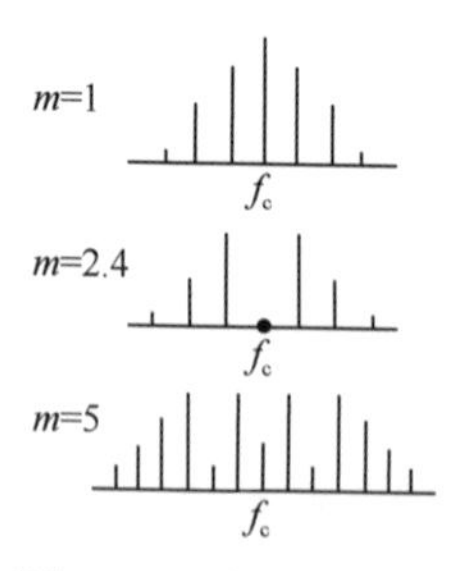

图 6.5　调角波频谱图

④ 当 U_{cm} 一定时，调角信号的平均功率与调制指数 m 无关，其值等于未调制的载波功率。改变 m 仅使载波分量和各边频分量之间的功率重新分配，而总功率不变。

2. 调角信号的有效带宽

理论上，调角信号的带宽为无限宽，但通常规定振幅小于载频振幅10%的边频分量都略去，即 $\mathrm{J}_n(m)U_{\mathrm{cm}} < 0.1U_{\mathrm{cm}}$。可以证明，当 $n > m+1$ 时，$\mathrm{J}_n(m)$ 的数值小于0.1。所以调角波频谱的有效宽度为

$$\mathrm{BW} = 2(m+1)F = 2(\Delta f_{\mathrm{m}} + F) \tag{6-30}$$

当 $m \ll 1$ 时，$\mathrm{BW} = 2F$（窄带调角信号）；

当 $m \gg 1$ 时，$\mathrm{BW} \approx 2mF = 2\Delta f_{\mathrm{m}}$（宽带调角信号）。

6.2　调频电路

6.2.1　调频电路的性能指标

角度调制与振幅调制有明显的区别，不能采用振幅调制来实现角度调制，必须根据角度调制的固有特点，提出相应的实现方法。

产生调频信号的方法有很多，通常可分为直接调频和间接调频两大类。直接调频是用低频调制信号直接控制产生高频载波信号的振荡器元件参数，这种调频方法原理简单，频偏较大，但中心频率不稳定。间接调频是先将调制信号积分，然后对载波进行调相，从而获得调频信号。间接调频的特点是调制不在振荡器中进行，易于保持中心频率的稳定，但不易获得大的频偏。

调频电路的性能指标有中心频率及其稳定度、最大频偏、非线性失真和调制灵敏度等。

调频电路的中心频率就是载波频率 f_{c}。保持中心频率稳定度是保证接收机正常接收信号所需的条件之一。

最大频偏是指在正常的调制电压作用下所能产生的最大频率偏移 Δf_{m}，它是根据调频指数的要求来确定的。当调制电压振幅一定时，Δf_{m} 在调制信号频率范围内保持不变。

调制信号的频率偏移与调制电压的关系称为调制特性，在实际调频电路中调制特性不可能呈线性，会产生非线性失真。但是在一定调制电压范围内，尽量提高调制线性度是必要的。

调制特性的斜率称为调制灵敏度，调制灵敏度越高，单位调制电压所产生的频率偏移就越大。

6.2.2　变容二极管直接调频电路

变容二极管直接调频电路是目前应用较广泛的直接调频电路，它是利用变容二极管反向偏置时所呈现的可变电容特性来实现调频作用的，具有工作频率高、固有损耗小等优点。

1. 变容二极管直接调频电路的工作原理

将变容二极管接入 LC 正弦波振荡器的谐振回路中就可以实现调频，如图 6.6 所示。在图 6.6 中，U_{Q} 为变容二极管提供反向偏置电压，以保证变容二极管在调制电压的作用下，始终反向偏置工作；$u_{\Omega}(t)$ 为调制信号；C_1 为隔直通交电容，用来防止直流电压 U_{Q} 通过电感 L 短路，其高频容抗很小，可视为短路；L_1 为高频扼流线圈，它通低频信号、阻止高频

信号，既可使低频调制信号有效地加在变容二极管两端，又可避免振荡回路与调制信号之间相互影响；C_2为高频旁路电容，其低频容抗很大。振荡谐振回路由电感 L 和变容二极管结电容C_j组成，其振荡频率为

$$f=\frac{1}{2\pi\sqrt{LC_j}} \tag{6-31}$$

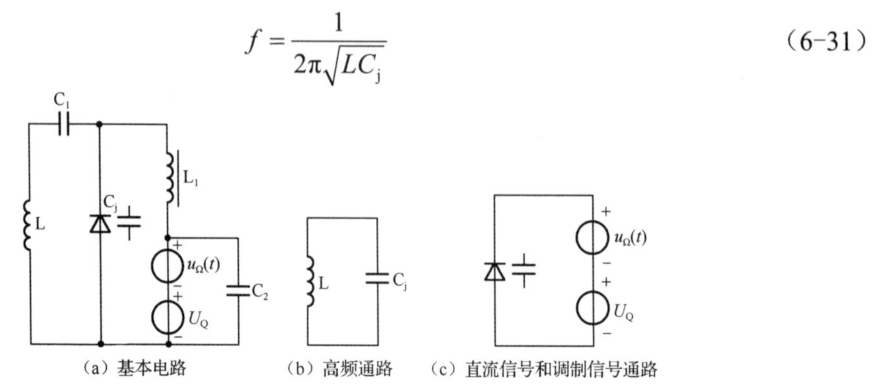

图 6.6　变容二极管接入 LC 正弦波振荡器的谐振回路

变容二极管的特性图如图 6.7 所示。

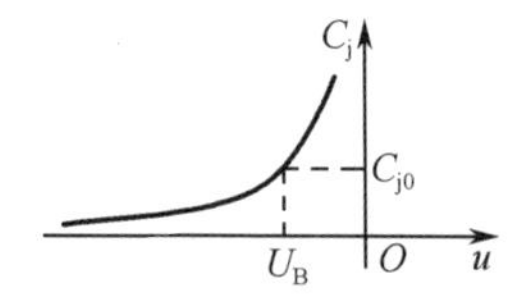

图 6.7　变容二极管的特性图

C_j与变容二极管两端所加的反偏电压u之间存在如下关系：

$$C_j=\frac{C_{j0}}{\left(1+\frac{u}{U_B}\right)^{\gamma}} \tag{6-32}$$

式中，U_B为 PN 结的内建电位差；C_{j0}为$u=0$时的结电容；γ为电容变化指数，取决于 PN 结的工艺结构，一般在 1/3～6 之间。

设调制信号电压为$u_\Omega(t)=U_{\Omega m}\cos(\Omega t)$，若忽略高频振荡电压，则可近似地认为加在变容二极管两端的电压为

$$u=U_Q+U_{\Omega m}\cos(\Omega t) \tag{6-33}$$

将式（6-33）代入式（6-32）中，可得变容二极管结电容随调制电压变化的规律，即

$$C_j=\frac{C_{j0}}{\left[1+\frac{U_Q+U_{\Omega m}\cos(\Omega t)}{U_B}\right]^{\gamma}}=\frac{C_{jQ}}{[1+m_c\cos(\Omega t)]^{\gamma}} \tag{6-34}$$

式中

$$m_c=U_{\Omega m}/(U_B+U_Q)$$

$$C_{jQ}=\frac{C_{j0}}{\left[1+\frac{U_Q}{U_B}\right]^{\gamma}}$$

C_{jQ} 为变容二极管在偏压 U_Q 作用下所呈现的电容；m_c 为变容二极管的电容调制度，反映 C_j 受调制信号电压调变的程度。由于 $U_Q > U_{\Omega m}$，所以 $m_c < 1$。

将式（6-34）代入式（6-31）中，可得

$$\omega = \frac{1}{\sqrt{LC_{jQ}}}[1 + m_c \cos(\Omega t)]^{\gamma/2} = \omega_c[1 + m_c \cos(\Omega t)]^{\gamma/2} \tag{6-35}$$

式中，$\omega_c = \frac{1}{\sqrt{LC_{jQ}}}$ 为未受调制时的振荡角频率，即 $u_\Omega = 0$ 时的振荡角频率，为调频信号的载波角频率。

当 $\gamma = 2$ 时，式（6-35）为

$$\omega(t) = \omega_c[1 + m_c \cos(\Omega t)] = \omega_c + \Delta\omega_m \cos(\Omega t) \tag{6-36}$$

式中，$\Delta\omega_m = m_c\omega_c$ 是调频波的最大角频偏。

由式（6-36）可知，当变容二极管的 $\gamma = 2$ 时，角频率的变化量与调制信号电压成正比，可实现线性调频。实际上，变容二极管的 γ 值不一定等于 2，因此，为了得到线性调频，调制信号电压振幅不能太大，否则将产生非线性失真。

当 $\gamma \neq 2$ 时，变容二极管直接调频电路不仅会出现调频失真，还会使调频波的中心频率偏离 ω_c。另外，当温度或偏置电压变化时，C_j 也发生变化，从而造成调频波的中心频率不稳定。所以在实际电路中，常采用串接电容 C_2、并接电容 C_1 的变容二极管部分接入的振荡回路，以降低对振荡频率的影响，提高中心频率的稳定度，同时适当调节 C_1、C_2，可使调制特性接近线性。但是采用变容二极管部分接入回路构成的调频电路的调制灵敏度和最大频偏都会降低。

2. 变容二极管直接调频电路的实例

1）变容二极管全部接入回路的调频电路

图 6.8 所示为某通信设备中的变容二极管全部接入回路的调频电路，它的中心频率为 70 MHz，最大频偏为 6 MHz。图 6.8 中 L 和变容二极管构成振荡回路，并与振荡三极管接成电感三端式振荡器电路。低频调制信号 u_Ω 经耦合电容 C_1 送到由 C_2、L_1、C_3 构成的低通滤波器，然后加到变容二极管两端，其中 L_1 为高频扼流线圈，它对高频开路、低频调制信号短路，这样可避免高频振荡电压受调制信号源的影响。振荡三极管采用双电源供电，正、负电源均通过稳压电路提供稳定的直流电压。改变 R_p 的阻值可调节振荡三极管的电流，以控制振荡电压的大小。U_Q 为变容二极管提供反向偏置电压。

2）石英晶体振荡器直接调频电路

图 6.9 所示为利用变容二极管对石英晶体振荡器进行直接调频的电路。石英晶体振荡器的标称频率为 17.5 MHz，三极管集电极回路 C_3、C_4、L_2 调谐在它们标称频率的三次谐波（52.5 MHz）上，故该电路具有三倍频功能。变容二极管与石英晶体串联后与 C_1、C_2 组成并联型晶体振荡器，其振荡频率主要取决于石英晶体和变容二极管。石英晶体与变容二极管串联后，会改变石英晶体的负载电容，从而改变石英晶体振荡器的振荡频率。但是石英

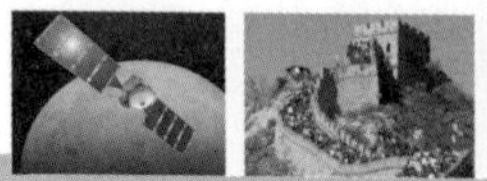

晶体的串联谐振频率 f_s 和并联谐振频率 f_p 很接近，而串联 C_j 后振荡频率只能在 f_s 和 f_p 之间变化，所以调频的频偏很小，在一般情况下相对频偏仅为0.01%左右。为了扩展这种电路的频偏，可在石英晶体支路上串联一个低品质因数的小电感，如图 6.9 中的 L_1，它可使晶体支路串联谐振频率下降，以扩大振荡频率的变化范围，从而增大频偏，但是这是以牺牲中心频率稳定度为代价的。输出耦合电容 C_5 的电容值很小，并从 L_2 抽头引出，其目的是降低下级对振荡级的影响。

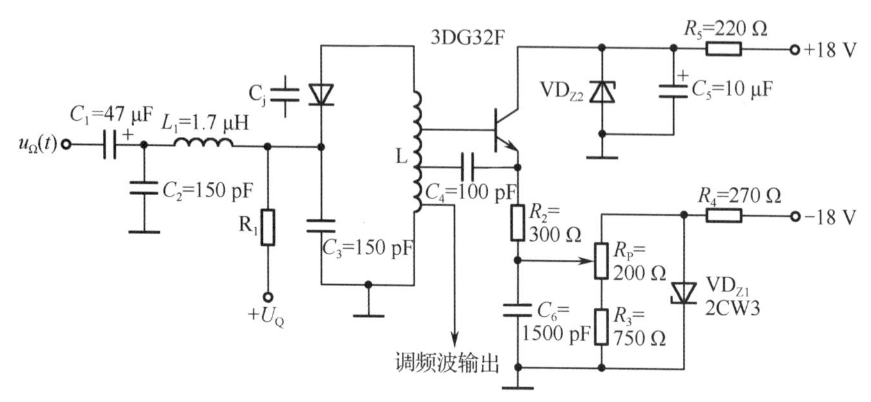

图 6.8　某通信设备中的变容二极管全部接入回路的调频电路

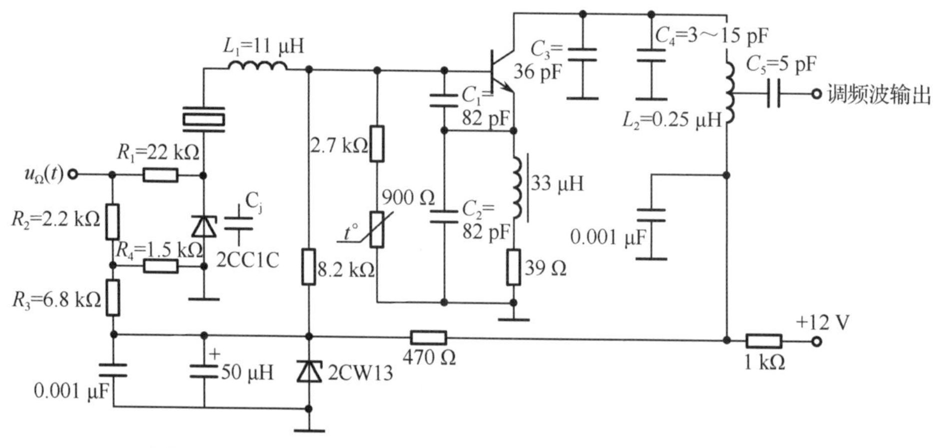

图 6.9　利用变容二极管对石英晶体振荡器进行直接调频的电路

石英晶体振荡器直接调频电路的优点是中心频率稳定度高，但由于振荡回路引入了变容二极管，它的中心频率稳定度相对于不调频的石英晶体振荡器的中心频率稳定度有所降低。

6.2.3　间接调频电路

1. 间接调频电路的原理

间接调频电路的原理图如图 6.10 所示。

工作原理：间接调频利用调相电路间接产生调频波。先对调制信号进行积分，再用积分后的信号对载波进行调相，就可以间接得到原调制信号的调频波。因此，间接调频的关键是调相。

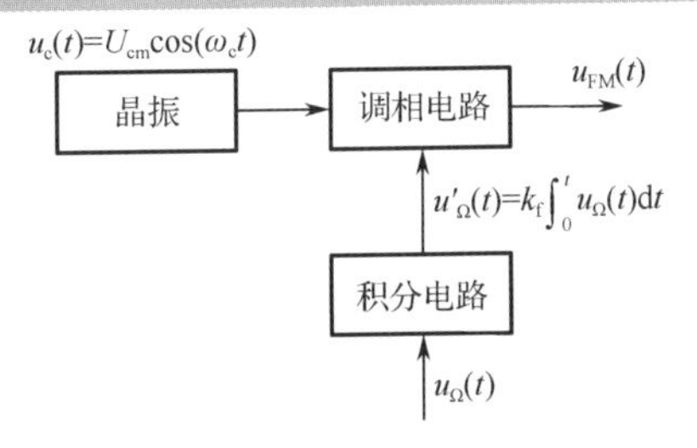

图 6.10　间接调频电路的原理图

2. 变容二极管的间接调频电路

图 6.11 所示为变容二极管的间接调频电路。在图 6.11 中，三极管 VT 构成载波信号放大器，其输入信号来自高稳定的石英晶体振荡器，角频率为 ω_c，输出电压通过 R_1、C_1 加到由电感 L 和变容二极管结电容 C_j 构成的并联谐振回路，作为变容二极管调相电路。C_1、C_2 为隔直通交电容，对载波可视为短路，因此载波输出电压 $u_c(t)$ 经 R_1 变成电流源输入调相电路。R_2 用来减轻后级电路对调相回路的影响。+9 V 的直流电压是通过电阻 R_3 供给变容二极管的反向偏置电压，R_3 是调制信号与偏置电压源之间的隔离电阻，C_3 为调制信号耦合电容，R、C 组成积分电路。

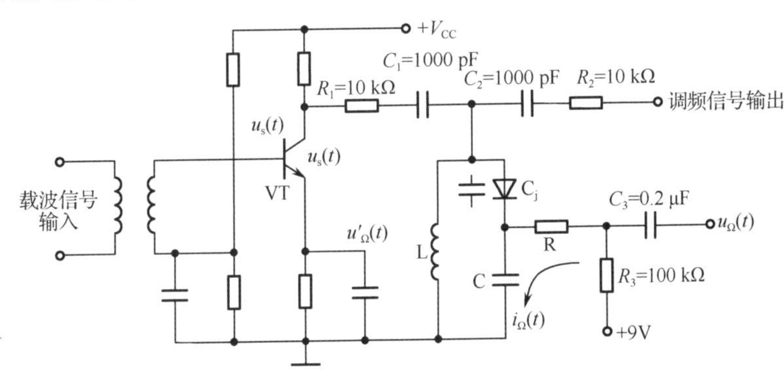

图 6.11　变容二极管的间接调频电路

6.2.4 扩展最大频偏的方法

在实际调频电路中，为了获得中心频率稳定且失真很小的调频信号，最大频偏难以满足要求。虽然间接调频电路的中心频率稳定度高，但其能达到的最大线性频偏很小。为了扩展调频信号的最大线性频偏，在实际调频电路中，常采用倍频器和混频器来获得所需的载波频率和最大线性频偏。

根据倍频器的原理，瞬时角频率为 $\omega=\omega_c+\Delta\omega_m\cos(\Omega t)$，经过倍频次数为 n 的倍频器，其输出瞬时角频率为 $n\omega=n\omega_c+n\Delta\omega_m\cos(\Omega t)$。因此，倍频器可以不失真地将调频信号的载波角频率和最大角频偏同时扩展到 n 倍，即倍频器可以在保持调频信号的相对角频偏 $\Delta\omega_m/\omega_c$ 不变的条件下，成倍地扩展最大角频偏。

如果调频信号通过混频器，并且本振信号的角频率为 ω_L，则混频器输出的调频信号的角频率为 $\omega_c-\omega_L-\Delta\omega_m\cos(\Omega t)$。因此，混频器使调频信号的载波角频率降低为 $\omega_c-\omega_L$，但最大角频偏没有发生变化，仍为 $\Delta\omega_m$。也就是说，混频器可以在保证最大角频偏不变的情

况下，改变调频信号的相对角频偏。

根据倍频器和混频器的特性，可以在要求的载波频率上扩展频偏。例如，先用倍频器增大调频信号的最大频偏，再用混频器将调频信号的载波频率降低到规定的值。

例 6.2 图 6.12 所示为某调频设备的组成框图。已知间接调频电路输出的调频信号的中心频率为 $f_{c1}=100\,\text{kHz}$，最大频偏为 $\Delta f_{m1}=24.41\,\text{Hz}$，混频器的本振信号频率为 $f_L=25.45\,\text{MHz}$。取下边频输出，试求输出的调频信号的中心频率 f_c 和最大频偏 Δf_m。

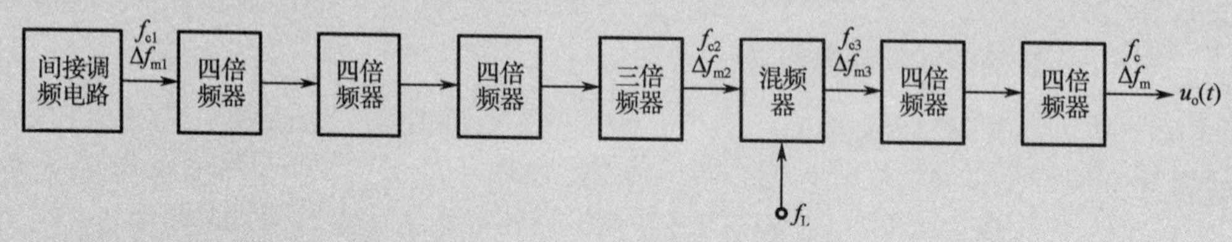

图 6.12 某调频设备的组成框图

解 间接调频电路输出的调频信号经过三级四倍频器和一级三倍频器后其载波频率和最大频偏分别为

$$f_{c2}=4\times4\times4\times3\times f_{c1}=192\times100\,\text{kHz}=19.2\,\text{MHz}$$

$$\Delta f_{m2}=4\times4\times4\times3\times\Delta f_{m1}=192\times24.41\,\text{Hz}=4.687\,\text{kHz}$$

经过混频器后，载波频率和最大频偏分别为

$$f_{c3}=f_L-f_{c2}=(25.45-19.2)\,\text{MHz}=6.25\,\text{MHz}$$

$$\Delta f_{m3}=\Delta f_{m2}=4.687\,\text{kHz}$$

再经过两级四倍频器后，调频设备输出的调频信号的中心频率和最大频偏分别为

$$f_c=4\times4\times f_{c3}=16\times6.25\,\text{MHz}=100\,\text{MHz}$$

$$\Delta f_m=4\times4\times\Delta f_{m3}=16\times4.687\,\text{kHz}=75\,\text{kHz}$$

6.3 鉴频器

调频信号的解调称为频率检波，也称鉴频；调相信号的解调称为相位检波，也称鉴相。鉴频、鉴相的作用是分别从调频信号和调相信号中检出原低频调制信号。本节主要讨论调频信号的解调，即鉴频。

6.3.1 鉴频特性及实现方法

1. 鉴频特性

鉴频电路的输出电压 u_o 与输入调频信号的瞬时频率 f 之间的关系曲线称为鉴频特性曲线，如图 6.13 所示。由图 6.13 可知，在调频信号的中心频率 f_c 上，输出电压 $u_o=0$。当信号频率偏离中心频率即升高、下降时，输出电压分别向正极、负极方向变化；在中心频率 f_c 附近，u_o 与 f 之间的关系近似为线性关系。当频率偏移过大时，输出电压将会减小。为了获得理想的鉴频效果，通常鉴频器的鉴频特性曲线陡峭且线性范围大。鉴频特性曲线的特性如下。

① 鉴频特性曲线：S 形，其中心频率为载波频率 f_c。

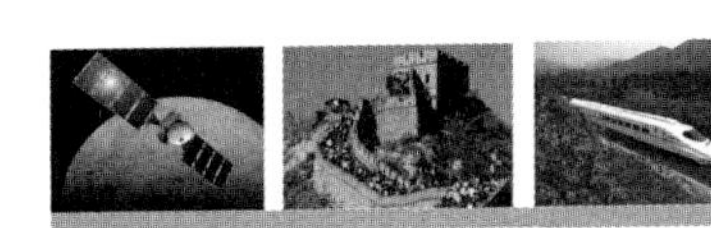

② 鉴频灵敏度 S_D：单位频偏所产生的输出电压的大小，即 $S_D = \left.\frac{\Delta u_o}{\Delta f}\right|_{f=f_0}$。

③ 线性范围：图 6.13 中近似直线的范围，$BW = 2\Delta f_{max}$。

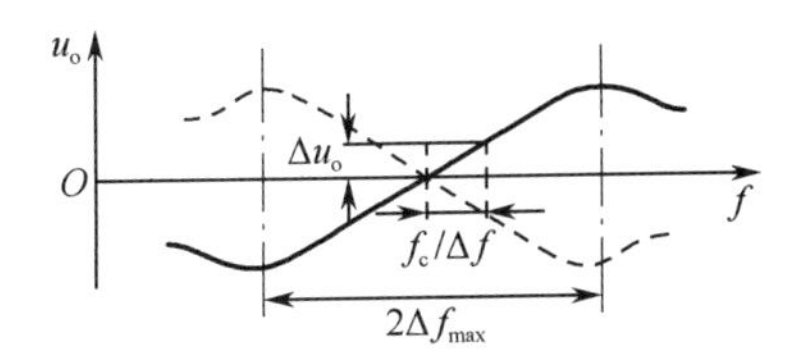

图 6.13　鉴频特性曲线

2. 鉴频的实现方法

鉴频的实现方法有很多，下面介绍几种常用的方法。

1）斜率鉴频器

斜率鉴频器原理如图 6.14 所示。

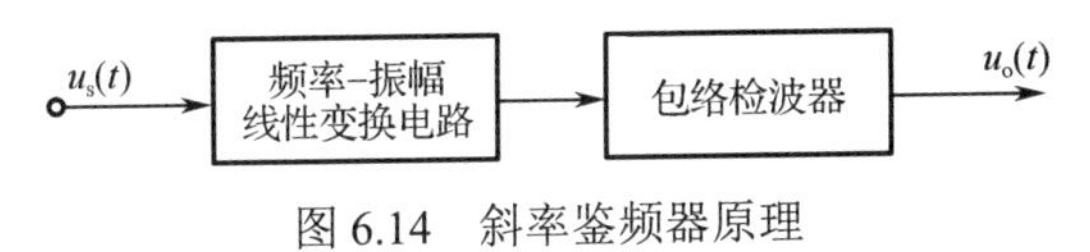

图 6.14　斜率鉴频器原理

工作原理：先将等振幅调频信号送入频率-振幅线性变换电路，变换成振幅与频率成正比变化的调幅-调频信号，然后用包络检波器进行检波，还原出原低频调制信号。

2）相位鉴频器

相位鉴频器原理如图 6.15 所示。

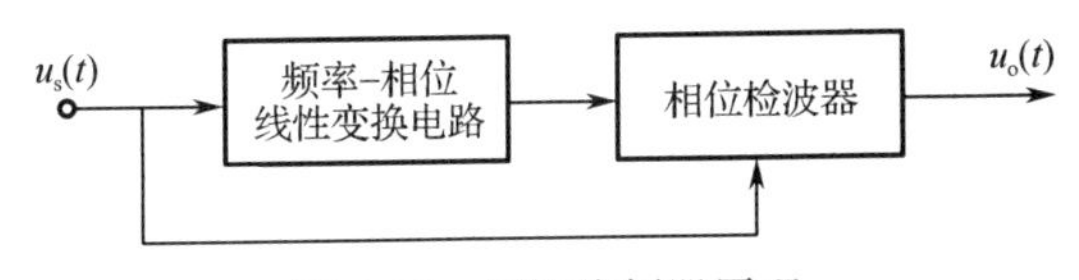

图 6.15　相位鉴频器原理

工作原理：先将等振幅调频信号送入频率-相位线性变换电路，变换成相位与瞬时角频率成正比变化的调相-调频信号，然后用相位检波器进行检波，还原出原低频调制信号。

相位鉴频器根据实现方法不同分为乘积型相位鉴频器和叠加型相位鉴频器。

3）脉冲计数式鉴频器

脉冲计数式鉴频器原理如图 6.16 所示。

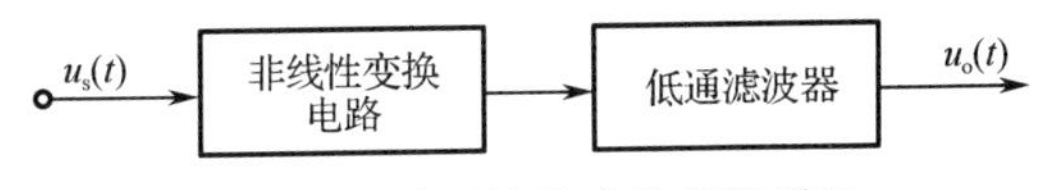

图 6.16　脉冲计数式鉴频器原理

工作原理：先将等振幅调频信号进行非线性变换，将它变为调频等宽脉冲序列，该等宽脉冲序列含有反映瞬时角频率变化的平均分量，再通过低通滤波器就能输出平均分量变化的低频调制信号。

脉冲计数式鉴频器的主要优点是：线性鉴频范围大，不需要 LC 并联谐振回路，便于集成化；其缺点是：工作频率受脉冲最小宽度的限制，多用于中心频率较低的场合。

4）锁相鉴频器

利用锁相环路进行鉴频在集成电路中广泛应用。锁相鉴频器的工作原理将在第 7 章介绍。

6.3.2 斜率鉴频器

斜率鉴频器是利用 LC 并联谐振回路的失谐特性来实现的，包括单失谐回路鉴频器和双失谐回路鉴频器。

1. 单失谐回路鉴频器

单失谐回路鉴频器原理图如图 6.17 所示。

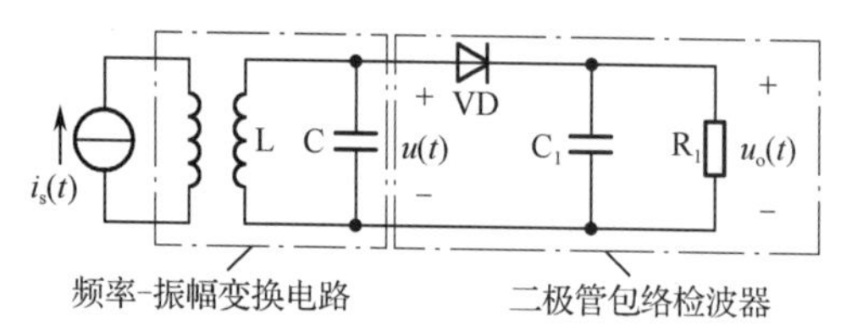

图 6.17 单失谐回路鉴频器原理图

图 6.17 中的 LC 并联谐振回路调谐在高于或低于调频信号的中心频率上，即失谐状态，当输入等振幅调频信号的中心频率 f_c 失谐于谐振回路的谐振频率 f_0 时，输入信号是工作在 LC 并联谐振回路的谐振曲线的倾斜部分，失谐回路可将调频波变为调幅-调频波，而由 VD、R_1、C_1 组成的二极管包络检波器对调幅-调频信号进行振幅检波，可得到原低频调制信号。单失谐回路鉴频器的波形图如图 6.18 所示。

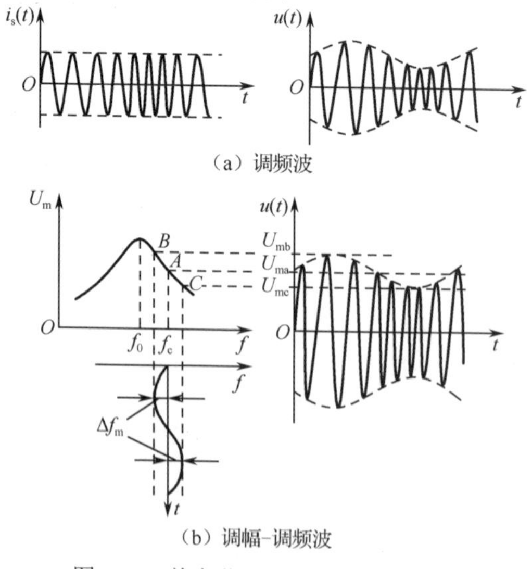

图 6.18 单失谐回路鉴频器的波形图

由于单失谐回路谐振曲线的线性度差，所以单失谐回路鉴频器的输出波形失真程度

大，质量不高，在实际中很少使用。

2. 双失谐回路鉴频器

为了扩大鉴频特性的线性范围，通常采用由两个单失谐回路鉴频器构成的平衡电路，如图 6.19（a）所示。由于平衡电路有两个失谐的 LC 并联谐振回路，所以称为双失谐回路鉴频器。其中第一个 LC 并联谐振回路调谐在 f_{01} 上，第二个 LC 并联谐振回路调谐在 f_{02} 上。设 f_{01} 低于调频信号的中心频率 f_c，f_{02} 高于调频信号的中心频率 f_c，并且 f_{01} 和 f_{02} 是关于 f_c 对称的，$f_c - f_{01} = f_{02} - f_c$，即两回路的谐振曲线形状相同，如图 6.19（b）所示。双失谐回路鉴频器的鉴频特性如图 6.19（c）所示。

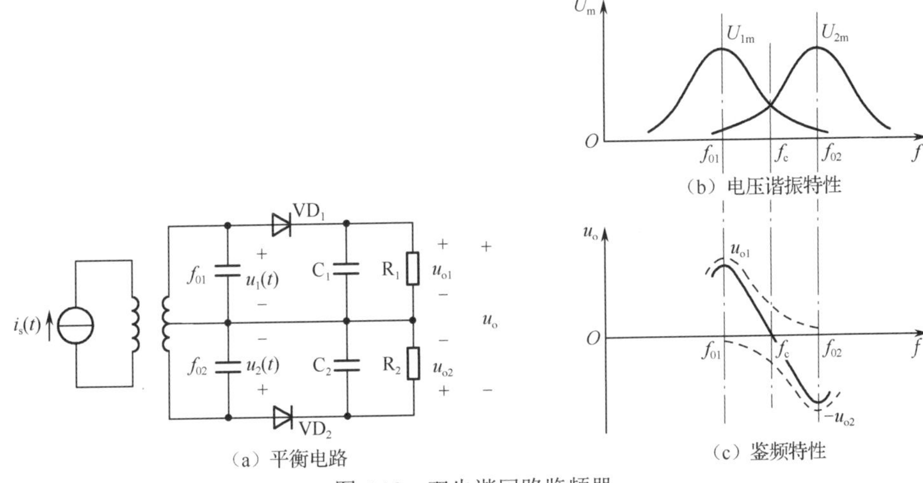

图 6.19　双失谐回路鉴频器

由于双失谐回路采用了平衡电路，使得上、下两个单失谐回路鉴频器的特性可以相互补偿，鉴频器输出电压中的直流分量和低频偶次谐波成分相抵消，所以鉴频的非线性失真程度小，线性范围宽，鉴频灵敏度高。但是，双失谐回路鉴频器鉴频特性的线性范围和线性度与两个回路的谐振频率的配置有关，调整起来不太方便。

本章小结

1．调频信号的瞬时频率与调制电压呈线性关系，调相信号的瞬时相位与调制电压呈线性关系，两者都是等振幅信号。在调角信号中频率偏移和相位偏移分别反映了调制信号的变化规律。

2．调频的方法有直接调频法和间接调频法两种。直接调频具有频偏大、调制灵敏度高等优点，但频率稳定度差，可采用晶振调频或自动频率控制（AFC）电路提高频率稳定度。间接调频的稳定度高，但频偏小，必须采用倍频、混频等措施来扩展线性频偏。

3．鉴频器是频率-电压振幅转换电路，其线性鉴频范围不小于调频波的最大频偏的两倍，以保证鉴频器的非线性失真程度尽可能小。

4．斜率鉴频和相位鉴频是两种主要的鉴频方法。斜率鉴频器是先进行频率-振幅转换，再进行包络检波；相位鉴频器是先进行频率-相位转换，再进行相位解调。集成斜率鉴频器和乘积型相位鉴频器便于集成，调频容易，线性度好，应用广泛。

习题 6

一、填空题

1．用低频调制信号分别控制载波信号的频率和相位，称为________和________，它们都是频谱的________变换，统称为________。

2．单频调制时，调频信号的调频指数 m_f 与调制信号的________成正比，与调制信号的________成反比；最大频偏 Δf_m 与调制信号的________成正比，与________无关。

3．混频器的输入调频信号为 $u_s(t)=0.3[\cos(2\pi\times10^7t)+7\sin(2\pi\times10^3t)]\text{V}$，本振信号为 $u_L(t)=\cos(2\pi\times1.2\times10^7t)\text{V}$，则混频输出信号的载频为______Hz，调频指数 m_f 为_______rad，最大频偏 Δf_m 为________Hz，有效频带宽度 BW 为________Hz。

4．三倍频器输入信号为 $u_s(t)=U_{sm}[\cos(2\pi\times10^5t)+2\sin(2\pi\times10^2t)]\text{V}$，则倍频器输出信号的载频为________Hz，最大频偏为________Hz，有效频带宽度为________Hz。

5．斜率鉴频器是先将调频信号变成________信号，然后用________进行解调得到原低频调制信号。

6．相位鉴频器根据工作原理不同可分为________型相位鉴频器和________型相位鉴频器。

7．调频和调幅相比，优点是________、________，缺点是________。

二、单项选择题

1．低频调制信号为 $u_\Omega(t)=U_{\Omega m}\cos(\Omega t)$，载波信号为 $u_c(t)=U_{cm}\cos(\omega_c t)$，下列表达式中调相信号为（　　），调频信号为（　　）。

A．$u(t)=U_m\cos[1+m\cos(\Omega t)]\cos(\omega_c t)$

B．$u(t)=U_m\cos(\Omega t)\cos(\omega_c t)$

C．$u(t)=U_m\cos[\omega_c t+m\cos(\Omega t)]$

D．$u(t)=U_m\cos[\omega_c t+m\sin(\Omega t)]$

2．在变容二极管直接调频电路中，变容二极管应工作在（　　）偏置状态。

A．正向　　B．零　　C．反向　　D．反向击穿

3．间接调频是利用调相来实现的，但应先对调制信号进行（　　）。

A．放大　　B．微分　　C．积分　　D．移相

4．采用频率-相位变换电路和相位检波器的鉴频器称为（　　）鉴频器。

A．斜率　　B．脉冲计数式　　C．锁相　　D．相位

三、判断题

1．调频波的平均功率与调频指数 m_f 无关。（　　）

2．调角信号的频谱包含无限对边频带分量，它的频谱带宽趋于无穷大。（　　）

3．调频波的特点是振幅不变，频率和相位随时间发生变化。（　　）

4．混频器可以扩展调频信号的最大频偏。（　　）

5．倍频器只能扩展载波频率。（　　）

四、计算题

1．低频调制信号为$u_{\Omega}(t)=U_{\Omega m}\cos(\Omega t)$，载波信号为$u_{c}(t)=U_{cm}\cos(\omega_{c}t)$，如果是调频信号，请写出其表达式；如果是调相信号，请写出其表达式。

2．调角信号为$u(t)=15\cos[(2\pi\times10^{8}t)+8\sin(2\pi\times10^{3}t)]\text{V}$，它是什么调制信号？其载波频率为多少？其载波振幅为多少？其调制指数为多少？其最大频偏为多少？

3．已知调频信号为$u(t)=10\cos[(2\pi\times10^{8}t)+8\sin(2\pi\times10^{3}t)]\text{V}$，$k_{f}=2\pi\times10^{3}\,\text{rad/(s}\cdot\text{V)}$。试求：（1）该调频信号的最大相位偏移$m_{f}$、最大频偏$\Delta f_{m}$和有效频带宽度 BW；（2）写出调制信号和载波信号的电压表达式。

4．图 6.20 所示是调频发射机框图，由图可知，调频发射机是由间接调频、倍频和混频组成的。已知发射中心频率为$f_{c}=100\,\text{MHz}$，最大频偏为$\Delta f_{m}=75\,\text{kHz}$，调制信号频率为$F=100\,\text{Hz}\sim15\,\text{kHz}$，晶振频率为$f_{c1}=100\,\text{kHz}$，混频器输出频率为$f_{3}=f_{L}-f_{2}$，本振频率为$f_{L}=20.5\,\text{MHz}$，矢量合成法调相器提供调相指数为$0.2\,\text{rad}$。试求：

（1）倍频次数n_{1}和n_{2}；

（2）$f_{1}(t)$、$f_{2}(t)$和$f_{3}(t)$的表示式。

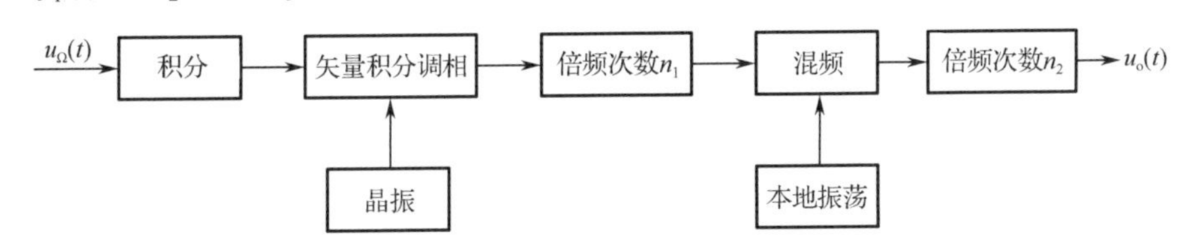

图 6.20　调频发射机框图

第7章 反馈控制电路

反馈控制电路是指为了提高和改善电子线路的性能指标或实现某些特定要求，对反馈信号与原输入信号进行比较，输出一个比较信号来对系统的某些参数进行修正，从而提高系统性能的电路。本章着重介绍反馈控制电路的工作原理与性能特点。

7.1 反馈控制电路的组成

为了稳定系统状态而采用的反馈控制电路一般是一个负反馈电路或负反馈环路，它由三部分组成，如图 7.1 所示。图 7.1 中的输出信号是需要准确调整的状态参数，输入的是被跟踪的基准信号；比较器比较输入信号与输出信号之间的误差；处理机构根据跟踪精度、反应速度和系统稳定性等要求对误差信号进行放大和滤波处理；执行机构根据处理结果调整状态参数。反馈控制电路的功能是使输出状态跟踪输入信号或它的平均值的变化。跟踪过程如下：

误差↑（或↓）→输出↑（或↓）→误差↓（或↑）

控制过程总是使调整后的误差以与起始误差相反的方向变化，使误差的绝对值越来越小，最终趋向于一个极限值。

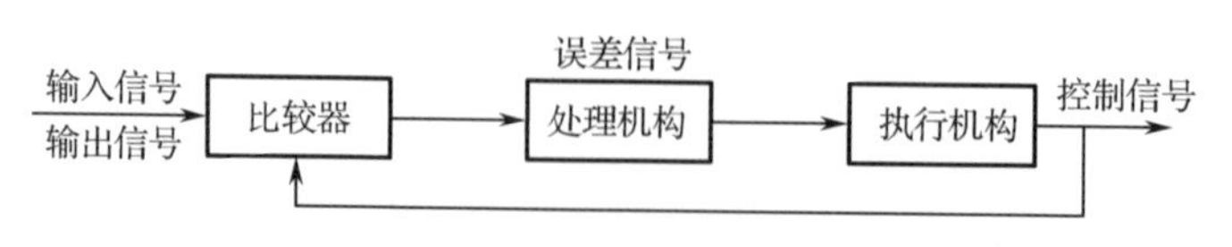

图 7.1　反馈控制电路的组成

上述跟踪功能的实现是以反馈控制电路工作稳定为条件的。保证反馈控制电路工作稳定的关键是在任何条件下误差的形成必须是输入减输出，即负反馈；若比较器用输出减输入，则这种反馈被称为正反馈。若反馈控制电路在某种条件下出现正反馈，则输出振幅会无限增加或自激振荡，使其工作不稳定。

根据需要和比较的参数不同，反馈控制电路可分为如下几种。

① 自动增益控制（Automatic Gain Control， AGC）电路，又称电平控制电路，需要比较和调节的参数为电流或电压，用来控输出信号的振幅。

② 自动频率控制（Automatic Frequency Control， AFC）电路，需要比较和调节的参数是频率，用于维持工作频率的稳定。

③ 自动相位控制（Automatic Phase Control， APC）电路，又称锁相环路（Phase Lock Loop， PLL），需要比较和调节的参数是相位，它用于锁定相位，是一种应用很广泛的反馈控制电路。利用锁相环路可以实现许多功能，如滤波、频率合成、调制与解调、信号检测等，尤其是利用锁相原理构成的频率合成器是现代通信系统的重要组成部分。

7.2　自动增益控制电路

自动增益控制（AGC）电路是电子设备，尤其是超外差式接收机的重要辅助电路。

7.2.1　自动增益控制电路的作用与组成

对于接收机而言，输出信号电平取决于输入信号电平及接收机的增益。在通信、导航、遥测系统中，由于受发射功率大小、首发距离远近、电波传播衰减等因素的影响，所接收到的信号强度变化范围很大，弱的可能是几微伏，强的可达几百毫伏。若接收机的增益恒定不变，则信号太强时，会造成接收机中的三极管和终端器件（如扬声器）阻塞、过载，甚至损坏；而信号太弱时，有可能丢失。因此，接收机的增益应随接收信号的强弱而变化，信号强时，增益低；信号弱时，增益高，这就需要 AGC 电路。

AGC 电路的作用是：当输入信号电平变化很大时，尽量保持接收机的输出信号电平基本稳定（变化较小），即当输入信号很弱时，接收机的增益高；当输入信号很强时，接收机的增益低。

图 7.2 所示为具有 AGC 电路的接收机组成框图。图 7.2（a）所示是超外差式收音机组成框图，它具有简单的 AGC 电路。天线收到的输入信号经高放、变频、中放后，进行检波，检波输出信号包含直流分量及低频分量，其中直流电平的高低直接反映所接收的输入信号的强弱，而低频电压反映输入调幅波的包络。检波器输出信号经过隔直通交电容滤波后取出低频信号，经低频放大器放大后，驱动扬声器发声。而检波器的另一路输出信号经低通滤波器滤波后得到反映输入信号大小的直流分量，即 AGC 电压。AGC 电压可正可负，分别用 +AGC 和 −AGC 表示。显然，输入信号强，则|±AGC|大；反之，则|±AGC|小。利用 AGC 电压来控制高放或中放的增益，当|±AGC|大时，增益低；当|±AGC|小时，增益高，即达到了自动增益控制的目的。

图 7.2（b）所示是电视接收机中的公共通道的组成框图，它具有较复杂的 AGC 电路。

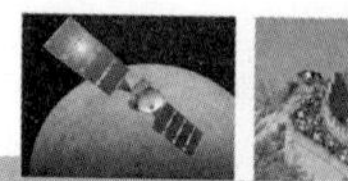

电视天线收到的输入信号经过高放、变频和中放后，进行检波，取出视频信号。预视放对视频信号处理后，一路信号经视频放大器放大，控制显像管显示图像；另一路信号去除干扰后，送到AGC电路。经AGC检波后，得到一个与输入视频信号振幅成正比的直流电压，然后将这个电压放大作为AGC电压，控制中频放大级（简称中放）和高频放大级（简称高放）的增益，使增益随输入信号的增大而减小。控制的顺序是：先控制中放增益，如果信号还很强，再控制高放增益。控制高放增益的AGC电路称为延迟式AGC。如果先控制高放增益，则整机的第一级信号衰减过多，会降低整个通道的信噪比，使画面出现雪花点。

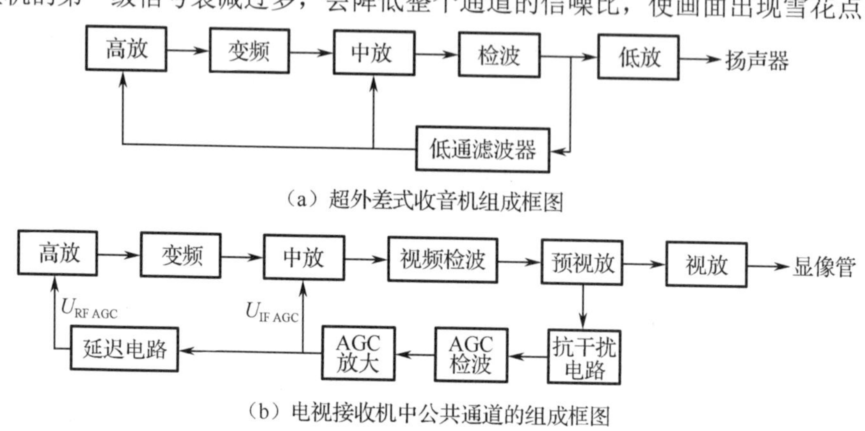

图 7.2　具有AGC电路的接收机组成框图

综上所述，为了实现自动增益控制，必须有一个随输入信号改变的电压，称为AGC电压。利用这个电压控制接收机的某些级的增益，达到自动增益控制的目的。因此，AGC电路应包括：①产生一个随输入信号大小而变化的控制电压，即AGC电压$\pm U_{AGC}$；②利用AGC电压$\pm U_{AGC}$控制某些级的增益，实现自动增益控制。

7.2.2　自动增益控制电路实例

根据系统对自动增益控制的要求，可采用多种不同形式的AGC电路。下面介绍两种常用的AGC电路。

1. 控制三极管发射极电流实现自动增益控制

三极管放大器的增益与三极管的跨导g_m有关，而g_m与三极管的静态工作点有关。因此，改变发射极工作点电流I_E，放大器的增益即随之改变，从而达到控制放大器增益的目的。

为了控制三极管的静态工作点电流I_E，一般把控制电压U_C加到三极管的基极或发射极上。图7.3所示是控制电压加到三极管VT基极上的AGC电路。图7.3中的受控管为NPN型，故控制电压应为负极性，即信号增大时，控制电压向负方向增大，导致I_E减小，g_m下降，放大器增益降低。

2. 差分放大器的AGC电路

集成电路广泛采用差分放大电路作为基本单元，差分放大电路的增益控制可以通过改变电流分配比、负反馈深度和恒流源电流等来实现。

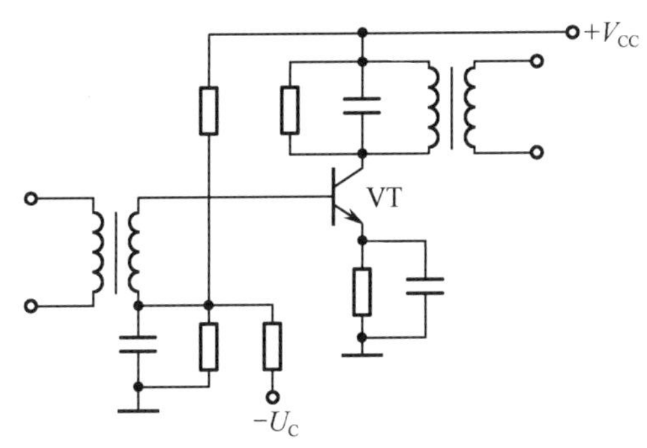

图 7.3　控制电压加到三极管 VT 基极上的 AGC 电路

图 7.4 所示是由中频放大器集成块构成的差分放大器增益控制电路，图中 VT_2、VT_3 为集成电路内部的差分对管，自动增益控制电压 U_C 加在 VT_3 的基极。输入信号经外接自耦变压器耦合到集成电路的 VT_1 基极，VT_1 与 VT_3 组成共射-共基组合放大电路，再经过 VT_4、VT_5 组成的两级射极输出器后输出。输入信号加到 VT_1 后，在其集电极产生相应的交流电流 i_{c1}，该电流通过 VT_2、VT_3，分别为 i_{c2}、i_{c3}。当自动增益控制电压 U_C 增加时，VT_2 的导通电阻减小，VT_3 的导通电阻增加，电流 i_{c2} 增加，电流 i_{c3} 减小，放大器输出减小，增益下降。如果 U_C 足够大，则 VT_3 截止，$i_{c3}=0$，$i_{c1}=i_{c2}$，放大器输出为零；当 U_C 减小时，i_{c2} 减小，i_{c3} 增大，放大器输出增大，增益上升；如果 U_C 足够小，则 VT_2 截止，$i_{c3}=0$，$i_{c1}=i_{c3}$，此时放大器输出最大，增益最高。因此，该电路利用 U_C 控制电流 i_{c3} 和 i_{c2} 的分配比，以实现自动增益控制的目的。

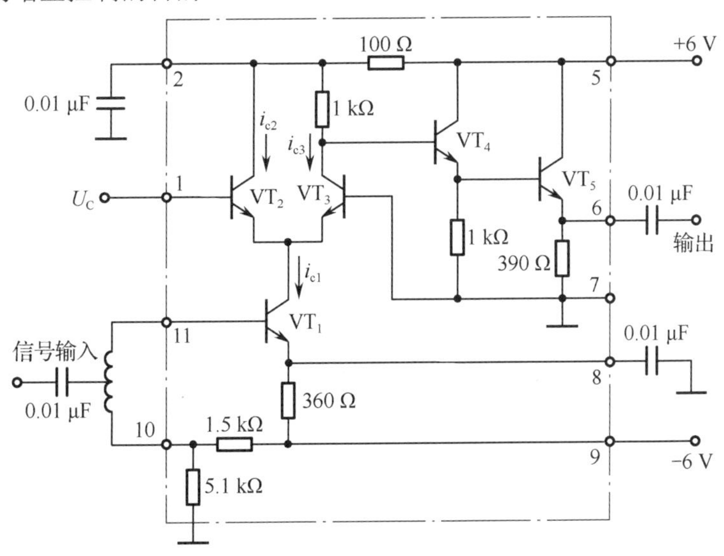

图 7.4　由中频放大器集成块构成的差分放大器增益控制电路

7.3　自动频率控制电路

在通信和电子设备中，频率是否稳定会直接影响系统的性能，工程上常采用自动频率控制（AFC）电路来自动调节振荡器的频率，使之稳定在某一预期的标准频率附近。

7.3.1 自动频率控制电路的工作原理

图 7.5 所示为AFC电路的原理框图，它是由鉴频器、低通滤波器和压控振荡器组成的，f_r为标准频率，f_0为输出信号频率。

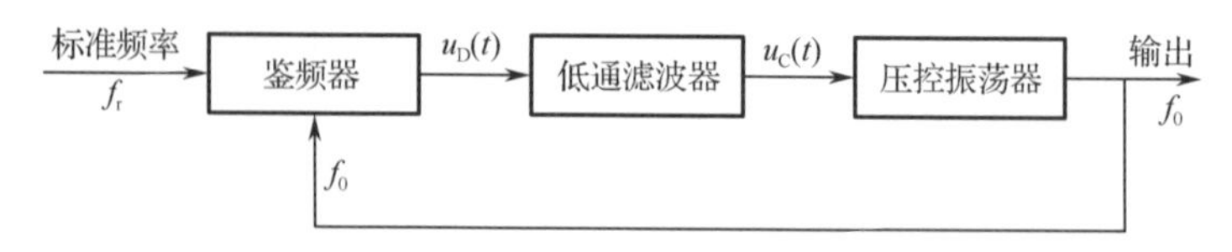

图 7.5 AFC 电路的原理框图

由图 7.5 可知，压控振荡器的输出频率 f_0 与标准频率 f_r 在鉴频器中进行比较，当 $f_0 = f_r$ 时，鉴频器无输出，压控振荡器不受影响；当 $f_0 \neq f_r$ 时，鉴频器有误差电压输出，其大小与 $f_0 - f_r$ 成正比，经低通滤波器滤除交流成分后，输出的直流控制电压 $u_C(t)$ 加到压控振荡器上，迫使压控振荡器的振荡频率 f_0 与 f_r 接近，而后在新的振荡频率基础上，再经历上述过程，使误差频率进一步减小，如此循环下去。最后 f_0 与 f_r 的误差减小到最小值 Δf，自动微调过程停止，环路进入锁定状态。环路在锁定状态时，压控振荡器输出信号频率等于 $f_r + \Delta f$，Δf 称为剩余频率误差，简称剩余频差。这时，压控振荡器在由剩余频差 Δf 通过鉴频器产生的控制电压作用下，振荡频率保持为 $f_r + \Delta f$。因此，自动频率控制电路通过自身的调节作用，可以将原来因压控振荡器不稳定而引起的较大起始频差减小到较小剩余频差 Δf。由于自动频率微调过程是利用误差信号的反馈作用来控制压控振荡器的振荡频率的，而误差信号是由鉴频器产生的，因此达到稳定状态，即锁定状态时，两个频率不能完全相等，必须有剩余频差 Δf 存在，这就是 AFC 电路的缺点。AFC 电路的剩余频差的大小取决于鉴频器和压控振荡器的特性，并且越小越好。

7.3.2 自动频率控制电路的应用

AFC 电路广泛用于接收机和发射机中的自动频率微调电路。图 7.6 所示为采用AFC电路的调幅接收机组成框图，它与普通调幅接收机相比，增加了限幅鉴频器、低通滤波器和放大器等部分，并且将本机振荡器换为压控振荡器。混频器输出的中频信号经中频放大器放大后，除了送到包络检波器，还送到限幅鉴频器进行鉴频。由于限幅鉴频器中心频率调在规定的中心频率 f_I 上，限幅鉴频器可将偏离中频的频率误差变换成电压，该电压通过低通滤波器和放大器后作用到压控振荡器上，压控振荡器的振荡频率发生变化，使偏离中频的频率误差减小。这样，在AFC电路的作用下，接收机的输入调幅信号的载波频率和压控振荡器的振荡频率之差接近中频。因此，采用AFC电路后，中频放大器的带宽可以减小，这有利于提高接收机的灵敏度和选择性。

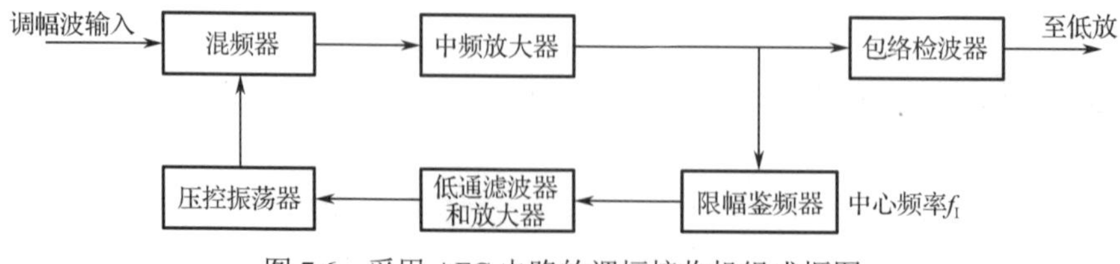

图 7.6 采用 AFC 电路的调幅接收机组成框图

图 7.7 所示为采用 AFC 电路的调频发射机组成框图。图 7.7 中的石英晶体振荡器是频率稳定度很高的参考频率信号源，其频率为 f_r，作为 AFC 电路的标准频率；调频振荡器的标称中心频率为 f_s；限幅鉴频器的中心频率调整在 $f_r - f_s$ 上。由于 f_r 稳定度很高，当调频振荡器的中心频率发生漂移时，混频器输出的频差也随之变化，使限幅鉴频器输出电压发生变化，经窄带低通滤波器滤除调制频率分量后，输出反映调频波中心频率漂移程度的变化电压，此电压加到调频振荡器上，调节其振荡频率，使中心频率漂移程度减小，稳定度提高。

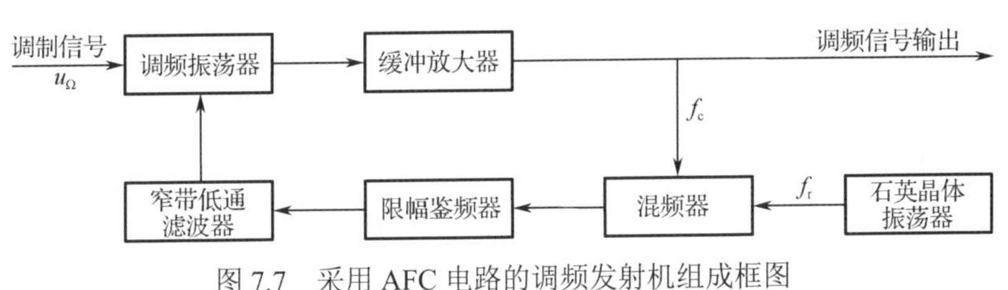

图 7.7　采用 AFC 电路的调频发射机组成框图

7.4　锁相环路

锁相环路是一种以消除频率误差为目的的自动控制电路，它不是直接利用频率误差信号电压，而是利用相位误差信号电压来消除频率误差的。

20 世纪 30 年代，锁相环路的基本理论被提出，直到 20 世纪 70 年代初，集成技术迅速发展，这种较为复杂的电子系统被集成在一块硅片上，才引起了电路工作者的广泛关注。目前，锁相环路在滤波、频率合成、调制与解调、信号检测等领域获得了广泛应用，在模拟与数字通信系统中，已成为不可缺少的基本部件。

7.4.1　锁相环路的基本工作原理

锁相环路是一种自动相位控制（APC）系统，是现代电子系统中应用广泛的一个基本部件。它的作用是在环路中产生一个振荡信号（有时也称本地振荡信号），其相位锁定在环路输入信号的相位上。所谓相位锁定，是指两个信号的频率完全相等，二者的相位误差保持恒定。

锁相环路的基本组成框图如图 7.8 所示。由图 7.8 可知，锁相环路由鉴相器（Phase Detector，PD）、环路滤波器（Loop Filter，LF）和压控振荡器（Voltage Controlled Oscillator，VCO）三个基本部分组成，其中环路滤波器为低通滤波器。锁相环路的工作原理如下：设输入信号 $u_i(t)$ 和压控振荡器的输出信号 $u_o(t)$ 分别是正弦信号和余弦信号，它们通过鉴相器进行比较，鉴相器输出的误差电压 $u_D(t)$ 是二者相位差的函数；环路（低通）滤波器滤除误差电压 $u_D(t)$ 中的高频分量后得到控制电压 $u_C(t)$，然后把控制电压 $u_C(t)$ 加到压控振荡器的输入端，压控振荡器送出的输出信号频率将随着输入信号的变化而变化。当输入信号和输出信号频率相同且相位差为 $\dfrac{\pi}{2}$ 时，鉴相器输出信号中的低频分量为零，环路滤波器的输出也为零，压控振荡器的振荡频率不发生变化，二者保持频率相同且相位差固定不变。当二者的频率不一致时，鉴相器将产生低频变化分量并通过环路滤波器使压控振荡

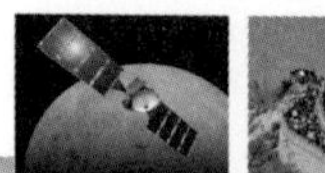

器的频率发生变化。如果环路设计得当，则这种变化将不断使输出信号的频率与输入信号的频率趋于一致，最后使输出信号的频率和输入信号的频率完全一致，两者相位差保持为某一恒定值（称为稳态相位误差或剩余相差）。此时鉴相器的输出是一个恒定的直流电压（高频成分已忽略），环路滤波器的输出也是一个直流电压，压控振荡器的频率停止变化，这时环路处于锁定状态。

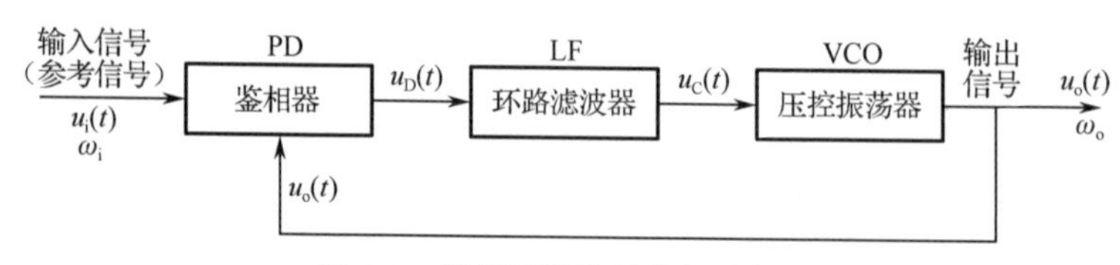

图 7.8　锁相环路的基本组成框图

与 AFC 电路一样，锁相环路也是一种实现频率跟踪的自动控制电路，但是两者的控制原理不同。为了使输入信号 $u_i(t)$ 的角频率 ω_i 和压控振荡器的振荡角频率 ω_o 之间保持预定关系（在如图 7.8 所示的环路中，预定关系是 $\omega_i = \omega_o$），在锁相环路中，并不是利用它们之间的频率差，而是利用它们之间的相位差来实现的。因此，锁相环路一旦锁定相位，虽存在相位差，但不存在频差，就可以实现无误差的频率跟踪，这是 AFC 电路无法实现的。因此，锁相环路的应用比 AFC 电路的应用广泛得多。

7.4.2　锁相环路的组成部件及特性

锁相环路的性能主要取决于鉴相器、环路滤波器和压控振荡器三个基本组成部件，下面先对它们的基本特性加以说明。

1. 鉴相器

在锁相环路中，鉴相器的两个输入信号分别为环路的输入信号 $u_i(t)$ 和压控振荡器的输出信号 $u_o(t)$，如图 7.9（a）所示。它的作用是检测出两个输入信号之间的瞬时相位差，产生相应的输出信号 $u_D(t)$。若设 ω_r 为压控振荡器未加控制电压时的固有振荡角频率，用来作为环路的参考角频率，则 $u_i(t)$ 的角频率 ω_i 和压控振荡器的实际角频率 ω_o 的表达式如下：

$$\omega_i = \omega_r + \frac{d\varphi_i}{dt} \qquad \omega_o = \omega_r + \frac{d\varphi_o}{dt} \tag{7-1}$$

那么 $u_i(t)$ 和 $u_o(t)$ 的表达式分别为

$$u_i(t) = U_{im}\sin(\omega_r t + \omega_i t + \varphi_1) \tag{7-2}$$

$$u_o(t) = U_{om}\sin(\omega_r t + \omega_o t + \varphi_2) \tag{7-3}$$

式中，φ_1、φ_2 为起始相位，一般取 $\varphi_1 = 0$、$\varphi_2 = \frac{\pi}{2}$。式（7-3）可写为

$$u_i(t) = U_{im}\sin[\omega_r t + \varphi_i(t)] \tag{7-4}$$

$$u_o(t) = U_{om}\sin[\omega_r t + \varphi_o(t)] \tag{7-5}$$

鉴相器的输出电压是 $u_i(t)$ 和 $u_o(t)$ 相位差的函数，该函数与所用的鉴相器有关。常用的一种鉴相器是采用模拟相乘器构成的乘积型鉴相器，其输出电压与 $u_i(t)$ 和 $u_o(t)$ 的乘积成正比，可表示为

$$AU_{im}\sin[\omega_r t + \varphi_i(t)]U_{om}\sin[\omega_r t + \varphi_o(t)]$$

式中，A 是取决于鉴相器结构的一个常数。

用三角函数公式中的积化和差公式展开上式，可得

$$\frac{A}{2}U_{\mathrm{im}}U_{\mathrm{om}}\sin[2\omega_{\mathrm{r}}t+\varphi_{\mathrm{i}}(t)+\varphi_{\mathrm{o}}(t)]+\frac{A}{2}U_{\mathrm{im}}U_{\mathrm{om}}\sin[\varphi_{\mathrm{i}}(t)+\varphi_{\mathrm{o}}(t)]$$

由上式可知，鉴相器输出电压 $u_{\mathrm{o}}(t)$ 既有高频分量，又有低频分量，而环路滤波器只允许低频分量通过，因此，鉴相器的低频分量输出为

$$u_{\mathrm{D}}(t)=\frac{A}{2}U_{\mathrm{im}}U_{\mathrm{om}}\sin[\varphi_{\mathrm{i}}(t)-\varphi_{\mathrm{o}}(t)]=A_{\mathrm{d}}\sin\varphi_{\mathrm{e}}(t) \tag{7-6}$$

式中，$A_{\mathrm{d}}=\frac{A}{2}U_{\mathrm{im}}U_{\mathrm{om}}$ 为鉴相器的最大输出电压；$\varphi_{\mathrm{e}}(t)$ 为 $u_{\mathrm{i}}(t)$ 和 $u_{\mathrm{o}}(t)$ 之间的瞬时相位差（不计 $u_{\mathrm{i}}(t)$ 和 $u_{\mathrm{o}}(t)$ 的固定相位差 $\frac{\pi}{2}$），则有

$$\varphi_{\mathrm{e}}(t)=\varphi_{\mathrm{i}}(t)-\varphi_{\mathrm{o}}(t) \tag{7-7}$$

$u_{\mathrm{D}}(t)$ 相对于 $\varphi_{\mathrm{e}}(t)$ 的变化曲线称为鉴相特性曲线，对于上面所讨论的鉴相器，$u_{\mathrm{D}}(t)$ 相对于 $\varphi_{\mathrm{e}}(t)$ 做周期性的正弦变化，称为正弦鉴相特性，如图 7.9（b）所示。图 7.9（c）所示为三角形鉴相特性，可用异或门鉴相器来实现，常用于两路输入信号均为方波的数字锁相环路中。图 7.9（d）所示为边沿触发数字鉴相器的鉴相特性，其特点是在−2π～+2π 范围内，当 $f_{\mathrm{i}}=f_{\mathrm{o}}$ 时，鉴相器的输出电压 $u_{\mathrm{D}}(t)$ 与相位差呈线性关系，称为鉴相区；$f_{\mathrm{i}}>f_{\mathrm{o}}$ 和 $f_{\mathrm{i}}<f_{\mathrm{o}}$ 区域称为鉴频区，在此区域中输出电压 $u_{\mathrm{D}}(t)$ 几乎与相位差无关，始终输出最大的直流电压，这样可以使锁相环路快速进入锁定状态。这类鉴相器只对输入信号的上升沿起作用，与输入、输出波形的占空比无关。

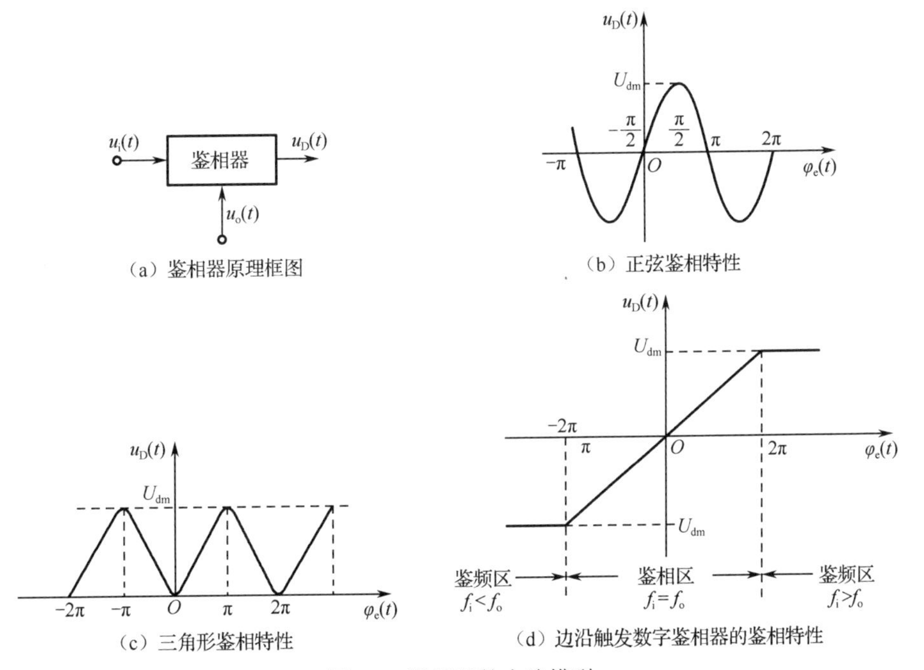

图 7.9　鉴相器的电路模型

2. 环路滤波器

鉴相器的输出电压必须经过环路滤波器抑制高频交流信号及噪声，才能用于压控振荡器。环路滤波器是低通滤波器，它的特性对锁相环路的性能参数有较大影响。

常用的环路滤波器有RC积分滤波器、无源比例积分滤波器和有源比例积分滤波器等，如图7.10所示。它的作用是滤除鉴相器输出电压中的高频分量及其他干扰分量，让鉴相器输出电压中的低频分量或直流分量通过，以保证环路所要求的性能，并提高环路的稳定性。

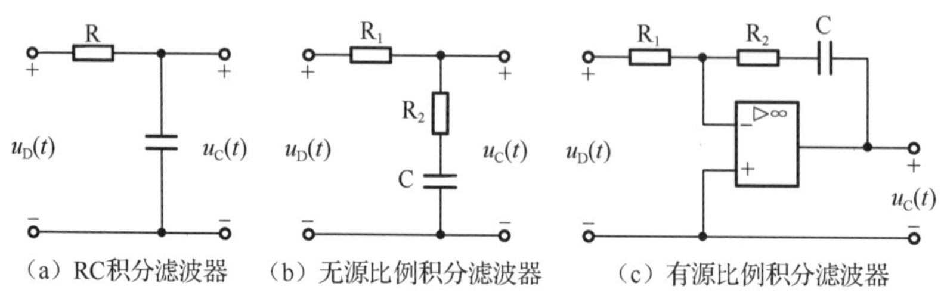

（a）RC积分滤波器（b）无源比例积分滤波器（c）有源比例积分滤波器

图7.10 常用的环路滤波器

对如图7.10（a）所示的RC积分滤波器有

$$A_F(j\omega)=\frac{U_C(j\omega)}{U_D(j\omega)}=\frac{\frac{1}{j\omega C}}{R+\frac{1}{j\omega C}}=\frac{1}{1+j\omega RC}=\frac{1}{1+j\omega\tau} \tag{7-8}$$

式中，$\tau=RC$。

对如图7.10（b）所示的无源比例积分滤波器有

$$A_F(j\omega)=\frac{R_2+\frac{1}{j\omega C}}{R_1+R_2+\frac{1}{j\omega C}}=\frac{1+j\omega R_2C}{1+j\omega(R_1C+R_2C)}=\frac{1+j\omega\tau_2}{1+j\omega(\tau_1+\tau_2)} \tag{7-9}$$

式中，$\tau_1=R_1C$；$\tau_2=R_2C$。

对如图7.10（c）所示的有源比例积分滤波器，当集成运放满足理想条件时，则有

$$A_F(j\omega)=\frac{R_2+\frac{1}{j\omega C}}{R_1}=-\frac{1+j\omega\tau_2}{j\omega\tau_1} \tag{7-10}$$

式中，$\tau_1=R_1C$；$\tau_2=R_2C$。

锁相环路通过环路滤波器的作用，具有窄带滤波器特性，可抑制混入输入信号中的噪声和杂散干扰。

3. 压控振荡器

压控振荡器的作用是产生频率随控制电压$u_C(t)$变化的振荡电压$u_o(t)$。压控振荡器的特性可用调频特性（其瞬时振荡角频率ω_o相对于输入控制电压$u_C(t)$的关系）来表示，如图7.11所示。由图7.11可知，在一定范围内ω_o与$u_C(t)$是呈线性关系的，因此有

$$\omega_o=\omega_r+A_0u_C(t) \tag{7-11}$$

式中，ω_r 是压控振荡器的中心频率，即控制电压 $u_C(t)=0$ 时的振荡频率；A_0 为压控振荡器调频特性曲线在 $u_C(t)=0$ 处的斜率，称为压控灵敏度（或调频灵敏度），单位为 $\text{rad}/(\text{s}\cdot\text{V})$。

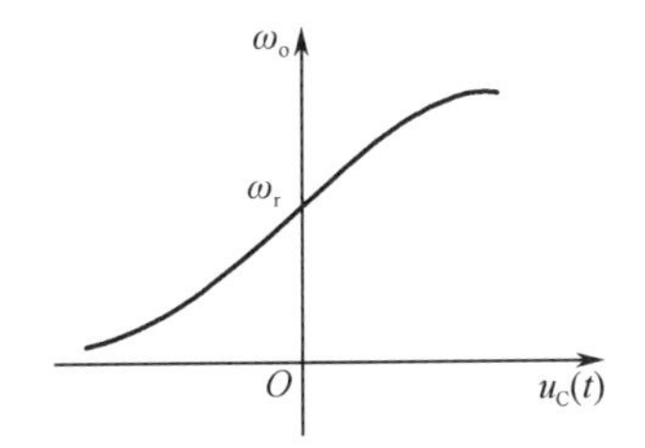

图 7.11　压控振荡器的调频特性

根据式（7-1），将式（7-11）改写为

$$\frac{\mathrm{d}\varphi_o(t)}{\mathrm{d}t}=A_0u_o(t) \tag{7-12}$$

或者

$$\varphi_o(t)=A_0\int_0^t u_C(t)\mathrm{d}t \tag{7-13}$$

因此，对于 $\varphi_o(t)$ 和 $u_C(t)$ 之间的关系而言，压控振荡器是一个理想的积分器，往往将它称为锁相环路中的固有积分环节。

7.4.3　锁相环路的捕捉与跟踪

锁相环路根据初始状态的不同有两种自动调节过程，即捕捉过程与跟踪过程。

1. 锁相环路的捕捉过程

当环路未加输入信号时，压控振荡器上没有控制电压，它的振荡角频率为 ω_r，若将输入信号加到环路上，ω_i 不等于压控振荡器的固有角频率 ω_r，而是存在一个固有输入角频差，即 $\Delta\omega_i=\omega_i-\omega_r$，锁相环路初始状态是失锁的。此后，鉴相器输出误差电压，经环路滤波器变换后控制压控振荡器的振荡频率，使其输出信号的角频率由 ω_r 逐渐向输入信号角频率 ω_i 靠拢，达到一定程度后，环路即进入锁定状态，$\omega_i=\omega_r$。这种由失锁状态进入锁定状态的过程称为捕捉过程。

锁相环路锁定后，相位误差 $\varphi_e(t)$ 为固定值，用 $\varphi_{e\infty}$ 表示，称为剩余相位误差或稳态相位误差。这个稳态相位误差使鉴相器输出一个直流电压，控制压控振荡器的振荡角频率，使之偏移 $\Delta\omega_i$，此时压控振荡器的振荡角频率与输入角频率 ω_i 相等。

如果输入信号的固有角频差 $\Delta\omega_i$ 过大，锁相环路无法进入锁定状态，则将能够由失锁状态进入锁定状态的最大输入固有角频差称为锁相环路的捕捉带，用 $\Delta\omega_P$ 表示。

2. 锁相环路的跟踪过程

锁相环路的初始状态是锁定的，当输入信号的频率和相位发生变化时，环路通过自身的调节来维持锁定的过程，称为跟踪过程。将能够保持跟踪的最大输入固有角频差称为同步带，又称跟踪带，用 $\Delta\omega_H$ 表示。

3. 同步带和捕捉带的测量

锁相环路的输入信号角频率 ω_i 远小于压控振荡器的固有角频率 ω_r，环路失锁，缓慢增

大ω_i，当$\omega_i=\omega_b$时，环路进入锁定状态；继续增大ω_i，压控振荡器的输出信号角频率跟踪输入信号角频率同步变化，直到$\omega_i=\omega_b$，环路开始失锁。这时再将输入信号角频率ω_i从高频向低频方向缓慢变化，当$\omega_i=\omega_d$时，环路不发生锁定，继续使ω_i下降到$\omega_i=\omega_c$，环路才会再进入锁定状态。此后继续降低ω_i，压控振荡器的输出信号角频率又跟踪输入信号角频率变化，当ω_i下降到$\omega_i=\omega_a$时，环路又开始失锁。

图 7.12 所示为同步带与捕捉带。由图 7.12 可知，锁相环路的同步带为

$$\Delta\omega_H=\frac{\omega_d-\omega_a}{2}$$

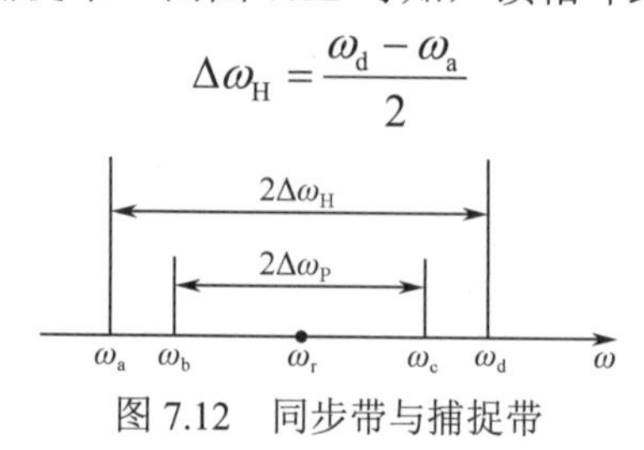

图 7.12　同步带与捕捉带

锁相环路的捕捉带为

$$\Delta\omega_P=\frac{\omega_c-\omega_b}{2}$$

一般来说，捕捉带与同步带不相等，并且捕捉带小于同步带。

7.4.4　锁相环路的基本特性

锁相环路在正常工作（状态锁定）时，具有以下基本特性。

1. 有良好的窄带特性

当环路处于锁定状态时，鉴相器输出的误差电压$u_D(t)$是一个能顺利通过环路滤波器的直流电压，如果此时输入信号中有干扰成分，则干扰信号与压控振荡器输出信号以差拍形式在鉴相器输出端产生差拍电压，差拍频率等于干扰频率与环路锁定时压控振荡器的振荡频率之差。其中大部分差频较高的差拍干扰电压受环路滤波器的抑制，施于压控振荡器上的干扰控制电压很小，于是压控振荡器输出信号中的干扰成分大大减少，它可以看作经过锁相环路提纯了的输出信号。锁相环路相当于一个滤除噪声的高频窄带滤波器，这个高频窄带滤波器的通频带可以做得很窄，如在几十兆赫兹到几百兆赫兹的中心频率上实现几赫兹到几十赫兹的窄带滤波。

2. 锁定后没有频差

在没有干扰且输入信号频率不变的情况下，锁相环路一经锁定，其输出信号频率和输入信号频率相等，没有剩余频差，只有相差不大的固定相差。

3. 自动跟踪特性

锁相环路在锁定时，输出信号频率和相位能在一定范围内跟踪输入信号频率与相位的变化。

由于锁相环路具有优良的特性，所以只要将环路设计成窄带跟踪滤波器，就可以提取（或复制）载波信号，也可以制成角度调制信号的调制器与解调器。

7.4.5 锁相环路的应用

1. 锁相鉴频电路

锁相鉴频电路的组成框图如图 7.13 所示。当输入信号为调频信号时，环路锁定后，压控振荡器的振荡频率就能精确地跟踪输入调频信号的瞬时频率变化，产生具有相同调制规律的低频调制信号。显然，只要压控振荡器的频率控制特性是线性的，压控振荡器的控制电压 $u_c(t)$ 就是输入调频信号的原调制信号，取出 $u_C(t)$ 输出，就实现了调频信号的解调，即鉴频。解调信号一般不从鉴相器输出端输出，因为这时的解调电压信号伴有较大的干扰和噪声。为了实现不失真的解调，要求锁相环路的捕捉带必须大于输入调频信号的最大频偏，环路带宽必须大于输入调频信号中调制信号的频谱带宽。相关研究证明，锁相鉴频电路可以降低输入信噪比的门限值，有利于弱信号的接收。

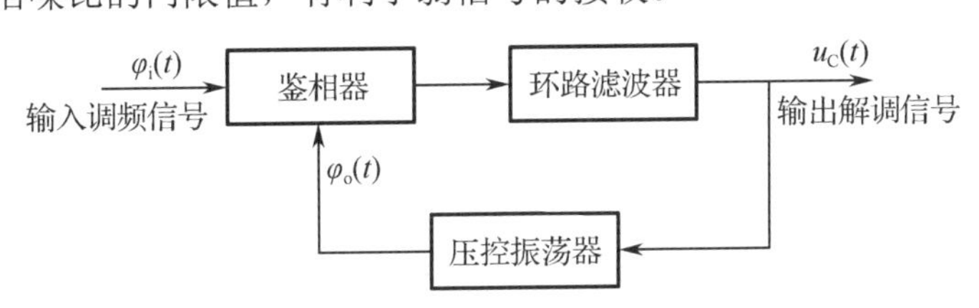

图 7.13 锁相鉴频电路的组成框图

2. 锁相倍频电路

在锁相环路中，若将压控振荡器的频率锁定在所需的角频率上，则可以进行倍频和分频。锁相倍频电路的组成框图如图 7.14 所示。

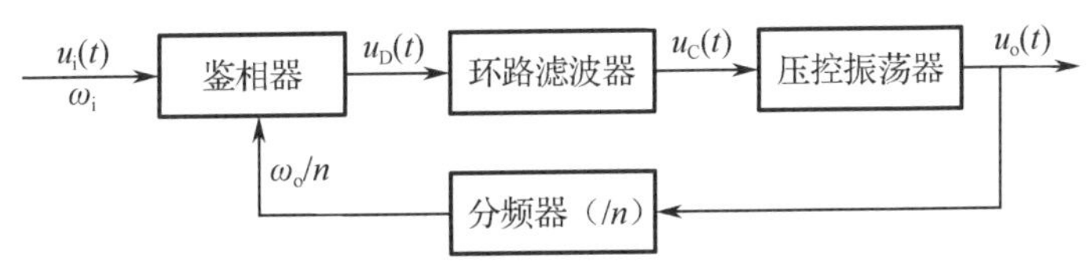

图 7.14 锁相倍频电路的组成框图

当图 7.14 中的反馈环路是一个分频器时，整个环路就是倍频电路。当反馈环路中的分频器换为倍频器时，整个环路就是分频电路。

3. 锁相调幅波的同步检波

采用锁相环路从所接收的信号中提取载波信号，可以实现调幅波的同步检波，其组成框图如图 7.15 所示。在图 7.15 中，输入电压 $u_i(t)$ 为调幅信号或带有导频的单边带信号，环路滤波器的通频带很窄，锁相环路锁定在调幅信号的载频上，这样压控振荡器就可以提供能跟踪调幅信号的载波频率变化的同步参考信号。但是采用模拟鉴相器时，由于压控振荡器的输出电压与输入已调信号的载波电压之间有 $\frac{\pi}{2}$ 的固定相移，为了使压控振荡器的输出电压与已调输入电压信号的载波电压同相，压控振荡器的输出电压必须经 $\frac{\pi}{2}$ 移相器加到同步检波器上。

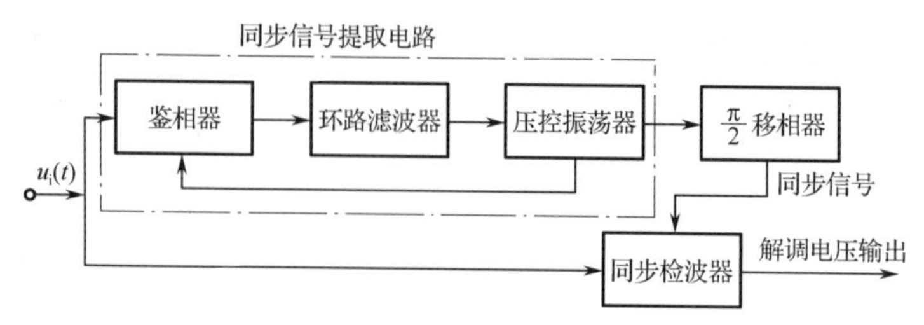

图 7.15　锁相同步检波器的组成框图

4. 锁相接收机

由于卫星或其他宇宙飞行器离地面很远，同时受体积限制，发射功率比较小，因此向地面发回的信号很微弱；又由于多普勒效应，频率漂移严重。在这种情况下，若采用普通接收机，势必要求它有足够的带宽，这样接收机的输出信噪比会严重下降而无法有效地检出有用信号。采用如图 7.16 所示的锁相接收机，利用环路的窄带跟踪特性，可以十分有效地提高输出信噪比，从而获得良好的接收效果。

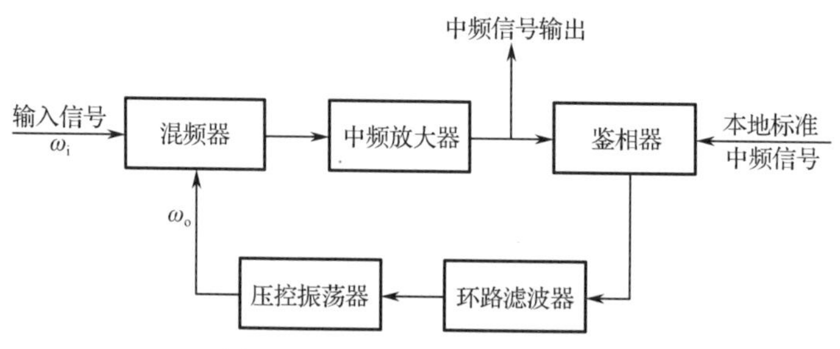

图 7.16　锁相接收机的组成框图

锁相接收机实际上是一个窄带跟踪环路，它比一般的锁相环路多了一个混频器和中频放大器，压控振荡器的输出电压作为本振电压（角频率为 ω_o），与外加接收信号（角频率为 ω_i）混频后，输出中频电压，经中频放大器放大后加到鉴相器与本地标准中频参考信号进行相位比较，在环路锁定时，加到鉴相器上的两个中频信号的频率相等。当外界输入信号频率发生变化时，压控振荡器的频率跟着变化，使中频信号频率自动维持在标准中频频率上，并保持不变。这样中频放大器的通频带就可以做得很窄，以保证鉴相器输入端有足够的信噪比，提高接收机的灵敏度。

7.4.6　频率合成器

随着通信、雷达、宇宙航行和遥控与遥测技术的不断发展，对频率源的要求越来越高，不仅要求它的频率稳定度和准确度高，而且要求能方便地变换频率。石英晶体振荡器虽然有很高的频率稳定度和准确度，但是它的频率值是固定的，只能在很小的频段内进行微调。随着现代技术的发展，采用一个或多个石英晶体标准振荡源产生大量与标准源有相同频率稳定度和准确度的频率，这就是目前工程上大量使用的频率合成器。

锁相频率合成器是指利用锁相环路的窄带跟踪特性，在石英晶体振荡器提供的基准频率作用下，产生一系列离散的频率。目前，全数字化频率合成器通过计算机或其他数字存储单元进行选择和预置，可以迅速、精确地改变输出信号的频率。

1. 频率合成器的主要技术指标

（1）频率范围。频率范围是指频率合成器的工作频率范围。

（2）频率间隔。相邻频率之间的最小间隔称为频率合成器的频率间隔，又称分辨力。频率间隔的大小随频率合成器的用途不同而不同。例如，短波单边带通信的频率间隔一般为100 Hz、10 Hz、1 Hz，甚至是0.1 Hz。超短波通信的频率间隔为50 kHz、25 kHz、10 Hz等。

（3）频率转换时间。从一个工作频率转换到另一个工作频率，并达到稳定工作需要的时间，称为频率转换时间。这个时间包括电路的延长时间和锁相环路的捕捉时间，其数值与频率合成器的电路形式有关。

（4）频率的稳定度与准确度。稳定度是指在规定的观测时间内，频率合成器的输出频率偏离标称值的程度，一般用频率偏移值与输出频率的相对值来表示。准确度表示实际工作频率与其标称频率之间的偏差，又称频率误差。

（5）频谱纯度。频谱纯度是指输出信号接近正弦波的程度，可用输出端的有用信号电平与各寄生频率分量的总电平之比的分贝数表示。图 7.17 所示为输出信号频率附近的频谱成分。由图 7.17 可知，除了有用频率，输出信号频率附近存在各种周期性干扰与随机干扰，以及有用信号的各次谐波成分。其中，周期性干扰大多数来源于混频器的高次组合频率，它们以某些频差的形式，成对地分布在有用信号的两侧。而随机干扰是由设备内部各种不规则的电扰动产生的，并以相位噪声的形式分布在有用频谱的两侧。

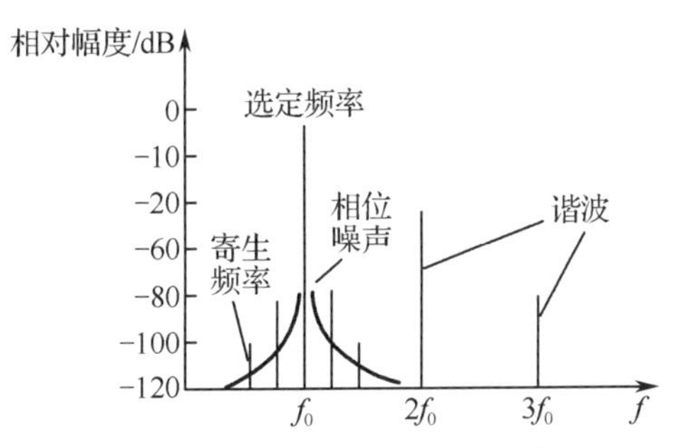

图 7.17　输出信号频率附近的频谱成分

2. 锁相频率合成器

1）单环锁相频率合成器

在锁相环路的反馈通道中插入分频器，就可以构成单环锁相频率合成器，其组成框图如图 7.18 所示。由石英晶体振荡器产生高稳定度的标准频率源 f_s，经参考分频器进行 R 分频后，得到参考频率 f_r，即

$$f_r = \frac{f_s}{R} \tag{7-14}$$

参考频率 f_r 被送到锁相环路中鉴相器的一个输入端，而锁相环路中压控振荡器的输出频率为 f_0，f_0 经 N 分频后，被送到鉴相器的另一个输入端。当环路锁相定时，一定有

$$f_r = \frac{f_0}{N} \tag{7-15}$$

因此，压控振荡器的输出信号频率为

$$f_0 = \frac{Nf_s}{R} = Nf_r \tag{7-16}$$

由式（7-16）可知，输出信号频率 f_0 是输入信号参考频率 f_r 的 N 倍，因此又把图 7.18 称为锁相倍频电路框图。改变分频系数 N 可以得到不同频率的信号输出，为各输出信号频率之间的频率间隔，即频率合成器的频率分辨率。

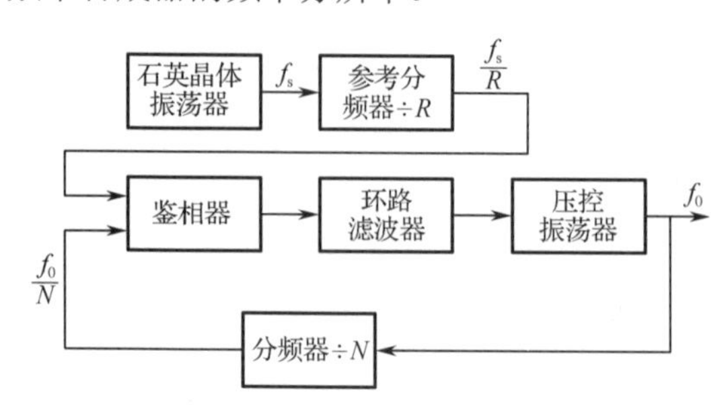

图 7.18　单环锁相频率合成器的组成框图

上述讨论的频率合成器比较简单，构成比较方便，因为它只含有一个锁相环路，所以称为单环电路。单环锁相频率合成器在实际应用中存在以下问题，必须加以注意和改善。

① 由式（7-16）可知，输出频率的间隔等于输入鉴相器的参考频率 f_r，因此，要减小输出频率间隔，就必须减小输入参考频率 f_r。但是降低 f_r 后，环路滤波器的带宽也会被压缩（因为环路滤波器的带宽必须小于参考频率），以便滤除鉴相器输出中的参考频率及其谐波分量。这样，当由一个输出频率转换到另一个输出频率时，环路的捕捉时间或跟踪时间会加长，即频率合成器的频率转换时间加长。因此，单环锁相频率合成器中的减小输出频率间隔和减小频率转换时间是矛盾的。另外，参考频率 f_r 过低不利于降低压控振荡器引入的噪声，环路的总噪声不可能为最小。

② 在锁相环路中接入分频器后，其环路增益将下降为原来的 $1/N$。对于输出频率高、频率覆盖范围宽的合成器，当要求频率间隔很小时，其分频比 N 的变化范围很大。N 在大范围内变化时，环路增益也会大幅度变化，从而影响环路的动态工作性能。

③ 可编程分频器是锁相频率合成器的重要部件，其分频比的数目决定了合成器输出信道的数目。由图 7.18 可知，可编程分频器的输入频率就是合成器的输出频率。由于可编程分频器的工作频率比较低，无法满足大多数通信系统对工作频率的要求。

在实际应用中，解决这些问题的方法有很多，如采用多环锁相频率合成器和吞脉冲锁相频率合成器。

2）多环锁相频率合成器

为了减小频率间隔而又不降低参考频率 f_r，可采用由多个锁相环路构成的频率合成器。图 7.19 所示是三环频率合成器的组成框图，它由三个锁相环路组成，环路 A 和环路 B 为单环频率合成器，参考频率 f_r 均为 100 kHz，N_A、N_B 为两组可编程序分频器；环路 C 含有取差频输出的混频器，环路 C 的压控振荡器（VCO）输出频率为 f_0 的信号，与环路 B 的输出频率为 f_B 的信号经混频器、带通滤波器得差频为 $f_0 - f_B$ 的信号并输出至鉴相器。同时将环路 A 的输出频率为 f_A 的信号加到鉴相器的另一输出端。当环路锁定后，

$f_A = f_0 - f_B$，所以环路 C 的输出信号频率等于 A、B 两环路的输出频率之和，即

$$f_0 = f_A + f_B \tag{7-17}$$

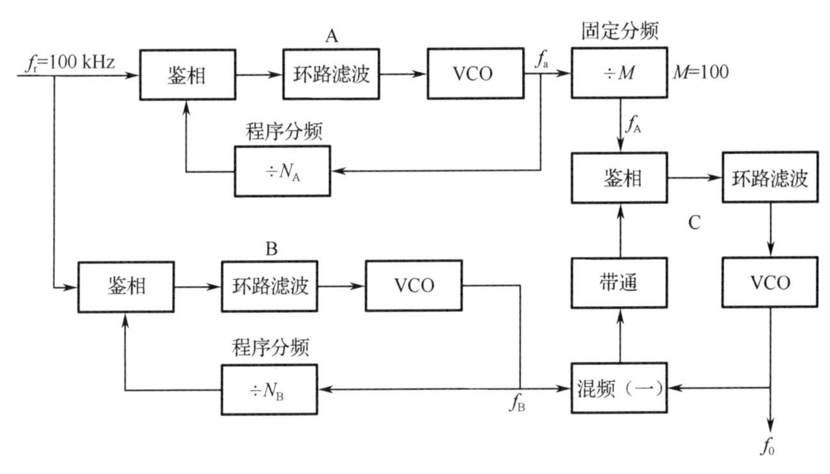

图 7.19 三环频率合成器的组成框图

由环路 A 和环路 B 可得

$$f_A = \frac{N_A}{100} f_r \qquad f_B = N_B f_r \tag{7-18}$$

由式（7-17）和式（7-18）可得频率合成器的输出频率 f_0 为

$$f_0 = \left(\frac{N_A}{100} + N_B\right) f_r \tag{7-19}$$

所以，当 $300 \leqslant N_A \leqslant 399$、$351 \leqslant N_B \leqslant 397$ 时，输出频率 f_0 的覆盖范围为 35.400～40.99 MHz，频率间隔为 1 kHz。

由上述讨论可知，锁相环路 C 对 f_A 和 f_B 来说，就像混频器和滤波器，称为混频环。如果将 f_A 和 f_B 直接加到混频器上，则其和频与差频的值非常接近。在本例中 $0.300\ \text{MHz} \leqslant f_A \leqslant 0.399\ \text{MHz}$，$(35.400-0.300)\ \text{MHz} \leqslant f_B \leqslant (40.099-0.399)\ \text{MHz}$，因此，$f_B + f_A$ 和 $f_B - f_A$ 相差很小，无法用带通滤波器来充分地分离它们，采用锁相环路就能很好地对它们进行分离。

一个好的频率合成器的频率覆盖范围宽，频率间隔小。上述多环频率合成器的电路复杂，需要很多滤波器，目前已逐渐被性能优良的吞脉冲锁相频率合成器取代。

3）吞脉冲锁相频率合成器

（1）吞脉冲程序分频器

由于固定分频器的速度比程序分频器的速度快，所以频率合成器采用由固定分频器与程序分频器组成的吞脉冲程序分频器，可以在不加大频率间隔的条件下，显著提高输出频率。吞脉冲程序分频器的组成框图如图 7.20 所示。吞脉冲程序分频器包含双模前置分频器（两种计算模式的固定分频器）、主计数器、辅助计数器和模式控制电路等几部分，其中双模前置分频器有“$\div P$”和“$\div(P+1)$”两种分频模式。当模式控制电路的输出为高电平 1 时，双模前置分频器的分频比为 $P+1$；当模式控制电路的输出为低电平 0 时，双模前置分频器的分频比为 P。N 和 A 分别为主计数器和辅助计数器的最大计数量，并规定 $N > A$。

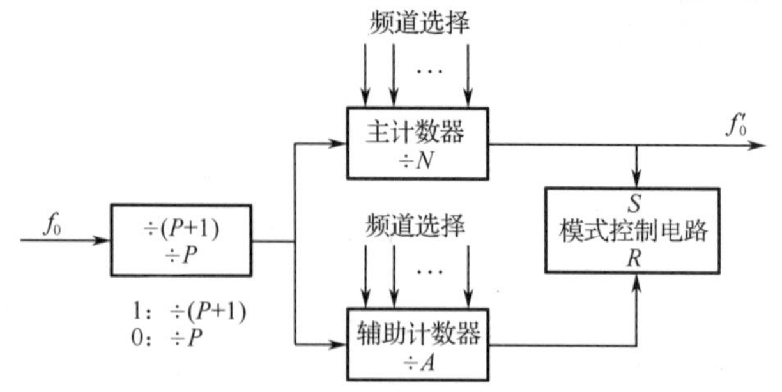

图 7.20　吞脉冲程序分频器的组成框图

吞脉冲程序分频器的工作过程如下：计数开始时，设模式控制电路的输出为高电平 1，双模前置分频器和主、辅计数器在输入脉冲作用下（输入脉冲的重复频率为 f_0）同时计数，直至辅助计数器计满 A 个脉冲后，即模式控制电路的输出电平降为低电平 0 时，辅助计数器停止计数，同时双模前置分频器的分频比变为 P；主计数器继续工作，直至计满 N 个脉冲后，模式控制电路重新恢复高电平，双模前置分频器恢复分频比 $P+1$，各部件进入第二个计数周期。因此，在一个计数周期内，总计脉冲量为

$$n=(P+1)+P(N-A)=PN+A \tag{7-20}$$

即吞脉冲分频器的分频比为

$$f_0'/f_0=1/(PN+A) \tag{7-21}$$

式中，f_0' 为输出重复频率；N、A 均为整数（N、$A=0,1,2,\cdots$）。

（2）MC145146 吞脉冲锁相频率合成器（集成双模频率合成器）

由吞脉冲程序分频器构成的吞脉冲锁相频率合成器的框图如图 7.21 所示。由于吞脉冲程序分频器的分频比为 $PN+A$。当锁相环路锁定时，$f_r=f_0'$，且 $f_0'=f_0/(PN+A)$，所以频率合成器的输出信号频率为

$$f_0=(PN+A)f_r \tag{7-22}$$

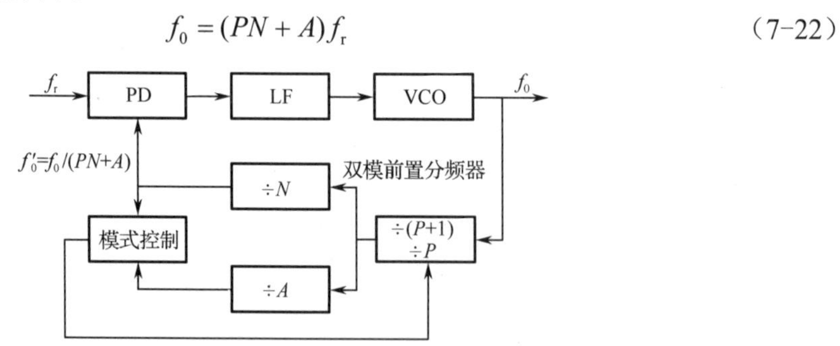

图 7.21　由吞脉冲程序分频器构成的吞脉冲锁相频率合成器的框图

式（7-22）表明，与单环锁相频率合成器相比，吞脉冲锁相频率合成器的 f_0 提高了 P 倍，而频率间隔仍保持为 f_r。其中，A 为个位分频器，又称尾数分频器。

本章小结

1．自动增益控制电路是接收机的重要辅助电路之一，它使接收机的输出信号在输入信

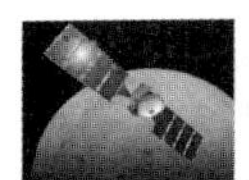

号变化时能基本保持稳定，因此得到了广泛应用。

2．自动频率控制也称自动频率微调，是用来控制振荡器的振荡频率，以提高频率稳定度的。它由鉴频器、低通滤波器和压控振荡器组成，广泛应用于发射机、接收机和电子设备中。

3．锁相环路是指利用相位的调节，以消除频率误差的自动控制系统。它由鉴相器、环路滤波器、压控振荡器等组成。当环路锁相时，环路的输出信号频率与输入信号（参考信号）频率相等，但两信号之间保持某一恒定的剩余相位误差。锁相环路广泛应用于滤波、频率合成、调制与解调等方面。

4．锁相频率合成是用锁相技术间接合成高稳定度频率的合成方法，锁相频率合成器由基准频率产生器和锁相环路两部分构成。基准频率产生器为频率合成器提供高稳定度的标准参考频率。锁相环路利用其良好的窄带跟踪特性，使输出频率保持在参考频率的稳定度上。采用吞脉冲程序分频器既可以使锁相频率合成器的工作频率提高，又可以获得所需的频率间隔。

习题 7

一、填空题

1．为了改善电路的性能和实现某种特定的要求，广泛采用各种类型的反馈控制电路，根据所控制的量不同，常见的有________、________和________。

2．自动________控制电路用于稳定输出电平，自动________控制电路用于自动调节振荡器的频率，维持其频率的稳定。

3．锁相环路是一个相位误差控制系统，是利用__________的调节，以消除频率误差的自动控制系统。

4．锁相环路由________、________和________三部分组成。

5．锁相环路锁定时，输出信号与输入信号相位差为________，两者的频率________，可实现________的跟踪。

6．把锁相环路由失锁状态进入锁定状态所允许的最大固有频差称为________。

二、判断题

1．锁相环路锁定时，其输出信号与输入信号相同。（　　）

2．锁相环路只要是闭合环路就会进入锁定状态。（　　）

3．在锁相环路中，若输出信号与输入信号之间的相位差为常数，则说明锁相环路已锁。（　　）

三、简答题

1．接收机中的自动增益控制电路有什么作用？实现自动增益控制的常见方法有哪几种？

2．画出自动频率控制电路的组成框图，并说明它的工作原理。

3．何为锁相环路的“失锁”“锁定”？锁相环路锁定有何特点？

4．试画出锁相环路的组成框图，并回答以下问题。

（1）环路锁定时，压控振荡器的输出信号频率 ω_0 和输入参考信号频率 ω_i 是什么关系？

（2）在鉴相器中比较的是什么参量？

（3）当输入信号为调频波时，从环路的哪一部分取出解调信号？

5．频率合成器有哪些主要技术指标？

四、计算题

锁相频率合成器的组成框图如图 7.22 所示。

（1）在图中空格内填上合适的名称。

（2）已知 $f_s = 100\,\text{kHz}$，$f_0 = 1\,\text{MHz}$，频率间隔为10 kHz，求出 R 和 N 的值。

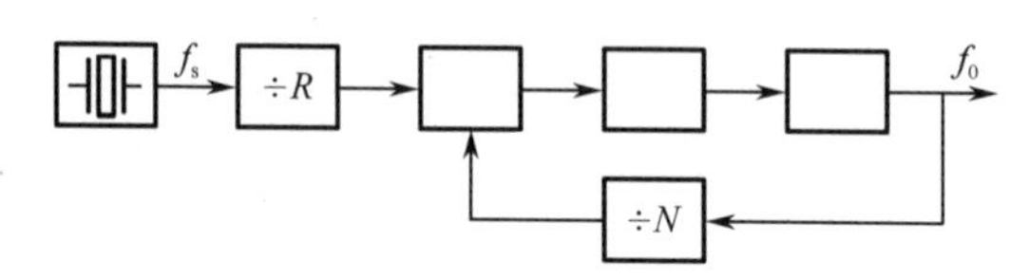

图 7.22　锁相频率合成器的组成框图

综合测试题 1

一、填空题（每空 1 分，共 30 分）

1．集中选频放大器由__________和__________组成，它具有选择性好、矩形系数接近于__________、性能稳定、调整方便等优点。

2．高频功率放大器为了提高__________，工作在__________类，导通角 θ 为__________。

3．反馈型正弦波振荡器由基本放大电路、__________、__________、__________组成。

4．正弦波振荡器的振幅平衡条件是__________，振幅起振条件是__________。

5．调幅方式有三种，它们分别是__________、__________、__________。

6．模拟相乘器是__________器件，它可用来产生两输入信号的__________和__________信号输出。

7．根据输出功率大小的不同，实现调幅的电路有__________调幅电路和__________调幅电路。

8．无线电波的传播方式有三种，分别为__________、__________、__________。

9．变频器由__________、__________和__________组成。

10．振幅调制、检波和混频属于频谱的__________搬移，而调频、调相和鉴频、鉴相属于频谱的__________搬移。

11．模拟通信系统中采用的信号调制方法有__________、__________和__________。

二、单项选择题（每小题 2 分，共 20 分）

1．单调谐放大器的矩形系数（　　）。

A．等于 1　　B．与谐振回路品质因数有关

C．近似等于 10　　D．与谐振回路的谐振频率有关

2．丙类谐振功率放大器输入余弦信号工作在过压状态时，其集电极电流为（　　）。

A．余弦波　　B．尖顶余弦脉冲　　C．凹陷余弦脉冲　　D．零

3．下列振荡器中，（　　）频率稳定度最高。

A．RC 桥式振荡器　　B．电感三端式振荡器

C．电容三端式振荡器　　D．石英晶体振荡器

4．振荡器与放大器的区别是（　　）。

A．振荡器比放大器电源电压高

B．振荡器比放大器失真程度小

C．振荡器无须外加激励信号，而放大器需要外加激励信号

D．振荡器需要外加激励信号，而放大器无须外加激励信号

5．丙类谐振功率放大器的导通角是（　　）。

A．$\theta = 180^\circ$　　B．$0^\circ < \theta < 180^\circ$

C．$\theta = 90^\circ$　　D．$\theta < 90^\circ$

6．当调制信号为单音频调制信号时，普通调频信号的频谱为（　　）。

A．上、下两个边频　　B．载频和无数对边频

C．载频和上、下两个边频　　D．无数对边频

7．石英晶体振荡器在串联型晶体振荡器中等效为（　　）元件。

A．短路　　B．电阻　　C．电感　　D．电容

8．振幅调制、解调与混频电路都是（　　）电路。

A．频谱线性搬移　　B．频谱非线性搬移

C．线性电子　　D．数字电子

9．间接调频是用调相来实现调频的，先对调制信号进行（　　），然后调相。

A．微分　　B．倒相　　C．积分　　D．移相

10．在二极管包络检波器中，如果 RC 过大，则会产生（　　）。

A．频率失真　　B．负峰切割失真

C．惰性失真　　D．非线性失真

三、判断题（对的写“T”、错的写“F”，每小题 1 分，共 10 分）

1．矩形系数 $k_{r0.1}$ 是用来说明小信号谐振放大器选择性好坏的性能指标，其值越大越好。（　　）

2．丙类谐振功率放大器的最佳工作状态是临界状态。（　　）

3．在三端式振荡器中，只要谐振回路的三个电抗元件满足“射同余异”的判别原则，就一定能振荡。（　　）

4．电感三端式振荡器的输出波形比电容三端式振荡器的输出波形好。（　　）

5．在调谐放大器的 LC 并联谐振回路两端并联一个适当的电阻可展宽通频带。（　　）

6．调频与调幅相比较，其优点是抗干扰能力强，功率利用率高。（　　）。

7．锁相环路与自动频率控制电路实现稳频功能时，锁相环路的性能比自动频率控制电路的性能更优越。（　　）

8．混频电路又称变频电路，在变频过程中改变的只是信号的载频。（　　）

9．调频电路是一种非线性频谱搬移电路。（　　）

10．调频和调相信号都是等幅信号。（　　）

四、简答题（每小题 4 分，共 16 分）

1．在无线通信系统中为什么要对待传输的低频信号进行调制？

2．画出超外差式调幅接收机的原理框图，并简述每部分电路的功能。

3．简述调频信号的主要特点。

4．小信号谐振放大器与谐振功率放大器的主要区别是什么？

五、计算题（每小题 8 分，共 24 分）

1．已知在 LC 并联谐振回路中，$L=1\mu H$，$C=100pF$，$Q=100$。求该并联谐振回路的谐振频率 f_0、谐振电阻 R_P 和通频带 $BW_{0.7}$。

2．已知调幅波信号为 $u_s(t)=[4+2\cos(2\pi\times100t)](2\pi\times10^6t)V$。求其调幅系数 m_a 和频带宽度 BW，并画出该调幅波的波形图和频谱图。

3．已知调频波的表达式为 $u_{FM}(t)=10[\cos(2\pi\times10^7t)+15\sin(2\pi\times10^3t)]V$。试求：（1）调频波的中心频率；（2）最大相位偏移；（3）最大频偏；（4）调制信号频率；（5）有效频带宽度。

综合测试题 2

一、填空题（每空 1 分，共 30 分）

1．小信号谐振放大器采用________，其工作在____类，具有_____和_____作用。

2．在三端式振荡器中，谐振回路既是选频网络，又是__________，它由____个电抗元件组成，并满足判别原则________；反馈电压取自电感元件两端电压，称为______三端式振荡器；反馈信号取自电容元件两端电压，称为__________三端式振荡器。

3．用低频调制信号改变高频载波信号________的过程，称为调幅，调幅电路可分为_______和______调幅电路。

4．二极管包络检波器只适用于解调________信号，对双边带信号、单边带信号的解调则应采用_____检波电路，对调频信号则应采用_________电路进行解调。

5．调频信号在载波频率上按___________信号的规律而变化，最大频偏与调制信号的_____成正比，而与调制信号的______无关。

6．常用的三种反馈控制电路为_____________、____________和_________。

7．无线电波的传播方式有____________、____________、_________等。

8．调频电路分为___________和______________调频电路。前者采用变容二极管的_______状态实现，后者采用调相电路实现。

9．反馈型正弦波振荡器的平衡条件是________________，起振条件是_____________。

10．高电平调幅电路是将功率放大和振幅调制合二为一，可分为__________和_______。

二、单项选择题（每小题 2 分，共 20 分）

1．小信号谐振放大器负载回路的等效品质因数 Q_e 越大，放大器的（　　）。

A．谐振增压越大　　B．通频带越宽

C．矩形系数越小　　D．稳定性越好

2．在丙类谐振功率放大器中，集电极采用 LC 并联谐振回路为负载，其作用是（　　）。

A．选择基波、阻抗匹配　　B．滤除干扰、提高选择性

C．滤除干扰、提高增益　　D．滤除谐波、提高效率

3．下列 LC 振荡器中频率稳定度最高的是（　　）。

A．变压器反馈　　B．电感三端式

C．电容三端式　　D．改进型电容三端式

4．多级单调谐放大器级联，级数增加，将使（　　）。

A．总增益增大，总通频带减小　　B．总增益减小，总通频带增大

C．总增益增大，总通频带增大　　D．总增益减小，总通频带减小

5．通常用来产生低频调制信号的是（　　）。

A．石英晶体振荡器　　B．RC 桥式振荡器

C．电感三端式振荡器　　D．电容三端式振荡器

6．在二极管包络检波器中，如果交、直流负载差异太大，则会产生（　　）。

A．非线性失真　　B．频率失真

C．惰性失真　　D．负峰切割失真

7．在单音频调制的双边带调幅信号中，其频率分量有（　　）。

A．ω_c、$\omega_c+\Omega$、$\omega_c-\Omega$　　B．$\omega_c+\Omega$、$\omega_c-\Omega$

C．$\omega_c+\Omega$　　D．Ω

8．调幅信号的解调电路中的滤波器应采用（　　）。

A．带通滤波器　　B．高通滤波

C．带阻滤波器　　D．低通滤波器

9．在同步检波电路中要求同步信号与载波信号（　　）。

A．同频　　B．同相

C．同频同相　　D．同振幅

10．某超外差式接收机的中频为 $f_I=465\,\text{kHz}$，输入信号载频为 $f_c=810\,\text{kHz}$，则本振信号频率为（　　）。

A．2085 kHz　　B．345 kHz　　C．1740 kHz　　D．1275 kHz

三、判断题（对的写“T”、错的写“F”，每小题 1 分，共 10 分）

1．LC 并联谐振回路的品质因数 Q 越大，通频带越宽。（　　）

2．单调谐放大器的矩形系数接近于 10。（　　）

3．功率放大器是大信号放大器，要求在不失真的条件下能够得到足够大的输出功率。（　　）

4．如果反馈型正弦波振荡器没有选频网络，则不能引起自激振荡。（　　）

5．普通调幅信号包含上下边频分量，而无载频分量。（　　）

6．混频电路是一种线性频谱搬移电路。（　　）

7．将调制信号先进行积分再调相，就可以获得原调制信号的调频信号。（　　）

8．锁相环路是自动频率控制电路。（　　）

9．混频器可以扩展调频信号的最大频偏。（　　）

10．调角信号频带宽度从理论上讲为无限宽。（　　）

四、简答题（每小题 4 分，共 16 分）

1．画出普通调幅广播的发送设备原理框图，并说明每部分电路的作用。

2．简述普通调幅信号、双边带调幅信号和单边带调幅信号各自的特点。

3．分析图 F2.1 为利用 MC1596 构成的何种电路，并画出这种电路的实现模型。

MC1596 还能用在哪些场合？

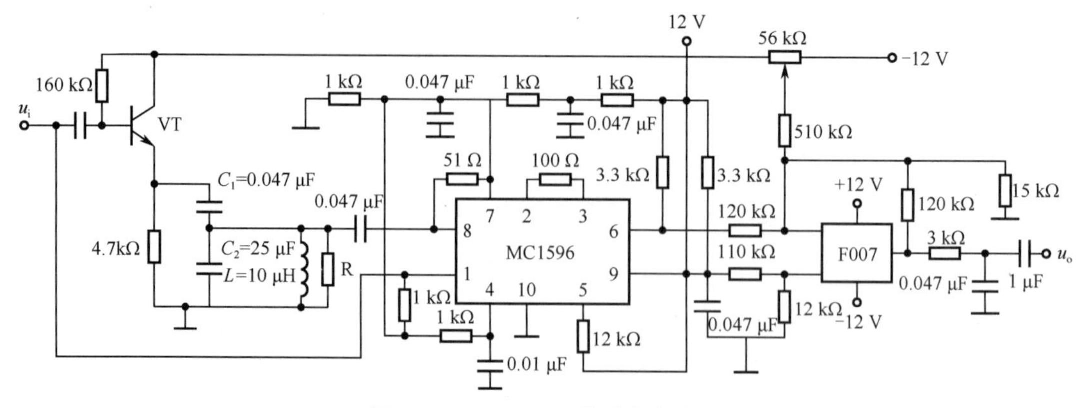

图 F2.1　由 MC1596 构成的电路图

4．简述调频实现的方法。

五、计算题(每小题 8 分，共 24 分)

1．三极管混频电路如图 F2.2 所示，已知中频为 $f_I = 465\,\text{kHz}$，输入信号为 $u_s(t) = 5[1+0.5\cos(2\pi\times10^3 t)]\cos(2\pi\times10^6 t)\text{mV}$。试分析该电路，并说明 L_1C_1、L_2C_2、L_3C_3 三谐振回路调谐在什么频率上。画出 F、G、H 三点对地电压波形并写出其特点。

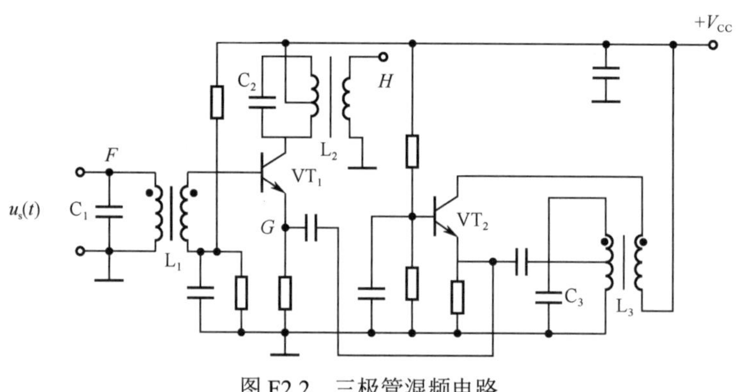

图 F2.2　三极管混频电路

2．已知调幅波表达式为 $u_{AM}(t) = \{10\cos(2\pi\times10^6 t) + 2\cos[2\pi\times(10^6+10^3)t] + 2\cos\,[2\pi\times(10^6-10^3)t]\}\text{V}$。求调幅系数 m_a 和频带宽度 BW，并画出该调幅波的波形图和频谱图。

3．载波为 $u_c(t) = 10\cos(2\pi\times10^6 t)\text{V}$，调制信号为 $u_\Omega(t) = 2\cos(2\pi\times10^3 t)\text{V}$，最大频偏为 $\Delta f_m = 20\,\text{kHz}$。求：

（1）调频波表达式；

（2）调频系数 m_f 和有效带宽 BW；

（3）若调制信号为 $u_\Omega(t) = 4\cos(2\pi\times10^3 t)\text{V}$，则 m_f、BW。

参 考 文 献

[1] 曾兴雯. 高频电子线路[M]. 2 版. 北京：高等教育出版社，2009.
[2] 刘旭. 高频电子技术[M]. 北京：北京理工大学出版社，2011.
[3] 曾兴雯. 高频电子线路简明教材[M]. 西安：西安电子科技大学出版社，2016.
[4] 高吉祥. 高频电子线路设计[M]. 北京：高等教育出版社，2013.
[5] 黄翠翠. 高频电子线路[M]. 北京：北京邮电大学出版社，2009.
[6] 胡宴如. 高频电子线路 [M]. 4 版. 北京：高等教育出版社，2008.
[7] 胡宴如. 高频电子线路学习与指导[M]. 4 版. 北京：高等教育出版社，2008.
[8] 顾宝良. 通信电子线路[M]. 2 版. 北京：电子工业出版社，2007.
[9] 席德勋. 现代电子技术[M]. 北京：高等教育出版社，2008.
[10] 郑应光. 模拟电子线路（二）[M]. 南京：东南大学出版社，2000.

反侵权盗版声明

举报电话：（010）88254396；（010）88258888
传　　真：（010）88254397
E-mail：　dbqq@phei.com.cn
通信地址：北京市海淀区万寿路 173 信箱
　　　　　电子工业出版社总编办公室
邮　　编：100036